普通高等教育"十四五"规划教材

微 积 分 （上册）

WEI JI FEN

柯小玲　主编

魏首柳　许晓玲　吴霖芳　任　丽　副主编

上海远东出版社

内容简介

本书根据教育部高等学校大学数学课程教学指导委员会制定的《经济和管理类本科数学基础课程教学基本要求》,结合编者长期从事微积分教学的经验及应用型本科院校学生的基础和特点编写而成.

全书分为上、下两册.本书为上册,内容包括:函数、极限与连续、导数与微分、导数的应用、不定积分、定积分及其应用.每章分若干节,每节后均配有相应的习题,每章后有相应的综合练习,书末附有习题及综合练习的参考答案.

本书内容难度适宜、语言通俗易懂、例题习题丰富,可作为普通高等院校经济管理类相关专业的微积分课程教材,可作为相关专业学生考研的参考材料,也可作为大学本科、专科理工类学生高等数学课程的教学参考书,还可供相关专业工作者和广大教师参考.

图书在版编目(CIP)数据

微积分.上册 / 柯小玲主编. —上海:上海远东出版社,2023
ISBN 978 - 7 - 5476 - 1928 - 5

Ⅰ.①微… Ⅱ.①柯… Ⅲ.①微积分—高等学校—教材 Ⅳ.①O172

中国国家版本馆 CIP 数据核字(2023)第 102786 号

责任编辑 曹 建 祁东城
特约编辑 徐逢乔
封面设计 陈 月

普通高等教育"十四五"规划教材

微积分(上册)
柯小玲 主编
魏首柳 许晓玲 吴霖芳 任 丽 副主编

出 版 **上海远东出版社**
　　　　　(201101 上海市闵行区号景路 159 弄 C 座)
发 行 上海人民出版社发行中心
印 刷 上海信老印刷厂
开 本 787×1092 1/16
印 张 15.75
字 数 384,000
版 次 2023 年 10 月第 1 版
印 次 2023 年 10 月第 1 次印刷
ISBN 978 - 7 - 5476 - 1928 - 5/O • 1
定 价 55.00 元

前　言

随着社会的进步以及科学技术的不断发展,数学已经渗透到经济、金融、社会等各个领域,数学对经济和管理科学的发展起着极其重要的作用.当然,不同的专业对数学的要求和内容会有所不同."微积分"是普通高等院校经济和管理类专业的一门重要的公共基础课程,对培养学生数学思维能力和提高学生数学素质起着特别重要的作用.本书是根据21世纪教学改革的需要与科技人才对数学素质的需求,满足应用型本科院校的学生基础和教学特点,根据编者多年的教学改革实践和经验,在多次研讨和反复实践的基础上,编写而成的微积分教材.

编写中,本书紧扣教育部高等学校大学数学课程教学指导委员会制定的"经济和管理类本科数学基础课程教学基本要求",并充分考虑应用型本科院校学生的基础和特点,参考了近几年来国内出版的一些优秀教材,结合编者多年的教学实践经验编写而成的.全书以严谨的知识体系,通俗易懂的语言,丰富的例题,深入浅出地讲解微积分的知识,培养学生分析问题和解决问题的能力.

全书分为上、下两册.本书为上册,内容包括:函数、极限与连续、导数与微分、导数的应用、不定积分、定积分及其应用.书内各节后均配有相应的习题,各章后有相应的综合练习,书末附有习题及综合练习的参考答案.本书有如下特点:

(1)注重教学适用性.在满足教学基本要求的前提下,淡化理论推导过程,使得内容较为通俗、易懂,便于教师授课,也便于学生阅读和理解.

(2)充分重视培养学生解决实际问题的能力.增加了数学在经济上应用的例子,培养学生应用数学知识解决实际问题的的意识和能力.

(3)加强训练强化应用.除了各节后的习题外,每章均有相应的综合练习题,题型丰富,以提高读者的运算能力、抽象思维能力、逻辑推理能力及自学能力.

(4)增加了利用计算机解决数学问题的内容,在每章后均有解决本章主要问题的Python程序和例题演示.希望可以激发读者学习数学的热情和兴趣.

本书由柯小玲担任主编,编写大纲由柯小玲提出,并经过编者充分讨论而确定.具体分工如下：第 1 章由柯小玲编写，第 2 章由任丽编写，第 3 章由魏首柳编写，第 4 章由许晓玲编写，第 5 章由吴霖芳编写．

　　本书在编写过程中得到单位领导、同事的大力支持和热情帮助．在此我们表示诚挚的谢意！在编写过程中参考了书后所列的参考文献，在此一并表示感谢．

　　虽然编者力求本书通俗易懂，简明流畅，便于教学，但由于编者水平与学识有限，书中难免存在疏漏与错误之处，敬请专家和读者批评指正，多提出宝贵意见，我们将万分感激．

编　者

2023 年 10 月

目　　录

第1章 函数、极限与连续

函数是数学中最基本的概念之一,也是微积分的主要研究对象.极限方法是阐述微积分的概念和方法的基本工具,是深入研究函数的重要方法.因此,理解极限概念、掌握极限方法是学好微积分的关键.

本章,我们在对函数概念进行复习和补充的基础上,系统介绍数列极限与函数极限的概念、性质和运算法则,求极限的方法及函数的连续性.

1.1 函 数

1.1.1 集合

1. 集合的概念

集合是数学中的一个基本概念,是一个只能描述而难以精确定义的概念.现代的集合一般被定义为:由一个或多个确定的元素所构成的整体.

定义 1.1.1 具有某种特定性质的对象的全体称为**集合**.集合中的对象称为该集合的**元素**.通常用大写字母 A,B,X,Y 等表示集合,用小写字母 a,b,x,y 等表示集合的元素.不包含任何元素的集合称为**空集**,记为 $\varnothing$.由有限个元素构成的集合称为**有限集**,否则称为**无限集**.

设 A 是一个集合,如果 x 是 A 的元素,则称 x 属于 A,记为 $x \in A$;如果 x 不是 A 的元素,则称 x 不属于 A,记为 $x \bar{\in} A$ 或 $x \notin A$.

设 A,B 是两个集合,如果集合 A 的每一个元素都是集合 B 的元素,则称 A 是 B 的子集,记为 $A \subset B$,读作 A 包含于 B,或记为 $B \supset A$,读作 B 包含 A.如果 A 中至少存在一个元素 x 不属于 B,即 $\exists x \in A$,但 $x \bar{\in} B$,那么 A 不是 B 的子集,记为 $A \not\subset B$.

设 A,B 是两个集合,如果 A 和 B 互为子集,即 $A \subset B$ 且 $B \subset A$,则称集合 A 与 B 相等,记为 $A = B$.此时 A 与 B 的元素完全相同,实际上是同一个集合.

一般地,表示集合的方法有两种:列举法和描述法.列举法,即将集合中的所有元素列举在一个方括号内.例如,自然数的集合表示为 $\mathbf{N} = \{0, 1, 2, 3, \cdots\}$.描述法,即把集合中的元素所具有的确定性质描述出来,一般形式为 $\{x \mid x$ 具有性质$P\}$.例如,全体有理数的集合表示为 $\mathbf{Q} = \left\{ \dfrac{p}{q} \,\middle|\, p \in \mathbf{Z},\ q \in \mathbf{N}^{+} \text{ 且 } p \text{ 和 } q \text{ 互质} \right\}$.

习惯上用 $\mathbf{N}$ 表示自然数集,$\mathbf{N}^{+}$ 表示正整数集,$\mathbf{Z}$ 表示整数集,$\mathbf{Q}$ 表示有理数集,$\mathbf{R}$ 表示实数集.显然,$\mathbf{N}^{+} \subset \mathbf{N} \subset \mathbf{Z} \subset \mathbf{Q} \subset \mathbf{R}$.

2. 集合的运算

集合的基本运算有并集、交集、差集三种.

设 A,B 是两个集合,则集合

$$A \bigcup B = \{x \mid x \in A \text{ 或 } x \in B\},$$
$$A \bigcap B = \{x \mid x \in A \text{ 且 } x \in B\},$$
$$A \backslash B = \{x \mid x \in A \text{ 且 } x \in B\},$$

分别称为 A 和 B 的**并集**、**交集**、**差集**.

有时,我们在讨论一个问题时,把所涉及的对象的全体称为**全集**,并用 X 表示,称集合 $X \backslash A = \{x \mid x \in X \text{ 且 } x \in A\}$ 为集合 A 关于全集 X 的**余集**或**补集**,记为 A^c.

关于集合的并、交、差运算,有下列规律:

(1) 交换律: $A \bigcup B = B \bigcup A$, $A \bigcap B = B \bigcap A$;

(2) 结合律: $(A \bigcup B) \bigcup C = A \bigcup (B \bigcup C)$, $(A \bigcap B) \bigcap C = A \bigcap (B \bigcap C)$;

(3) 分配律: $A \bigcap (B \bigcup C) = (A \bigcap B) \bigcup (A \bigcap C)$, $A \bigcup (B \bigcap C) = (A \bigcup B) \bigcap (A \bigcup C)$;

(4) 对偶律(德摩根公式): $(A \bigcup B)^c = A^c \bigcap B^c$, $(A \bigcap B)^c = A^c \bigcup B^c$.

以上运算规律可根据集合相等的定义验证.

此外我们还可以定义两个集合的直积或笛卡尔(Descartes)乘积. 设 A, B 是任意两个集合,在集合 A 中任意取一个元素 x,在集合 B 中任意取一个元素 y,组成一个有序对 (x, y),把这样的有序对作为新元素,它们全体组成的集合称为集合 A 与集合 B 的**直积**或**笛卡尔乘积**,记为 $A \times B$,即

$$A \times B = \{(x, y) \mid x \in A, y \in B\}.$$

例如,$\mathbf{R} \times \mathbf{R} = \{(x, y) \mid x \in \mathbf{R}, y \in \mathbf{R}\}$ 即为 xOy 平面上全体点的集合,$\mathbf{R} \times \mathbf{R}$ 常记作 $\mathbf{R}^2$.

3. 区间和邻域

区间和邻域是微积分中经常用到的一类实数集.

设 $a, b \in \mathbf{R}$,且 $a < b$,定义

集合 $\{x \mid a < x < b\}$ 称为**开区间**,记为 (a, b),即 $(a, b) = \{x \mid a < x < b\}$.

集合 $\{x \mid a \leqslant x \leqslant b\}$ 称为**闭区间**,记为 $[a, b]$,即 $[a, b] = \{x \mid a \leqslant x \leqslant b\}$.

集合 $\{x \mid a < x \leqslant b\} = (a, b]$ 和 $\{x \mid a \leqslant x < b\} = [a, b)$ 都称为**半开半闭区间**.

a, b 称为上述各区间的端点,数 $b - a$ 称为区间长度,由于 a, b 是有限的实数,以上这几类区间的长度是有限的,称为**有限区间**.

此外引进记号 $+\infty$(读作正无穷大)和 $-\infty$(读作负无穷大),则可类似地表示无限区间.定义

$$(a, +\infty) = \{x \mid x > a\}, \quad [a, +\infty) = \{x \mid x \geqslant a\},$$
$$(-\infty, b) = \{x \mid x < b\}, \quad (-\infty, b] = \{x \mid x \leqslant b\},$$
$$(-\infty, +\infty) = \{x \mid -\infty < x < +\infty\} = \mathbf{R}.$$

以上几类区间均为**无限区间**. 有限区间和无限区间统称为**区间**. 邻域也是常用到的一类集合.

定义 1.1.2 设 $a \in \mathbf{R}$, $\delta > 0$,开区间 $(a - \delta, a + \delta)$ 称为**点 a 的 δ 邻域**,记为 $U(a, \delta)$,即

$$U(a,\delta)=\{x\mid a-\delta<x<a+\delta\}=\{x\mid\mid x-a\mid<\delta\}.$$

其中点 a 称为**邻域的中心**,δ 称为**邻域半径**(图 1-1).

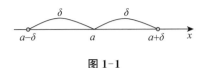

图 1-1

集合 $\{x\mid 0<\mid x-a\mid<\delta\}$ 称为**点 a 的去心 δ 邻域**(图 1-2),记为 $\mathring{U}(a,\delta)$,即

$$\mathring{U}(a,\delta)=\{x\mid 0<\mid x-a\mid<\delta\}=(a-\delta,a)\bigcup(a,a+\delta).$$

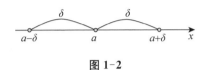

图 1-2

另外,把开区间 $(a-\delta,a)$ 称为**点 a 的左 δ 邻域**,把开区间 $(a,a+\delta)$ 称为**点 a 的右 δ 邻域**.

1.1.2 函数的概念

定义 1.1.3 设 D 是一个非空的实数集,对于 D 中的每个元素 x,若存在某一确定的对应法则 f,都有唯一确定的实数 y 与之对应,则称 y 是 x 的**函数**,记作

$$y=f(x).$$

数集 D 叫做这个函数的**定义域**,记为 D_f. x 叫做**自变量**,y 叫做**因变量**.全体函数值的集合 $\{y\mid y=f(x),x\in D\}$ 称为函数 f 的**值域**,记为 R_f 或 $f(D)$,即

$$R_f=\{y\mid y=f(x),x\in D\}\subset\mathbf{R}.$$

注:(1) 由函数的定义可知,确定函数的两个基本要素为:对应法则和定义域.如果两个函数的对应法则和定义域都相同,则这两个函数恒等,而与自变量的字母的选取无关.例如 $f(x)=x^2$,$x\in R$ 与 $f(t)=t^2$,$t\in R$ 表示的函数相同.

(2) 函数的定义域通常由两种方式来确定:一种是在实际问题中,函数的定义域由它的实际意义来确定.例如正方形的面积 S 为边长 x 的函数,$S=x^2$,其定义域为 $D_f=(0,+\infty)$;另一种是不考虑函数的实际意义,只研究用算式表示的函数,这时函数的定义域是使得算式有意义的一切实数构成的集合,此定义域称为函数的自然定义域.例如函数 $y=\sqrt{9-x^2}$ 的自然定义域是 $[-3,3]$,$y=\dfrac{1}{\sqrt{9-x^2}}$ 的自然定义域是 $(-3,3)$.

(3) 函数的图形:设函数 $y=f(x)$ 的定义域为 D_f,当 x 取遍 D_f 上的每一个数值时,就得到坐标平面上的点集

$$\{(x,y)\mid y=f(x),x\in D_f\},$$

称为函数 $y=f(x)$,$x\in D_f$ 的图形.

（4）函数的表示有许多种表示法，常见的主要有三种：解析法（或称公式法）、图示法和表格法．本书主要研究解析法表示的函数，即把变量间的函数关系用方程给出，这些方程通常称为函数的解析表达式，主要分为两种情形：

① 显函数，即函数 y 由 x 的解析式直接表示出来．例如 $y=x^2$，$y=\sqrt{9-x^2}$ 都是显函数．在很多实际问题中，函数在其定义域的不同范围内具有不同的解析表达式，称为**分段函数**．

② 隐函数，即 x 和 y 的对应关系由方程给出，但函数 y 不能由 x 的解析式直接表示出来．例如由方程 $xy-\mathrm{e}^x+\mathrm{e}^y=0$ 所确定的隐函数 y，函数 y 无法由 x 的解析式直接表示出来．

例 1.1.1 函数

$$y=\operatorname{sgn} x=\begin{cases} 1, & x>0, \\ 0, & x=0, \\ -1, & x<0 \end{cases}$$

称为符号函数，其定义域 $D_f=(-\infty,+\infty)$，值域 $R_f=\{-1,0,1\}$，它的图形如图 1-3 所示．

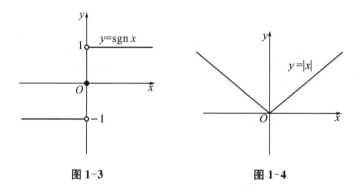

图 1-3　　　　　　　　　　图 1-4

例 1.1.2 函数

$$y=|x|=\begin{cases} x, & x\geqslant 0, \\ -x, & x<0 \end{cases}$$

称为绝对值函数，其定义域 $D_f=(-\infty,+\infty)$，值域 $R_f=[0,+\infty)$，它的图形如图 1-4 所示．

例 1.1.1 和例 1.1.2 均为分段函数．分段函数是用几个式子合起来表示一个函数，而不是几个函数．另外，它也可以用无限多个式子来表示一个函数，如例 1.1.3．

例 1.1.3 函数

$$y=[x]=n, \quad n\leqslant x<n+1, \quad n\in\mathbf{Z}$$

称为**取整函数**，即 x 是任意实数，y 是不超过 x 的最大整数，记为 $[x]$．例如 $[1.5]=1$，$\left[\dfrac{2}{3}\right]=0$，$[-1.5]=-2$．取整函数的定义域 $D_f=(-\infty,+\infty)$，值域 $R_f=\mathbf{Z}$，它的图形如

图 1-5 所示.

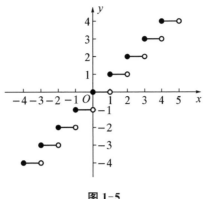

图 1-5

例 1.1.4 求下列函数的自然定义域.

(1) $y=\ln(x^2-4)$；　　　　(2) $y=\dfrac{1}{\sqrt{16-x^2}}+\ln\sin x$；

(3) $y=\begin{cases}2, & x<0, \\ 1+x^2, & 0\leqslant x<3.\end{cases}$

解 (1) 要使 $y=\ln(x^2-4)$ 有意义，必须

$$x^2-4>0\Rightarrow x>2 \text{ 或 } x<-2,$$

所以　　　　　　　　　$D_f=(-\infty,-2)\bigcup(2,+\infty).$

(2) 要使 $y=\dfrac{1}{\sqrt{16-x^2}}+\ln\sin x$ 有意义，必须

$$\begin{cases}16-x^2>0 \\ \sin x>0\end{cases}\Rightarrow\begin{cases}-4<x<4 \\ 2k\pi<x<(2k+1)\pi, k\in\mathbf{Z}\end{cases}$$
$$\Rightarrow-4<x<-\pi, 0<x<\pi,$$

所以　　　　　　　　　$D_f=(-4,-\pi)\bigcup(0,\pi).$

(3) $D_f=(-\infty,3).$

1.1.3 函数的几种特性

1. 单调性

定义 1.1.4 设函数 $f(x)$ 的定义域为 D_f，数集 $X\subset D_f$. 如果对于任意的 $x_1,x_2\in X$，当 $x_1<x_2$ 时，有

$$f(x_1)\leqslant f(x_2)\quad(f(x_1)\geqslant f(x_2)),$$

则称函数 $f(x)$ 在 X 上**单调增加（单调减少）**. 若有严格不等式成立，即

$$f(x_1)<f(x_2)\quad(f(x_1)>f(x_2)),$$

则称函数 $f(x)$ 在 X 上**严格单调增加（严格单调减少）**.

函数 $f(x)$ 在 X 上单调增加和单调减少，统称为函数 $f(x)$ 在 X 上**单调**；严格单调增加和严格单调减少统称为**严格单调**.

例如，函数 $y=\dfrac{1}{x^2}$ 在区间 $(0,+\infty)$ 上严格单调减少，在 $(-\infty,0)$ 上严格单调增加.

2. 有界性

定义 1.1.5 设函数 $f(x)$ 的定义域为 D_f，数集 $X\subset D_f$. 如果存在 $M>0$，使得对任意的 $x\in X$，有 $|f(x)|\leqslant M$，则称函数 $f(x)$ 在 X 上**有界**；否则，称函数 $f(x)$ 在 X 上**无界**.

设函数 $f(x)$ 的定义域为 D_f，数集 $X\subset D_f$. 如果存在 $A\in\mathbf{R}$，使得对任意的 $x\in X$，有 $f(x)\leqslant A$，则称函数 $f(x)$ 在 X 上**有上界**，A 是它的一个**上界**；否则，称函数 $f(x)$ 在 X 上**无上界**.

设函数 $f(x)$ 的定义域为 D_f，数集 $X\subset D_f$. 如果存在 $B\in\mathbf{R}$，使得对任意的 $x\in X$，有 $f(x)\geqslant B$，则称函数 $f(x)$ 在 X 上**有下界**，B 是它的一个**下界**；否则，称函数 $f(x)$ 在 X 上**无下界**.

例如，函数 $f(x)=\sin x$ 在 $(-\infty,+\infty)$ 上是有界的，因为对任意的实数 x，恒有 $|\sin x|\leqslant 1$，1 是它的一个上界，-1 是它的一个下界. 又如函数 $f(x)=\dfrac{1}{x}$ 在区间 $[1,3]$ 上是有界的，因为对任意的 $x\in[1,3]$，有 $\dfrac{1}{3}\leqslant\dfrac{1}{x}\leqslant 1$，1 是它的一个上界，$\dfrac{1}{3}$ 是它的一个下界. 但函数 $f(x)=\dfrac{1}{x}$ 在开区间 $(0,1)$ 内是无界的，因为 $f(x)=\dfrac{1}{x}$ 在区间 $(0,1)$ 内有下界 1，但是在区间 $(0,1)$ 内无上界.

如果函数 $f(x)$ 在 X 上有上界（下界），则它必有无限多个上界（下界）. 容易证明，函数 $f(x)$ 在 X 上有界的充要条件是 $f(x)$ 在 X 上既有上界又有下界.

3. 奇偶性

定义 1.1.6 设函数 $f(x)$ 的定义域 D_f 关于原点对称，即若 $x\in D_f$，有 $-x\in D_f$. 如果对任意的 $x\in D_f$，有 $f(-x)=f(x)$，则称函数 $f(x)$ 是**偶函数**；如果对任意的 $x\in D_f$，有 $f(-x)=-f(x)$，则称函数 $f(x)$ 是**奇函数**. 由定义可知，偶函数的图形关于 y 轴对称，如图 1-6 所示；奇函数的图形关于原点对称，如图 1-7 所示.

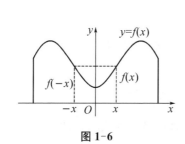

图 1-6

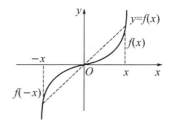

图 1-7

4. 周期性

定义 1.1.7 设函数 $f(x)$ 的定义域为 D_f. 如果存在一个正数 T，使得对任意的 $x \in D_f$ 有 $x + T \in D_f$ 且 $f(x + T) = f(x)$，则称 $f(x)$ 为**周期函数**，T 称为 $f(x)$ 的**周期**. 满足这个等式的最小正数 T 称为函数的**最小正周期**，通常我们说的周期指的是最小正周期.

例如，函数 $y = \sin x$ 和 $y = \cos x$ 是周期为 2π 的周期函数；狄利克雷函数

$$D(x) = \begin{cases} 1, & x \in \mathbf{Q}, \\ 0, & x \in \mathbf{R} \backslash \mathbf{Q} \end{cases}$$

则因为有理数之和为有理数，无理数与有理数之和为无理数，所以 $D(x \pm r) = D(x)$. 因此，任何有理数 r 都是 $D(x)$ 的周期，但它没有最小正周期.

1.1.4 反函数与复合函数

1. 反函数

定义 1.1.8 设函数 $y = f(x)$ 的定义域为 D_f，值域为 R_f，如果对每一个 $y \in R_f$，在 D_f 中都存在唯一的 x 满足 $y = f(x)$，这样由对应法则 f 就确定了从 R_f 到 D_f 的一种新的对应法则 f^{-1}，记为

$$x = f^{-1}(y), \quad y \in R_f,$$

称 f^{-1} 为函数 $y = f(x)$ 的**反函数**，

函数 $y = f(x)$ 与 $x = f^{-1}(y)$ 互为反函数. 在同一坐标系，函数 $y = f(x)$ 与其反函数 $x = f^{-1}(y)$ 的图形是完全相同的. 所不同的仅仅是 $y = f(x)$ 的自变量是 x，而 $x = f^{-1}(y)$ 的自变量是 y，这样观察反函数的曲线时，就要沿着 y 轴去看. 由于我们习惯用 x 表示自变量，y 表示因变量，因此通常将函数 $x = f^{-1}(y)$ 中的自变量 y 改写成 x，因变量 x 改写成 y，这样函数 $y = f(x)$ 的反函数就改写成 $y = f^{-1}(x)$. 它的定义域为 f 的值域 R_f，值域为 f 的定义域 D_f，对应关系 f^{-1} 完全由 f 确定. 这时 $y = f(x)$ 与 $y = f^{-1}(x)$ 的图形关于直线 $y = x$ 对称. 因为如果点 (a, b) 在函数 $y = f(x)$ 的图形上，由反函数的定义知，点 (b, a) 必在其反函数 $y = f^{-1}(x)$ 的图形上. 而点 (a, b) 与点 (b, a) 关于直线 $y = x$ 对称（图 1-8）.

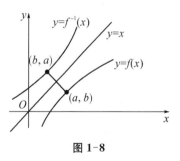

图 1-8

任给一个函数 $y = f(x)$，如何判断它是否存在反函数呢？下面给出一个充分条件.

定理 1.1.1 若函数 $y = f(x)$ 在数集 D 上严格单调增加（严格单调减少），则函数 $y = f(x)$ 存在反函数，且反函数 $x = f^{-1}(y)$ 在 $f(D)$ 上也严格单调增加（严格单调减少）.

例 1.1.5 求函数 $y = \sqrt{1 - x^2}, x \in [-1, 0]$ 的反函数.

解 由 $y = \sqrt{1 - x^2}$ 解得 $x = -\sqrt{1 - y^2}$，即所求的反函数为

$$y = -\sqrt{1 - x^2}, \quad x \in [0, 1].$$

例 1.1.6 求函数 $y=\begin{cases}e^x, & x\leqslant 0,\\x+1, & x>0\end{cases}$ 的反函数.

解 当 $x\leqslant 0$ 时，由 $y=e^x$ 解得 $x=\ln y$，即所求的反函数为 $y=\ln x$，$0<x\leqslant 1$. 当 $x>0$ 时，由 $y=x+1$ 解得 $x=y-1$，即所求的反函数为 $y=x-1$，$x>1$.

所以，函数 $y=\begin{cases}e^x, & x\leqslant 0,\\x+1, & x>0\end{cases}$ 的反函数为

$$y=\begin{cases}\ln x, & 0<x\leqslant 1,\\x-1, & x>1.\end{cases}$$

2. 复合函数

定义 1.1.9 设函数 $y=f(u)$ 的定义域为 D_f，函数 $u=g(x)$ 的定义域为 D_g，值域为 R_g. 如果 $R_g\subset D_f$，则对任意的 $x\in D_g$，有唯一的 $u=g(x)\in R_g\subset D_f$，从而有唯一的 $y=f(u)\in R_f$ 与 x 相对应，这样由 g 和 f 构造出一个新的对应法则 $f\circ g$，它是一个定义在 D_g 上的函数，称 $f\circ g$ 是函数 f 和 g 的**复合函数**，即

$$(f\circ g)(x)=f[g(x)], \quad x\in D_g,$$

式中，u 称为**中间变量**.

注： 函数 $y=f(u)$ 和函数 $u=g(x)$ 可以进行复合的条件不一定要 $R_g\subset D_f$，只要满足 $R_g\bigcap D_f\neq\varnothing$ 即可，此时复合函数 $f[g(x)]$ 在数集 $\{x\,|\,x\in D_g,g(x)\in D_f\}$ 上有意义.

例 1.1.7 指出下列各复合函数的复合过程.

(1) $y=\sqrt{\ln x+3}$；

(2) $y=e^{\sqrt{x^3+1}}$.

解 (1) 函数 $y=\sqrt{\ln x+3}$ 由 $y=\sqrt{u}$，$u=\ln x+3$ 复合而成.

(2) 函数 $y=e^{\sqrt{x^3+1}}$ 由函数 $y=e^u$，$u=\sqrt{v}$ 和 $v=x^3+1$ 复合而成.

例 1.1.8 设函数

$$f(x)=\begin{cases}x^2, & x<0,\\-x, & x\geqslant 0;\end{cases} \quad g(x)=\begin{cases}2-x, & x\leqslant 0,\\x+2, & x>0,\end{cases}$$

求复合函数 $f[g(x)]$ 和 $g[f(x)]$.

解 $f[g(x)]=\begin{cases}[g(x)]^2, & g(x)<0,\\-g(x), & g(x)\geqslant 0,\end{cases}$ 由 $g(x)=\begin{cases}2-x, & x\leqslant 0,\\x+2, & x>0\end{cases}$ 可知 $g(x)\geqslant 2$，所以

$$f[g(x)]=-g(x)=\begin{cases}x-2, & x\leqslant 0,\\-x-2, & x>0.\end{cases}$$

同理，$g[f(x)]=\begin{cases}2-f(x), & f(x)\leqslant 0,\\f(x)+2, & f(x)>0,\end{cases}$ 由 $f(x)=\begin{cases}x^2, & x<0,\\-x, & x\geqslant 0,\end{cases}$ 可知当 $f(x)\leqslant 0$ 时，$x\geqslant 0$ 且 $f(x)=-x$；当 $f(x)>0$ 时，$x<0$ 且 $f(x)=x^2$，所以

$$g[f(x)] = \begin{cases} 2+x, & x \geqslant 0, \\ x^2+2, & x < 0. \end{cases}$$

1.1.5　初等函数

1. 函数的运算

设两个函数 $y=f(x)$ 和 $y=g(x)$ 均在集合 D 上有定义,则在 D 上可定义这两个函数 f 与 g 的下列各种运算:

函数的和,记作 $f+g$,定义为

$$(f+g)(x) = f(x)+g(x), \quad x \in D;$$

函数的差,记作 $f-g$,定义为

$$(f-g)(x) = f(x)-g(x), \quad x \in D;$$

函数的积,记作 $f \cdot g$,定义为

$$(f \cdot g)(x) = f(x) \cdot g(x), \quad x \in D;$$

函数的商,记作 $\dfrac{f}{g}$,定义为

$$\left(\frac{f}{g}\right)(x) = \frac{f(x)}{g(x)}, \quad x \in D \backslash \{x \mid g(x)=0\};$$

函数的线性组合,记作 $af+bg(a,b$ 为实数$)$,定义为

$$(af+bg)(x) = af(x)+bg(x), \quad x \in D.$$

2. 基本初等函数

在中学数学中,曾经学习过以下五类函数:幂函数、指数函数、对数函数、三角函数和反三角函数. 这五类函数统称为基本初等函数. 现对它们的性质做简要的回顾.

(1) 幂函数: $y=x^{\alpha}(\alpha \in \mathbf{R})$.

它的定义域随 μ 的不同而不同. 但不论 μ 取何值,它在 $(0, +\infty)$ 上总有定义,且都经过点 $(1,1)$. 当 $x \in (0, +\infty)$ 时,若 $\mu>0$,则函数单调增加;$\mu<0$,则函数单调减少,如图 1-9 所示.

以下是一些常见的幂函数:

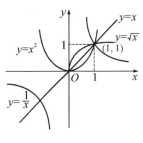

图 1-9

① 函数 $y=x^2$ 是偶函数,定义域为 $(-\infty, +\infty)$,函数图形关于 y 轴对称.

② $y=x$,$y=\sqrt[3]{x}$ 是奇函数,定义域为 $(-\infty, +\infty)$,函数图形关于原点对称.

③ $y=\dfrac{1}{x}$ 是奇函数,定义域是 $(-\infty, 0) \bigcup (0, +\infty)$,函数图形关于原点对称.

④ $y=\sqrt{x}$ 的定义域是 $[0, +\infty)$.

（2）指数函数：$y = a^x (a > 0, a \neq 1)$.

指数函数的定义域为 $(-\infty, +\infty)$，值域为 $(0, +\infty)$. 当 $a > 1$ 时，函数单调增加；当 $0 < a < 1$ 时，函数单调减少. 无论 a 为何值 $(a > 0, a \neq 1)$，函数图形都经过点 $(0, 1)$，且函数 $y = a^x$ 和函数 $y = \left(\dfrac{1}{a}\right)^x$ 的图形关于 y 轴对称（图 1-10）.

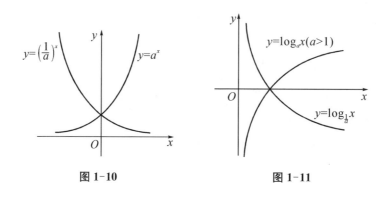

图 1-10   图 1-11

（3）对数函数：$y = \log_a x \ (a > 0, a \neq 1)$.

对数函数的定义域为 $(0, +\infty)$，值域为 $(-\infty, +\infty)$. 当 $a > 1$ 时，对数函数单调增加；当 $0 < a < 1$ 时，对数函数单调减少. 无论 a 为何值 $(a > 0, a \neq 1)$，函数图形都经过 $(1, 0)$. 以 10 为底的对数称为常用对数，以 e 为底的对数称为自然对数. 自然对数通常简记为 $\ln x$. 对数函数和指数函数互为反函数，其图形如图 1-11 所示.

（4）三角函数

① 正弦函数 $y = \sin x$，余弦函数 $y = \cos x$，它们的定义域为 $(-\infty, +\infty)$，值域为 $[-1, 1]$，周期为 2π. 因为 $\sin(-x) = -\sin x$，$\cos(-x) = \cos x$，故正弦函数为奇函数，余弦函数为偶函数，其图形如图 1-12 所示.

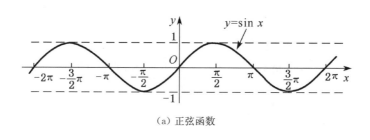

（a）正弦函数

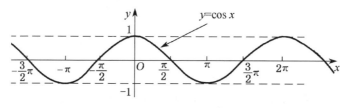

（b）余弦函数

图 1-12

② 正切函数 $y = \tan x$，定义域为 $\left\{ x \,\middle|\, x \in R,\ x \neq n\pi + \dfrac{\pi}{2},\ n = 0, \pm 1, \pm 2, \cdots \right\}$.

余切函数 $y = \cot x$，定义域为 $\{ x \mid x \in R,\ x \neq n\pi,\ n = 0, \pm 1, \pm 2, \cdots \}$. 两个函数的值域均为 $(-\infty, +\infty)$，周期为 π. 因为 $\tan(-x) = -\tan x$，$\cot(-x) = -\cot x$，故均为奇函数，其图形如图 1-13 所示.

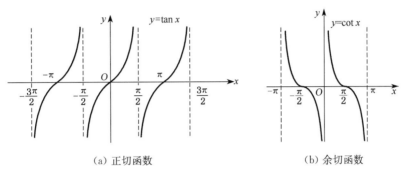

（a）正切函数　　　　　　　　　（b）余切函数

图 1-13

③ 正割函数 $y = \sec x$，因为 $\sec x = \dfrac{1}{\cos x}$，故它的定义域为

$$\left\{ x \,\middle|\, x \in R,\ x \neq n\pi + \frac{\pi}{2},\ n = 0, \pm 1, \pm 2, \cdots \right\},\ 周期为\ 2\pi.$$

余割函数 $y = \csc x$，因为 $\csc x = \dfrac{1}{\sin x}$，故它的定义域为

$$\{ x \mid x \in R,\ x \neq n\pi,\ n = 0, \pm 1, \pm 2, \cdots \},\ 周期为\ 2\pi.$$

正割函数和余割函数的图形如图 1-14 所示.

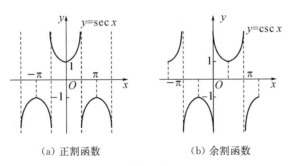

（a）正割函数　　　　　　　　（b）余割函数

图 1-14

（5）反三角函数

① 反正弦函数 $y = \arcsin x$.

正弦函数 $y = \sin x$ 在区间 $\left[-\dfrac{\pi}{2}, \dfrac{\pi}{2} \right]$ 上严格单调增加，值域为 $[-1, 1]$. 将 $\left[-\dfrac{\pi}{2}, \dfrac{\pi}{2} \right]$ 上正弦函数 $y = \sin x$ 的反函数称为反正弦函数，记为 $y = \arcsin x$，其定义域

为 $[-1,1]$，值域为 $\left[-\dfrac{\pi}{2},\dfrac{\pi}{2}\right]$．$y=\arcsin x$ 在定义域上单调增加，且有 $\arcsin(-x)=$ $-\arcsin x$，即为奇函数，其图形如图 1-15 所示.

② 反余弦函数 $y=\arccos x$.

余弦函数 $y=\cos x$ 在区间 $[0,\pi]$ 上严格单调减少，值域为 $[-1,1]$．将 $[0,\pi]$ 上余弦函数 $y=\cos x$ 的反函数称为反余弦函数，记为 $y=\arccos x$，其定义域为 $[-1,1]$，值域为 $[0,\pi]$．$y=\arccos x$ 在定义域上单调减少，且有 $\arccos(-x)=\pi-\arccos x$，其图形如图 1-16 所示.

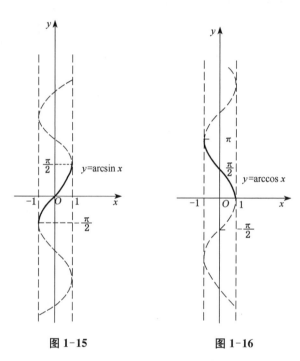

图 1-15　　　　　　图 1-16

③ 反正切函数 $y=\arctan x$.

正切函数 $y=\tan x$ 在区间 $\left(-\dfrac{\pi}{2},\dfrac{\pi}{2}\right)$ 内严格单调增加，值域为 $(-\infty,+\infty)$．将 $\left(-\dfrac{\pi}{2},\dfrac{\pi}{2}\right)$ 内正切函数 $y=\tan x$ 的反函数称为反正切函数，记为 $y=\arctan x$，其定义域为 $(-\infty,+\infty)$，值域为 $\left(-\dfrac{\pi}{2},\dfrac{\pi}{2}\right)$．$y=\arctan x$ 在定义域内单调增加，且有 $\arctan(-x)$ $=-\arctan x$，即为奇函数，其图形如图 1-17 所示.

④ 反余切函数 $y=\text{arccot}\,x$.

余切函数 $y=\cot x$ 在区间 $(0,\pi)$ 内严格单调减少，值域为 $(-\infty,+\infty)$．将 $(0,\pi)$ 内余切函数 $y=\cot x$ 的反函数称为反余切函数，记为 $y=\text{arccot}\,x$，其定义域为 $(-\infty,+\infty)$，值域为 $(0,\pi)$．$y=\text{arccot}\,x$ 在定义域内单调减少，且有 $\text{arccot}(-x)=\pi-\text{arccot}\,x$，其图形如图 1-18 所示.

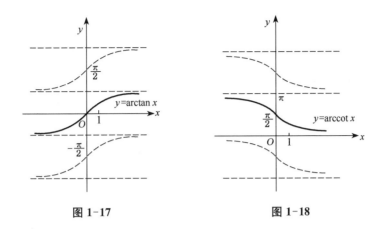

图 1-17   图 1-18

2. 初等函数

由基本初等函数经过有限次的四则运算和有限次函数的复合运算所生成的可以用一个式子表示的函数,称为**初等函数**.

例如,多项式函数 $y = a_n x^n + a_{n-1} x^{n-1} + \cdots + a_1 x + a_0$,$y = \mathrm{e}^{-x^2} + \dfrac{\tan x}{x}$,$y = \ln \cos x$ 等都是初等函数.

微积分中所讨论的函数绝大多数都是初等函数,但也有一些是非初等函数,例如前面介绍过的取整函数 $y = [x]$,符号函数 $y = \mathrm{sgn}\, x$ 和狄利克雷函数都不是初等函数.

1.1.6 经济学中的常用函数

在经济分析中,需要对成本、价格、需求、收益等经济量的关系进行分析,建立各经济量之间的函数关系. 在实际问题中,往往有多个经济量同时出现,相互作用,它们之间的相关性异常复杂. 作为讨论的第一步,先考虑两个经济量之间的函数关系.

1. 需求函数与供给函数

某一商品的需求量是指在某一特定的时期内,在一定的价格条件下,消费者愿意而且具有购买力购买的商品数. 这种商品的需求量,取决于商品的价格、消费者的收入、相关商品的价格、个人的兴趣爱好以及时间等各项因素,假定除价格外,其他因素不变,则这种商品的市场需求量 Q_d 就是该商品价格 P 的函数,称为**需求函数**,记为 $Q_d = Q_d(P)$. 一般情况下,当商品价格下降时,其市场需求量就会增加;反之,当价格上涨时,其市场需求量就会减少. 因此,需求函数 $Q_d(P)$ 是关于商品价格 P 的单调减少函数.

最简单的需求函数为线性函数
$$Q_d = Q_d(P) = a - bP,$$

其中,a,b 为正常数. 当价格 $P = 0$ 时,$Q_d(0) = a$ 表示价格为零时的最大需求量,称为**饱和需求量**. 当需求量 $Q_d = 0$ 时,价格 $P = \dfrac{a}{b}$ 为**最高销售价格**(此时需求量为零).

除了线性需求函数外,常用的需求函数还有以下几种形式:

（1）二次需求函数：$Q = a - bP - cP^2$，其中 a，b，c 均为正常数；

（2）指数需求函数：$Q = a\mathrm{e}^{-bP}$，其中 a，b 均为正常数.

某一商品的供给量是指在某一时间内，在一定的价格条件下，生产者愿意并且能够售出的商品数. 这种商品的供给量取决于商品的价格、消费者的收入、相关商品的价格、生产成本以及自然条件等因素. 类似地，如果仅考虑商品的价格，而不考虑影响商品的市场供给量的其他因素，某种商品的市场供给量 Q_s 也是该商品价格 P 的函数，称为**供给函数**，记为 $Q_s = Q_s(P)$.

一般情况下，当某一商品的价格上涨时，将刺激生产者向市场提供更多的商品，其市场供给量增加；反之，当价格下降时，其市场供给量减少. 因此，供给函数 $Q_s(P)$ 是单调递增的函数.

最简单的供给函数为线性函数

$$Q_s = Q_s(P) = -c + dP,$$

其中，c，d 均为正常数. 当供给量 $Q_s = 0$ 时，商品的最低销售价格为 $\dfrac{c}{d}$.

当一种商品的市场需求量与供给量相等时，称**供求关系均衡**，此时的价格为**均衡价格**，通常记均衡价格为 p_e，对应的需求量与供给量称为**均衡商品量**，记为 Q_e.

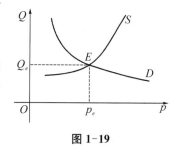

图 1-19

在同一个坐标系中画出需求曲线 D 和供给曲线 S，两条曲线的交点 E 称为**供需平衡点**，该点的横坐标 p_e 称为**均衡价格**，如图 1-19 所示.

例 1.1.9 （1）已知某种农产品的销售价为每千克 8 元时，每天能销售 5 000 千克；若销售价每千克降低 0.5 元，则每天销售量可增加 500 千克. 求农产品的线性需求函数.

（2）已知该种农产品的收购价为每千克 5 元时，每天能收购 5 000 千克；若收购价每千克提高 0.1 元，则每天收购量可增加 500 千克. 求农产品的线性供给函数.

（3）求该种农产品的均衡价格和均衡数量.

解 （1）设线性需求函数为

$$Q_d = a - bP,$$

其中 P 为销售价格. 由题设有

$$\begin{cases} 5\,000 = a - 8b, \\ 5\,000 + 500 = a - (8 - 0.5)b, \end{cases}$$

解得 $a = 13\,000$，$b = 1\,000$. 于是，所求需求函数为

$$Q_d = 13\,000 - 1\,000P.$$

（2）设线性供给函数为

$$Q_s = -c + dP,$$

其中 Q_s 为收购量（即供给量），P 为收购价格.

由已知条件,得

$$\begin{cases} 5\,000 = -c + 5d, \\ 5\,000 + 500 = -c + (5 + 0.1)d, \end{cases}$$

解得 $c = 20\,000$, $d = 5\,000$. 于是,所求农产品的线性供给函数为

$$Q_s = 5\,000P - 20\,000.$$

(3) 由供需均衡条件 $Q_d = Q_s$,得

$$13\,000 - 1\,000P = 5\,000P - 20\,000,$$

解得均衡价格为 $p_e = 5.5$(元 / 千克);相应的均衡数量为 $Q_e = 7\,500$(千克).

2. 成本函数、收益函数与利润函数

企业从事生产经营活动时,必须要核算生产成本、收益与利润. 而成本、收益与利润这些经济变量都与产品的产量或销售量 Q 有关,它们都是 Q 的函数,并分别称为成本函数,收益(收入)函数,利润函数,分别记为 $C(Q)$, $R(Q)$, $L(Q)$.

成本是生产一定数量产品所需要的各种生产要素投入的价格或费用的总额,由固定成本(不变成本)和可变成本两部分构成. 固定成本指支付固定生产要素的费用,如厂房、设备维修费与折旧费、管理人员的工资等. 可变成本指支付可变生产要素的费用,如原材料、动力费和生产工人的工资等.

一般地,成本 $C(Q)$ 是产量 Q 的函数,称之为**成本函数**.

最简单的成本函数为线性函数

$$C(Q) = a + bQ,$$

其中 a, b 为正常数. 当 $Q = 0$ 时, $C_0 = a$ 就是固定成本. b 为单位产品的可变成本, bQ 为可变成本.

如果产品的单位售价为 P,销售量为 Q,则**收益函数**为

$$R(Q) = PQ.$$

收益与成本之差就是利润,故**利润函数**为

$$L(Q) = R(Q) - C(Q).$$

例 1.1.10　设某产品的成本函数是线性函数,已知产量为 0 时,成本为 100 元;当产量为 100 时,成本为 400 元. 求该产品的成本函数.

解　设产品的产量为 Q,由于成本函数是线性函数,则成本函数

$$C(Q) = a + bQ.$$

由已知条件可得　$a = 100$, $b = 3$.

故所求成本函数为

$$C(Q) = 100 + 3Q, \quad Q \in [0, +\infty).$$

例 1.1.11　某厂生产的电子产品每台可卖 110 元,固定成本为 7 500 元,可变成本为每

台 60 元.

(1) 要卖掉多少台，厂家才可以保本？

(2) 卖掉 100 台的话，厂家盈利或亏损了多少？

(3) 要获得 1 250 元的利润，需要卖掉多少台？

解 (1) 设销售量为 Q 台，利润函数为

$$L(Q) = R(Q) - C(Q) = 110Q - (7\,500 + 60Q) = 50Q - 7\,500,$$

保本即利润函数 $L(Q) = 50Q - 7\,500 = 0$，求得 $Q = 150$，故要卖掉 150 台，厂家才可以保本.

(2) 100 台的利润为 $L(100) = 50 \times 100 - 7\,500 = -2\,500$，故卖掉 100 台的话，厂家亏损了 2 500 元.

(3) 因为 $L(Q) = 50Q - 7\,500 = 1\,250$，求得 $Q = 175$，所以要获得 1 250 元的利润，需要卖掉 175 台.

习　题　1-1

1. 下列表述是否正确？不正确的话，请改正.

(1) $0 = \varnothing$;

(2) $\varnothing \subset \{a, b, c\}$;

(3) $\{a\} \in \{a, b, c\}$;

(4) $1 \subset \{1, 2\}$.

2. 用描述法表示下列集合.

(1) 满足大于 3 的实数全体;

(2) 平面上第一象限的点的全体;

(3) 方程 $x^2 - 7x + 12 = 0$ 的实数解全体.

3. 设 $A = \{1, 2, 3\}$，$B = \{1, 3, 5\}$，写出 $A \bigcup B$，$A \bigcap B$，$A \backslash B$ 及 $B \backslash A$ 的表达式.

4. 求下列函数的自然定义域.

(1) $y = \sin \sqrt{x-1}$;

(2) $y = -\dfrac{5}{x^2 + 4}$;

(3) $y = \arcsin \dfrac{x-1}{3}$;

(4) $y = \ln(x^2 - 4)$;

(5) $y = 1 - \mathrm{e}^{1-x^2}$;

(6) $y = \dfrac{\arccos \dfrac{2x-1}{7}}{\sqrt{x^2 - x - 6}}$.

5. (1) 设 $f\left(x + \dfrac{1}{x}\right) = \dfrac{x^2}{1 + x^4}$，求 $f(x)$;

(2) 设 $f(x - 3) = x^2 - 2x + 5$，求 $f(x)$;

(3) 设 $f\left(\dfrac{x+1}{x-1}\right) = 3f(x) - 2x$，求 $f(x)$.

6. 某运输公司规定货物的吨千米运价：在 a 千米以内，每千米 k 元；超过 a 千米，超过部分每千米为 $\dfrac{4}{5}k$ 元，求运价 M 和里程 x 之间的函数关系.

7. 设某个矩形的面积为 A，试将周长 S 表示为宽 x 的函数，并求其定义域.

8. 下列函数 f 与 g 是否相等，为什么？

(1) $f(x) = \ln(3 - x) - \ln(2 - x)$，$g(x) = \ln \dfrac{3-x}{x-2}$;

(2) $f(x) = \dfrac{x^2 - 4}{x - 2}$, $g(x) = x + 2$;

(3) $f(x) = 1$, $g(x) = \sin^2 x + \cos^2 x$;

(4) $f(x) = 1$, $g(x) = \sec^2 x - \tan^2 x$.

9. 求下列函数生成的复合函数 $f \circ g$.

(1) $f(u) = \sqrt{u}$, $g(x) = \dfrac{x - 1}{x + 1}$;　　　　(2) $f(u) = \arcsin u$, $g(x) = 3^x$.

10. 判断下列函数的奇偶性.

(1) $f(x) = x + x^2 - x^3$;　　　　　　(2) $f(x) = x^2 \sin x$;

(3) $f(x) = \dfrac{a^x + a^{-x}}{2}$;　　　　　　(4) $f(x) = \ln \dfrac{x + 1}{x - 1}$.

11. 求下列函数的反函数:

(1) $y = \dfrac{1}{3} \sin 2x \left(-\dfrac{\pi}{4} \leqslant x \leqslant \dfrac{\pi}{4} \right)$;　　(2) $y = \sqrt[3]{1 + x}$;

(3) $y = \dfrac{2^x}{2^x + 1}$;　　　　　　(4) $y = \begin{cases} -x + 2, & x \leqslant 1, \\ -\ln x - 1, & x > 1. \end{cases}$

12. 设函数

$$f(x) = \begin{cases} x^2, & x \geqslant 0, \\ 2x, & x < 0; \end{cases} \quad g(x) = \begin{cases} x, & x \geqslant 0, \\ -2x, & x < 0, \end{cases}$$

求复合函数 $f \circ g$ 与 $g \circ f$.

13. 指出下列函数是由哪些基本初等函数复合而成的.

(1) $y = \cos 2x$;　　　　　　(2) $y = \arcsin[\ln(2x + 1)]$;

(3) $y = e^{\sin^3 x}$;　　　　　　(4) $y = \ln \ln x$.

14. 设某产品的成本函数是线性函数,已知产量为 0 时,成本为 100 元;当产量为 200 时,成本为 1 100 元.求该产品的成本函数.

15. 设某商品的成本函数和收入函数分别为

$$C(x) = 7 + 2x + x^2, \quad R(x) = 10x \quad (x \text{ 为商品数量}).$$

求(1)该商品的利润函数.(2)当销售量为 8 时,是盈利还是亏损?

16. 设某商品的需求函数为 $Q_d = 100 - \dfrac{5}{2} p$,供给函数为 $Q_s = -\dfrac{25}{2} + \dfrac{5}{4} p$($p$ 为商品价格),求该商品的均衡价格 p_e 和均衡数量 Q_e.

17. (1) 已知某种农产品的收购价为每千克 10 元时,每天能收购 1 000 千克;若收购价每千克提高 0.2 元,则每天收购量可增加 100 千克.求农产品的线性供给函数.

(2) 已知该种农产品的销售价为每千克 11 元时,每天能销售 900 千克;若销售价每千克降低 0.5 元,则每天销售量可增加 200 千克.求农产品的线性需求函数.

(3) 求该种农产品的均衡价格和均衡数量.

1.2　数　列　极　限

1.2.1　数列极限的定义

在介绍数列极限的理论之前,首先介绍数列的一些基本概念.

1. 数列

按某一规律依次排列的无穷多个数

$$x_1, x_2, \cdots, x_n, \cdots$$

称为**数列**，记为 $\{x_n\}$，其中数列中的每一个数称为数列的**项**，数列的第 n 个数 x_n 称为数列的**第 n 项**，也称为数列的**通项**或**一般项**.

数列是以正整数集 $\mathbf{N}^+$ 为定义域的函数 $x_n = f(n)$，因此数列也称为**整标函数**，当自变量 n 依次取 $1, 2, \cdots, n, \cdots$ 时，对应的函数值 $f(1), f(2), \cdots, f(n), \cdots$ 就排成了数列 $\{x_n\}$. 数列可以表示为

$$\{x_n\}: x_1, x_2, \cdots, x_n, \cdots.$$

下面是几个数列的例子：

(1) $\left\{\dfrac{(-1)^{n+1}}{n}\right\}$：$1, -\dfrac{1}{2}, \dfrac{1}{3}, -\dfrac{1}{4}, \cdots, \dfrac{(-1)^{n+1}}{n}, \cdots$；

(2) $\{2^n\}$：$2, 4, 8, \cdots, 2^n, \cdots$；

(3) $\{(-1)^{n-1}\}$：$1, -1, 1, \cdots, (-1)^{n+1}, \cdots$；

(4) $\left\{\dfrac{n+(-1)^{n-1}}{n}\right\}$：$2, \dfrac{1}{2}, \dfrac{4}{3}, \cdots, \dfrac{n+(-1)^{n-1}}{n}, \cdots$.

若存在正数 M，对所有的 n 都满足 $|x_n| \leqslant M$，则称数列 $\{x_n\}$ 为**有界数列**，否则称为**无界数列**.

若存在实数 A，对所有的 n 都满足 $x_n \geqslant A$，则称数列 $\{x_n\}$ 为**下有界**，A 是 $\{x_n\}$ 的一个**下界**. 若存在实数 B，对所有的 n 都满足 $x_n \leqslant B$，则称数列 $\{x_n\}$ 为**上有界**，B 是 $\{x_n\}$ 的一个**上界**. 显然，有界数列必有上界和下界；反之，同时具有上界和下界的数列必为有界数列.

例如，数列 $\left\{\dfrac{1}{2^n}\right\}$，$\left\{\dfrac{(-1)^{n+1}}{n}\right\}$，$\left\{\dfrac{n}{n+1}\right\}$ 是有界数列；数列 $\{2^n\}$，$\{n^2\}$，$\left\{n\sin\dfrac{n\pi}{2}\right\}$ 是无界数列.

如果数列 $\{x_n\}$ 满足 $x_n \leqslant x_{n+1}$（$x_n \geqslant x_{n+1}$），$n = 1, 2, 3, \cdots$，则称 $\{x_n\}$ 为**单调增加数列**（**单调减少数列**）；若满足 $x_n < x_{n+1}$（$x_n > x_{n+1}$），$n = 1, 2, 3, \cdots$，则称 $\{x_n\}$ 为**严格单调增加数列**（**严格单调减少数列**）.

单调增加数列和单调减少数列统称为**单调数列**. 严格单调增加数列和严格单调减少数列统称为**严格单调数列**.

例如，数列 $\{2^n\}$，$\left\{\dfrac{n}{n+1}\right\}$ 是单调增加数列；数列 $\left\{\dfrac{1}{2^n}\right\}$，$\left\{\dfrac{1}{n}\right\}$ 是单调减少数列.

2. 数列极限的定义

在介绍数列极限定义之前，首先介绍我国古代数学家刘徽（公元 3 世纪）提出的"割圆术"，即用圆内接正多边形的面积来逼近圆的面积的方法.

具体方法如下：首先作圆的内接正六边形，其面积记为 A_1；再作圆的内接正十二边形，其面积记为 A_2；再作圆的内接正二十四边形，其面积记为 A_3；如此每次将边数加倍，把内

接正 $6 \times 2^{n-1}$ 边形的面积记为 $A_n(n \in N)$. 这样,就得到一系列内接正多边形的面积:

$$A_1, A_2, A_3, \cdots, A_n, \cdots,$$

它们构成数列 $\{A_n\}$. 当 n 越大,内接正多边形的面积与圆的面积就越接近. 当 n 无限增大时(记为 $n \to \infty$,读作 n 趋于无穷大),内接正多边形的面积无限接近于圆的面积,同时 A_n 也无限接近于某一确定的数值,这个确定的数值就是数列 $\{A_n\}$ 当 $n \to \infty$ 时的极限,即

$$\lim_{n \to \infty} A_n = A.$$

对于数列 $\{x_n\}$,我们关心的是随着项数 n 的增大,$\{x_n\}$ 的变化趋势,$\{x_n\}$ 是否会无限趋近于某个确定的常数. 例如,当 n 无限增大时,数列 $\left\{\dfrac{1}{2^n}\right\}$ 和 $\left\{\dfrac{1}{n}\right\}$ 的项无限趋近于 0,所以 0 是数列 $\left\{\dfrac{1}{2^n}\right\}$ 和 $\left\{\dfrac{1}{n}\right\}$ 的极限.

然而,"无限增大""无限趋近"只是一种模糊的语言描述,并未给出数列极限的确切含义. 为着严谨论证的需要,还必须给出它的精确定义. 要想给出极限的定义,我们需要用数学语言给出"无限增大""无限趋近"的明确含义.

例如数列 $\left\{\dfrac{1}{n}\right\}$,$\left\{\dfrac{1}{n}\right\}$ 的极限为 0,当 n 无限增大时,$\dfrac{1}{n}$ 无限趋近于 0. 也就是说:当 n 充分大时,$\dfrac{1}{n}$ 与 0 的距离 $\left|\dfrac{1}{n} - 0\right| = \dfrac{1}{n}$ 要多小就能多小,即对于任意给定的不论多么小的正数 ε,总有 $\dfrac{1}{n}$ 与的 0 距离 $\left|\dfrac{1}{n} - 0\right| = \dfrac{1}{n}$ 小于这个正数 ε,即 $\left|\dfrac{1}{n} - 0\right| = \dfrac{1}{n} < \varepsilon$ 总成立. 但究竟 n 要多大呢? 显然只要 $n > \dfrac{1}{\varepsilon}$ 就行. 若令 $\varepsilon_1 = \dfrac{1}{1\,000}$,要使 $\left|\dfrac{1}{n} - 0\right| = \dfrac{1}{n} < \varepsilon_1$,则当 $n > 1\,000$ 时,数列的每一项都满足这个不等式,即从数列 $\left\{\dfrac{1}{n}\right\}$ 的第 $1\,001$ 项以后的所有项都满足这个不等式;若令 $\varepsilon_2 = \dfrac{1}{10\,000}$,要使 $\left|\dfrac{1}{n} - 0\right| = \dfrac{1}{n} < \varepsilon_2$,则当 $n > 10\,000$ 时,数列的每一项都满足这个不等式,即从数列 $\left\{\dfrac{1}{n}\right\}$ 的第 $10\,001$ 项以后的所有项都满足这个不等式;等等.

可以看出,"n 无限增大"并非随意增大,n 的取值取决于"任意小的正数 ε",而"任意小的正数 ε"用来描述"无限趋近"的程度. 无论给定一个多么小的正数,只要项数 n 大于某个数,就能保证 $\left|\dfrac{1}{n} - 0\right| = \dfrac{1}{n}$ 小于这个给定的正数.

于是,"数列 $\left\{\dfrac{1}{n}\right\}$,当 n 无限增大时,$\dfrac{1}{n}$ 无限趋近于 0"可以这样描述:对于任意给定的 $\varepsilon > 0$,总存在正整数 $N = \left[\dfrac{1}{\varepsilon}\right]$,当 $n > N$ 时,有 $\left|\dfrac{1}{n} - 0\right| < \varepsilon$.

下面,我们给出数列极限的严格定义.

定义 1.2.1 设 $\{x_n\}$ 是一数列,如果存在常数 a,对于任意给定的正数 ε(不论它多么小),总存在正整数 N,当 $n > N$ 时,有

$$|x_n - a| < \varepsilon$$

成立,则称数列 $\{x_n\}$ **收敛**,称 a 为数列 $\{x_n\}$ 的**极限**,或称数列 $\{x_n\}$ **收敛于** a,记为

$$\lim_{n \to \infty} x_n = a \quad \text{或} \quad x_n \to a \quad (\text{当 } n \to \infty \text{ 时}).$$

否则,如果不存在这样的常数 a,则称数列 $\{x_n\}$ **发散**,或称数列 $\{x_n\}$ **没有极限**.

为了表达的方便,引入记号" $\forall$ "表示"对任意给定的"或"对每一个",记号" $\exists$ "表示"存在".于是,"对于任意给定的正数 ε "可写作" $\forall \varepsilon > 0$ ","存在正整数 N "可写作" $\exists N \in \mathbf{N}^+$ ".这样,数列极限 $\lim_{n \to \infty} x_n = a$ 的定义可简单表述为:

$$\lim_{n \to \infty} x_n = a \Leftrightarrow \forall \varepsilon > 0, \exists N \in \mathbf{N}^+, \text{当 } n > N \text{ 时,有 } |x_n - a| < \varepsilon,$$

称为数列极限的 $\varepsilon - N$ 定义.不等式 $|x_n - a| < \varepsilon$ 等价于 $a - \varepsilon < x_n < a + \varepsilon$,说明数列的项 x_n 落在点 a 的 ε 邻域 $U(a, \varepsilon)$ 内.于是, $\lim_{n \to \infty} x_n = a$ 的几何意义是:对于任意给定的以 a 为中心、ε 为半径的邻域 $U(a, \varepsilon)$,数列 $\{x_n\}$ 中总存在相应的项 x_N,从此项以后,$\{x_n\}$ 的所有项都落在这个区间内,而至多只有数列的有限项 $x_1, x_2, \cdots, x_N$ 落在 $U(a, \varepsilon)$ 外(图1-20).

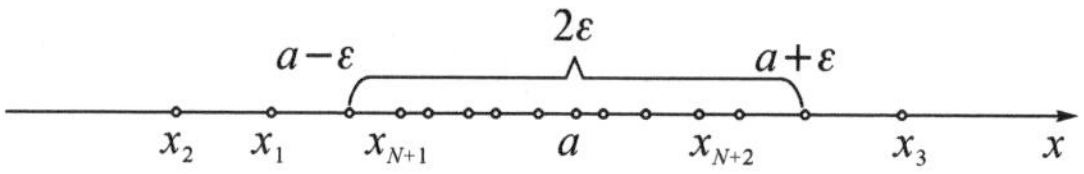

图 1-20

用数列极限的定义证明 $\lim_{n \to \infty} x_n = a$,关键在于设法从任意给定的 $\varepsilon > 0$,找出相应的 $N \in \mathbf{N}^+$,使得当 $n > N$ 时,有 $|x_n - a| < \varepsilon$ 成立.因此找 N 是证明数列极限的关键,在证明中,只要找到满足要求的 N 即可,不必寻求满足要求的最小的 N,怎样找 N 呢?如果知道 $|x_n - a|$ 小于某个与 n 有关的量,当这个量小于 ε 时,有 $|x_n - a| < \varepsilon$ 一定成立,利用这个方法可找到满足要求的 N.

例 1.2.1 证明 $\lim_{n \to \infty} \dfrac{n}{n+1} = 1$.

证明 $\forall \varepsilon > 0$,要使 $\left| \dfrac{n}{n+1} - 1 \right| = \dfrac{1}{n+1} < \dfrac{1}{n} < \varepsilon$,只要 $n > \dfrac{1}{\varepsilon}$,所以取正整数 $N = \left[\dfrac{1}{\varepsilon} \right]$,当 $n > N$ 时,有

$$\left| \frac{n}{n+1} - 1 \right| < \varepsilon,$$

即

$$\lim_{n \to \infty} \frac{n}{n+1} = 1.$$

例 1.2.2　证明常数数列 $\{x_n = C\}$（C 是常数）的极限是 C，即 $\lim\limits_{n \to \infty} C = C$.

证明　$\forall \varepsilon > 0$，因为 $|x_n - C| = |C - C| = 0 < \varepsilon$，所以对任意的正整数 N，$|x_n - C| < \varepsilon$ 总成立，即 $\lim\limits_{n \to \infty} C = C$.

例 1.2.3　证明 $\lim\limits_{n \to \infty} q^n = 0$，$0 < |q| < 1$.

证明　$\forall \varepsilon > 0$，要使 $|q^n - 0| = |q|^n < \varepsilon$，当 $0 < |q| < 1$ 时，只要 $n > \dfrac{\ln \varepsilon}{\ln |q|}$，所以取正整数 $N = \left[\dfrac{\ln \varepsilon}{\ln |q|} \right]$，当 $n > N$ 时，有

$$|q^n - 0| < \varepsilon,$$

即

$$\lim_{n \to \infty} q^n = 0.$$

1.2.2　数列极限的性质

1. 唯一性

定理 1.2.1　如果数列 $\{x_n\}$ 收敛，则它的极限是唯一的.

证明　设 $\lim\limits_{n \to \infty} x_n = a$，$\lim\limits_{n \to \infty} x_n = b$，且 $a \neq b$.

由 $\lim\limits_{n \to \infty} x_n = a$，则 $\forall \varepsilon > 0$，$\exists N_1 \in \mathbf{N}^+$，当 $n > N_1$ 时，有

$$|x_n - a| < \frac{\varepsilon}{2}.$$

由 $\lim\limits_{n \to \infty} x_n = b$，则 $\exists N_2 \in \mathbf{N}^+$，当 $n > N_2$ 时，有

$$|x_n - b| < \frac{\varepsilon}{2}.$$

取 $N = \max\{N_1, N_2\}$，当 $n > N$ 时，同时有

$$|x_n - a| < \frac{\varepsilon}{2} \quad \text{与} \quad |x_n - b| < \frac{\varepsilon}{2}.$$

于是，$\forall \varepsilon > 0$，当 $n > N$ 时，有

$$|a - b| = |a - x_n + x_n - b| \leqslant |x_n - a| + |x_n - b| < \varepsilon.$$

若取 $\varepsilon = \dfrac{|a - b|}{2}$ 代入，得 $|a - b| < \dfrac{|a - b|}{2}$，这是不可能的，所以只能 $a = b$. 这表明收敛数列不可能有两个不同的极限.

2. 有界性

定理 1.2.2　若数列 $\{x_n\}$ 收敛，则数列 $\{x_n\}$ 有界.

证明 设 $\lim\limits_{n\to\infty}x_n=a$，取 $\varepsilon=1>0$，则 $\exists N\in\mathbf{N}^+$，当 $n>N$ 时，有

$$|x_n-a|<1.$$

从而，当 $n>N$ 时，有

$$|x_n|=|x_n-a+a|\leqslant|x_n-a|+|a|<1+|a|.$$

取 $M=\max\{|x_1|,|x_2|,\cdots,|x_N|,1+|a|\}$，于是，当 $n>N$ 时，有

$$|x_n|\leqslant M,$$

即数列 $\{x_n\}$ 有界.

注：定理 1.2.2 的逆命题不成立，即有界数列不一定收敛. 因此，有界是数列收敛的必要条件，而不是充分条件.

例如，数列 $\{(-1)^n\}$：$-1,1,-1,1,\cdots$ 是一个有界数列，但它却是发散的.

推论 若数列 $\{x_n\}$ 无界，则数列 $\{x_n\}$ 发散.

利用它可以判断数列发散. 例如，数列 $\{2^n\}$ 无界，则此数列发散.

3. 保号性

定理 1.2.3 若 $\lim\limits_{n\to\infty}x_n=a>0$（或 $a<0$），则 $\exists N\in\mathbf{N}^+$，当 $n>N$ 时，有 $x_n>0$（或 $x_n<0$）.

证明 设 $\lim\limits_{n\to\infty}x_n=a>0$，取 $\varepsilon=\dfrac{a}{2}>0$，则 $\exists N\in\mathbf{N}^+$，当 $n>N$ 时，有

$$|x_n-a|<\frac{a}{2}\Rightarrow x_n>a-\frac{a}{2}=\frac{a}{2}>0.$$

于是，$\exists N\in\mathbf{N}^+$，当 $n>N$ 时，有 $x_n>0$.

同理可证 $a<0$ 的情形.

该性质表明：若数列的极限为正（或负），则该数列从某一项开始以后所有项也为正（或负）.

推论 若 $\lim\limits_{n\to\infty}x_n=a$，$\exists N\in\mathbf{N}^+$，当 $n>N$ 时，有 $x_n\geqslant 0$（或 $x_n\leqslant 0$），则 $a\geqslant 0$（或 $a\leqslant 0$）.

4. 子数列的收敛性

定义 1.2.2 设有数列 $\{x_n\}$. 若 $n_k\in\mathbf{N}^+$（$k=1,2,\cdots$），且

$$n_1<n_2<n_3<\cdots<n_k<\cdots,$$

则数列 $x_{n_1},x_{n_2},\cdots,x_{n_k},\cdots$ 称为数列 $\{x_n\}$ 的一个**子数列**，简称**子列**，记为 $\{x_{n_k}\}$.

由定义可知，将数列 $\{x_n\}$ 在保持原有顺序的情况下，任取其中无穷多项构成的新数列就是数列 $\{x_n\}$ 的子数列. 例如在数列 $\{x_n\}$ 中，任取无穷多项 $x_1,x_2,x_5,x_8,\cdots$，$x_{3n-1},\cdots$ 构成的新数列就是数列 $\{x_n\}$ 的子列. 特别地，在原数列中抽取奇数项组成的子列 $\{x_{2n-1}\}$：$x_1,x_3,x_5\cdots,x_{2n-1},\cdots$ 称为数列 $\{x_n\}$ 的奇子列；在原数列中抽取偶数项组成的子列 $\{x_{2n}\}$：$x_2,x_4,x_6\cdots,x_{2n},\cdots$ 称为数列 $\{x_n\}$ 的偶子列.

下面介绍收敛数列 $\{x_n\}$ 与其子列 $\{x_{n_k}\}$ 之间的关系.

定理 1.2.4(收敛数列与子列的关系) 若数列 $\{x_n\}$ 收敛于 a,则它的任意一个子列也收敛于 a.

由该定理可知,若数列 $\{x_n\}$ 有一个子列发散,或有两个子列收敛于不同的极限,则数列 $\{x_n\}$ 发散.这提供了一种判断数列发散的方法.

例如,数列 $\{n^{(-1)^n}\}$ 是发散的,因为它的偶子列 $\{(2k)^{(-1)^{2k}}\}=\{2k\}$ 发散.

又如,数列 $0,1,0,1,\cdots$ 一定发散,因为它的奇子列 $\{x_{2k-1}\}$ 收敛于 0,但是偶子列 $\{x_{2k}\}$ 收敛于 1. 此例说明,发散数列可以有收敛的子列.

定理 1.2.5 数列 $\{x_n\}$ 收敛于 $a \Leftrightarrow$ 奇子列 $\{x_{2k-1}\}$ 与偶子列 $\{x_{2k}\}$ 都收敛于 a.

5. 数列极限的四则运算法则

下面,我们介绍数列极限的四则运算法则,它是计算数列极限的基本工具之一.

定理 1.2.6 如果 $\lim\limits_{n\to\infty}x_n=A$,$\lim\limits_{n\to\infty}y_n=B$,那么

(1) $\lim\limits_{n\to\infty}(x_n\pm y_n)=\lim\limits_{n\to\infty}x_n\pm\lim\limits_{n\to\infty}y_n=A\pm B$;

(2) $\lim\limits_{n\to\infty}(x_n\cdot y_n)=\lim\limits_{n\to\infty}x_n\cdot\lim\limits_{n\to\infty}y_n=AB$;

(3) 当 $y_n\neq 0(n=1,2,\cdots)$ 且 $\lim\limits_{n\to\infty}y_n\neq 0$ 时,$\lim\limits_{n\to\infty}\dfrac{x_n}{y_n}=\dfrac{\lim\limits_{n\to\infty}x_n}{\lim\limits_{n\to\infty}y_n}=\dfrac{A}{B}$.

这些法则可以用极限的定义证明,下面仅证明法则(2).

证明 (2) 由于 $\lim\limits_{n\to\infty}x_n=A$,所以 $\forall\varepsilon>0$,$\exists N_1\in\mathbf{N}^+$,当 $n>N_1$ 时,有 $|x_n-A|<\varepsilon$.

再由 $\lim\limits_{n\to\infty}y_n=B$,$\exists N_2\in\mathbf{N}^+$,当 $n>N_2$ 时,有

$$|y_n-B|<\varepsilon.$$

取 $N=\max\{N_1,N_2\}$,则当 $n>N$ 时,有

$$|x_n-A|<\varepsilon \text{ 和 } |y_n-B|<\varepsilon \text{ 都成立}.$$

又由定理 1.2.2 可知,数列 $\{y_n\}$ 有界,即 $\exists M>0$,有

$$|y_n|\leqslant M.$$

于是,对 $\forall\varepsilon>0$,$\exists N=\max\{N_1,N_2\}$,当 $n>N$ 时,有

$$\begin{aligned}|x_ny_n-AB|&=|x_ny_n-Ay_n+Ay_n-AB|=|(x_n-A)y_n+A(y_n-B)|\\&\leqslant|x_n-A|\cdot|y_n|+|A|\cdot|y_n-B|\leqslant\varepsilon M+|A|\varepsilon.\end{aligned}$$

由数列极限的定义可知,$\lim\limits_{n\to\infty}(x_n\cdot y_n)=AB=\lim\limits_{n\to\infty}x_n\cdot\lim\limits_{n\to\infty}y_n$.

定理 1.2.6 表明两个收敛数列的四则运算与极限运算可以交换次序,给计算极限带来很大的方便.

注:(1) 应用定理时,一定要注意定理的条件,要求每个数列都是收敛的,否则结论不成立,结论(3)还要求 $\lim\limits_{n\to\infty}y_n\neq 0$.

(2) 结论(1)和(2)可以推广到有限个数列的情形,但对无穷多个数列,法则不能使用,

结论不一定成立.

例 1. 2. 4 求 $\lim\limits_{n\to\infty}\dfrac{4n^2-5n-1}{7+2n-8n^2}$.

解 $\lim\limits_{n\to\infty}\dfrac{4n^2-5n-1}{7+2n-8n^2}=\lim\limits_{n\to\infty}\dfrac{4-\dfrac{5}{n}-\dfrac{1}{n^2}}{\dfrac{7}{n^2}+\dfrac{2}{n}-8}=\dfrac{\lim\limits_{n\to\infty}\left(4-\dfrac{5}{n}-\dfrac{1}{n^2}\right)}{\lim\limits_{n\to\infty}\left(\dfrac{7}{n^2}+\dfrac{2}{n}-8\right)}$

$$=\dfrac{4-\lim\limits_{n\to\infty}\dfrac{5}{n}-\lim\limits_{n\to\infty}\dfrac{1}{n^2}}{\lim\limits_{n\to\infty}\dfrac{7}{n^2}+\lim\limits_{n\to\infty}\dfrac{2}{n}-8}=-\dfrac{1}{2}.$$

例 1. 2. 5 求 $\lim\limits_{n\to\infty}\left(\dfrac{1}{n^2}+\dfrac{2}{n^2}+\cdots+\dfrac{n}{n^2}\right)$.

分析 无穷多项数列相加求极限,不能使用结论(1),应先求和,再计算极限.

解 $\lim\limits_{n\to\infty}\left(\dfrac{1}{n^2}+\dfrac{2}{n^2}+\cdots+\dfrac{n}{n^2}\right)=\lim\limits_{n\to\infty}\dfrac{1+2+\cdots+n}{n^2}=\lim\limits_{n\to\infty}\dfrac{\dfrac{1}{2}n(n+1)}{n^2}$

$$=\lim\limits_{n\to\infty}\dfrac{1}{2}\left(1+\dfrac{1}{n}\right)=\dfrac{1}{2}.$$

例 1. 2. 6 求 $\lim\limits_{n\to\infty}(\sqrt{n^2+n}-n)$.

解 $\lim\limits_{n\to\infty}(\sqrt{n^2+n}-n)=\lim\limits_{n\to\infty}\dfrac{(\sqrt{n^2+n}-n)(\sqrt{n^2+n}+n)}{\sqrt{n^2+n}+n}=\lim\limits_{n\to\infty}\dfrac{n}{\sqrt{n^2+n}+n}$

$$=\lim\limits_{n\to\infty}\dfrac{1}{\sqrt{1+\dfrac{1}{n}}+1}=\dfrac{1}{2}.$$

例 1. 2. 7 求 $\lim\limits_{n\to\infty}\left(\dfrac{1}{1\times 3}+\dfrac{1}{3\times 5}+\cdots+\dfrac{1}{4n^2-1}\right)$.

解 由 $\dfrac{1}{4n^2-1}=\dfrac{1}{2}\left(\dfrac{1}{2n-1}-\dfrac{1}{2n+1}\right)$,有

$$\dfrac{1}{1\times 3}+\dfrac{1}{3\times 5}+\cdots+\dfrac{1}{4n^2-1}=\dfrac{1}{2}\left[\left(1-\dfrac{1}{3}\right)+\left(\dfrac{1}{3}-\dfrac{1}{5}\right)+\cdots+\left(\dfrac{1}{2n-1}-\dfrac{1}{2n+1}\right)\right]$$

$$=\dfrac{1}{2}\left(1-\dfrac{1}{2n+1}\right),$$

所以

$$\lim\limits_{n\to\infty}\left(\dfrac{1}{1\times 3}+\dfrac{1}{3\times 5}+\cdots+\dfrac{1}{4n^2-1}\right)=\lim\limits_{n\to\infty}=\dfrac{1}{2}\left(1-\dfrac{1}{2n+1}\right)=\dfrac{1}{2}.$$

习　题　1-2

1. 观察下列数列的变化趋势,判断哪些数列有极限. 如有极限,写出它们的极限.

(1) $x_n = \dfrac{1}{a^n}$ $(a > 1)$;

(2) $x_n = \cos \dfrac{1}{n}$;

(3) $x_n = \dfrac{n-1}{n+1}$;

(4) $x_n = \sin \dfrac{n\pi}{2}$;

(5) $x_n = \ln \dfrac{1}{n}$;

(6) $x_n = (-1)^{n+1} \dfrac{1}{n}$;

(7) $x_n = \dfrac{n + (-1)^n}{n}$;

(8) $x_n = (-1)^n - \dfrac{1}{n}$.

2. 用 $\varepsilon - N$ 定义证明下列极限.

(1) $\lim\limits_{n \to \infty} \dfrac{n+1}{n} = 1$;

(2) $\lim\limits_{n \to \infty} \dfrac{1}{n^2} = 0$;

(3) $\lim\limits_{n \to \infty} \dfrac{\sin n}{n} = 0$;

(4) $\lim\limits_{n \to \infty} \dfrac{\sqrt{n^2 + a^2}}{n} = 1$.

3. 证明:若 $\lim\limits_{n \to \infty} x_n = a$, 则 $\lim\limits_{n \to \infty} |x_n| = |a|$. 并举例说明,如果数列 $\{|x_n|\}$ 有极限,数列 $\{x_n\}$ 未必有极限.

4. 证明:若 $\lim\limits_{n \to \infty} x_n = 0 \Leftrightarrow \lim\limits_{n \to \infty} |x_n| = 0$.

5. 求下列极限.

(1) $\lim\limits_{n \to \infty} \dfrac{3n^2 + 4n - 1}{n^2 + 1}$;

(2) $\lim\limits_{n \to \infty} \left(1 + \dfrac{1}{3} + \dfrac{1}{3^2} + \cdots + \dfrac{1}{3^n} \right)$;

(3) $\lim\limits_{n \to \infty} \dfrac{(-2)^n + 3^n}{(-2)^{n+1} + 3^{n+1}}$;

(4) $\lim\limits_{n \to \infty} n(\sqrt{n^2 + 1} - n)$;

(5) $\lim\limits_{n \to \infty} \left(\dfrac{1}{1 \times 2} + \dfrac{1}{2 \times 3} + \cdots + \dfrac{1}{n(n+1)} \right)$;

(6) $\lim\limits_{n \to \infty} \left(\dfrac{1}{n^2} + \dfrac{3}{n^2} + \cdots + \dfrac{2n-1}{n^2} \right)$;

(7) $\lim\limits_{n \to \infty} (\sqrt[n]{3} + \sqrt[n]{5} + \cdots + \sqrt[n]{15})$;

(8) $\lim\limits_{n \to \infty} \left[\dfrac{1}{2!} + \dfrac{2}{3!} + \cdots + \dfrac{n}{(n+1)!} \right]$.

6. 证明下列数列发散.

(1) $\left\{ (-1)^n \dfrac{n}{n+1} \right\}$;

(2) $\left\{ \cos \dfrac{n\pi}{4} \right\}$.

1.3　函　数　极　限

1.3.1　函数极限的定义

由于数列 $\{x_n\}$ 是以正整数集 $\mathbf{N}^+$ 为定义域的函数 $x_n = f(n)$,所以数列 $\{x_n\}$ 的极限为 a,就是当自变量 n 无限增大时,对应的函数值 $f(n)$ 无限接近于确定的常数 a. 把数列极限的定义推广到函数极限的定义:在自变量 x 的某个变化过程中,如果对应的函数值 $f(x)$ 无限接近于某个确定的数,那么这个确定的数就叫做在自变量 x 的这一变化过程中的函数 $f(x)$ 的极限.

根据自变量的变化过程的不同,函数极限可分为两种情况讨论:

(1) 自变量趋于无穷大,即自变量 x 的绝对值 $|x|$ 无限增大(记为 $x \to \infty$)时,对应的函数值 $f(x)$ 的变化趋势;

(2) 自变量趋于有限值,即自变量 x 趋于有限值 x_0(记为 $x \to x_0$)时,对应的函数值 $f(x)$ 的变化趋势.

1. 当自变量趋于无穷大时函数极限的定义

自变量趋于无穷大,有 $x \to +\infty$, $x \to -\infty$ 和 $x \to \infty$ 三种情形. 以 $x \to +\infty$ 为代表,这时函数极限与数列极限的定义非常相似.

首先看一个非常熟悉的例子. 函数 $f(x) = \dfrac{1}{x}$, $x \in (0, +\infty)$. 由图 1-21 容易看出,当自变量沿着 x 轴正向无限增大,即当 $x \to +\infty$ 时, $f(x) = \dfrac{1}{x}$ 的函数值无限趋近于 0. 类似于数列极限的 $\varepsilon - N$ 定义,我们给出当自变量趋于正无穷大时,函数极限的定义.

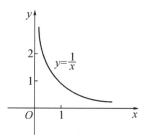

图 1-21

定义 1.3.1 设函数 $f(x)$ 在区间 $(a, +\infty)$ 有定义,如果存在常数 A,对于任意给定的正数 ε,总存在着正数 X,使得当 $x > X$ 时,对应的函数值 $f(x)$ 满足不等式

$$|f(x) - A| < \varepsilon,$$

则称 **常数 A 为函数 $f(x)$ 当 $x \to +\infty$ 时的极限**,记为

$$\lim_{x \to +\infty} f(x) = A \quad \text{或} \quad f(x) \to A(\text{当 } x \to +\infty \text{ 时}).$$

$\lim\limits_{x \to +\infty} f(x) = A$ 可简单表述为 $\varepsilon - X$ 定义: $\lim\limits_{x \to +\infty} f(x) = A \Leftrightarrow \forall \varepsilon > 0$, $\exists X > 0$,当 $x > X$ 时,有

$$|f(x) - A| < \varepsilon.$$

定义 1.3.1 的几何意义是:对于任意给定的正数 ε,在 x 轴上总存在一点 X,当自变量 x 位于点 X 的右侧时,函数 $f(x)$ 的图形落在以直线 $y = A - \varepsilon$、$y = A + \varepsilon$ 为边界的带形区域之内,如图 1-22 所示.

类似地,我们给出当自变量趋于负无穷大,即当 $x \to -\infty$ 时,函数极限的定义.

定义 1.3.2 函数 $f(x)$ 在区间 $(-\infty, a)$ 有定义,如果存在常数 A,对于任意给定的正数 ε,总存在着正数 X,使得当 $x < -X$ 时,对应的函数值 $f(x)$ 满足不等式

$$|f(x) - A| < \varepsilon,$$

则称 **常数 A 为函数 $f(x)$ 当 $x \to -\infty$ 时的极限**,记为

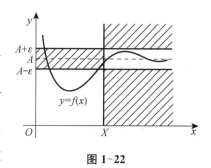

图 1-22

$$\lim_{x \to -\infty} f(x) = A \quad \text{或} \quad f(x) \to A(\text{当 } x \to -\infty \text{ 时}).$$

$\lim\limits_{x \to -\infty} f(x) = A$ 可简单表述为 $\varepsilon - X$ 定义：$\lim\limits_{x \to -\infty} f(x) = A \Leftrightarrow \forall \varepsilon > 0, \exists X > 0$，当 $x < -X$ 时，有

$$|f(x) - A| < \varepsilon.$$

自变量 $x \to \infty$ 即 $|x| \to +\infty$，意思是自变量 x 可沿 x 轴正、负两个方向趋于无穷大，相应地给出当自变量趋于无穷大，即当 $x \to \infty$ 时，函数极限的定义.

定义 1.3.3　函数 $f(x)$ 在 $|x|$ 大于某一正数 a 时有定义，如果存在常数 A，对于任意给定的正数 ε，总存在着正数 X，使得当 $|x| > X$ 时，对应的函数值 $f(x)$ 满足不等式

$$|f(x) - A| < \varepsilon,$$

则称常数 A 为函数 $f(x)$ 当 $x \to \infty$ 时的极限，记为

$$\lim_{x \to \infty} f(x) = A \quad \text{或} \quad f(x) \to A(\text{当 } x \to \infty \text{ 时}).$$

$\lim\limits_{x \to \infty} f(x) = A$ 可简单表述为 $\varepsilon - X$ 定义：$\lim\limits_{x \to \infty} f(x) = A \Leftrightarrow \forall \varepsilon > 0, \exists X > 0$，当 $|x| > X$ 时，有

$$|f(x) - A| < \varepsilon.$$

利用上述极限定义不难证明：

定理 1.3.1　$\lim\limits_{x \to \infty} f(x) = A$ 存在 $\Leftrightarrow \lim\limits_{x \to +\infty} f(x) = A$ 且 $\lim\limits_{x \to -\infty} f(x) = A$.

例 1.3.1　证明 $\lim\limits_{x \to \infty} \dfrac{1}{x} = 0$.

证明　$\forall \varepsilon > 0$，要使 $\left| \dfrac{1}{x} - 0 \right| = \dfrac{1}{|x|} < \varepsilon$，只要 $|x| > \dfrac{1}{\varepsilon}$，所以取 $X = \dfrac{1}{\varepsilon}$，当 $|x| > X$ 时，有

$$\left| \frac{1}{x} - 0 \right| < \varepsilon,$$

即

$$\lim_{x \to +\infty} \frac{1}{x} = 0.$$

2. 自变量趋于有限值时函数极限的定义

例 1.3.2　函数 $y = x + 1$，定义域为 $(-\infty, +\infty)$，函数图形如图 1-23 所示，观察函数在 $x = 1$ 附近的变化趋势.

为此，列表如下：

x	0.9	0.99	0.999	0.999 999	1.000 001	1.001	1.01	1.1
$f(x)$	1.9	1.99	1.999	1.999 999	2.000 001	2.001	2.01	2.1

不难看出，当自变量 x 越接近 1 时，对应的函数值 $f(x)$ 越接近 2. 也就是当自变量 x 无限趋于 1 时，$|f(x)-2|$ 可以任意小. 对于任意给定的正数 ε，要使

$$|f(x)-2|=|(x+1)-2|=|x-1|<\varepsilon,$$

只要取 $|x-1|<\varepsilon$. 这时称 2 是当 $x\to1$ 时函数 $y=x+1$ 的极限.

例 1.3.3 函数 $y=\dfrac{x^2-1}{x-1}$，定义域为 $(-\infty,1)\bigcup(1,+\infty)$，函数图形如图 1-24 所示，观察函数在 $x=1$ 附近的变化趋势.

为此，列表如下：

x	0.9	0.99	0.999	0.999 999	1.000 001	1.001	1.01	1.1
$f(x)$	1.9	1.99	1.999	1.999 999	2.000 001	2.001	2.01	2.1

不难看出，当自变量 x 越接近 1 时，对应的函数值 $f(x)$ 越接近 2. 也就是当自变量 x 无限趋于 1 时，$|f(x)-2|$ 可以任意小. 对于任意给定的正数 ε，要使

$$\left|\frac{x^2-1}{x-1}-2\right|=|x-1|<\varepsilon,$$

只要取 $|x-1|<\varepsilon$. 这时称 2 是当 $x\to1$ 时函数 $y=\dfrac{x^2-1}{x-1}$ 的极限.

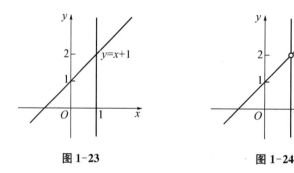

图 1-23   图 1-24

从上面两个例子可以看出，讨论 x 无限趋近于 1 时函数 $f(x)$ 的极限，是研究 x 无限趋近于 1 时 $f(x)$ 的变化趋势，而不是求 $x=1$ 时 $f(x)$ 的函数值. 因此，研究 x 无限趋近于 1 时函数 $f(x)$ 的极限与函数 $f(x)$ 在点 $x=1$ 处是否有定义无关.

由此，我们给出当自变量趋于有限值时，函数极限的定义.

定义 1.3.4 设函数 $f(x)$ 在点 x_0 的某个去心邻域 $\mathring{U}(x_0)$ 有定义，如果存在常数 A，对于任意给定的正数 ε，总存在着正数 δ，使得当 $0<|x-x_0|<\delta$ 时，对应的函数值 $f(x)$ 满足不等式

$$|f(x)-A|<\varepsilon,$$

则称**常数 A 为函数 $f(x)$ 当 $x\to x_0$ 时的极限**，记为

$$\lim_{x \to x_0} f(x) = A \quad \text{或} \quad f(x) \to A(x \to x_0).$$

这就是函数极限的 $\varepsilon - \delta$ 定义,它可简单表述为:

$$\lim_{x \to x_0} f(x) = A \Leftrightarrow \forall \varepsilon > 0, \exists \delta > 0, \text{当} \ 0 < |x - x_0| < \delta \ \text{时,有} \ |f(x) - A| < \varepsilon.$$

在定义中要求 $0 < |x - x_0| < \delta$, $x \neq x_0$ 说明函数 $f(x)$ 在点 x_0 处的极限与函数 $f(x)$ 在点 x_0 处是否有定义无关.

定义 1.3.4 的几何意义是:对于任意给定的正数 ε,在 x 轴上总存在一个以 x_0 为中心以 δ 为半径的去心邻域 $\overset{\circ}{U}(x_0, \delta)$,当自变量 x 位于这个去心邻域内时,函数 $f(x)$ 的图形落在以直线 $y = A - \varepsilon$、$y = A + \varepsilon$ 为边界的带形区域之内,如图 1-25 所示.

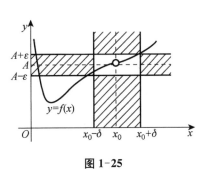

图 1-25

例 1.3.4　证明　$\lim\limits_{x \to 3} (3x - 1) = 8.$

证明　$\forall \varepsilon > 0$,要使 $|(3x - 1) - 8| = 3|x - 3| < \varepsilon$,只要 $|x - 3| < \dfrac{\varepsilon}{3}$,

取 $\delta = \dfrac{\varepsilon}{3} > 0$,当 $0 < |x - 3| < \delta$ 时,有 $|(3x - 1) - 8| < \varepsilon$,

即

$$\lim_{x \to 3} (3x - 1) = 8.$$

例 1.3.5　证明　$\lim\limits_{x \to 0} x \sin \dfrac{1}{x} = 0.$

证明　$\forall \varepsilon > 0$,要使 $\left| x \sin \dfrac{1}{x} - 0 \right| = \left| x \sin \dfrac{1}{x} \right| \leqslant |x| < \varepsilon$,只要 $|x| < \varepsilon$,

取 $\delta = \varepsilon > 0$,当 $0 < |x| < \delta$ 时,有 $\left| x \sin \dfrac{1}{x} - 0 \right| < \varepsilon$,

即

$$\lim_{x \to 0} x \sin \dfrac{1}{x} = 0.$$

显然,在以上的讨论中,自变量 x 可以从点 x_0 的左侧无限趋近于 x_0,也可以从点 x_0 的右侧无限趋近于 x_0. 但有时只能或者只需要讨论自变量 x 从点 x_0 的左侧或右侧趋于 x_0 的情形. 这时,仅需在 $\lim\limits_{x \to x_0} f(x) = A$ 的定义中,把 $0 < |x - x_0| < \delta$ 改成 $x_0 - \delta < x < x_0$ 或 $x_0 < x < x_0 + \delta$ 即可.

定义 1.3.5　设函数 $f(x)$ 在点 x_0 的去心左邻域 $\overset{\circ}{U}^-(x_0)$ 有定义,如果存在常数 A,对 $\forall \varepsilon > 0$, $\exists \delta > 0$,当 $x_0 - \delta < x < x_0$ 时,有 $|f(x) - A| < \varepsilon$,则称 A 为函数 $f(x)$ 在点 x_0 的**左极限**,记为

$$\lim_{x \to x_0^-} f(x) = A \quad 或 \quad f(x_0^-) = A.$$

定义 1.3.6 设函数 $f(x)$ 在点 x_0 的去心右邻域 $\mathring{U}^+(x_0)$ 有定义，如果存在常数 A，对 $\forall \varepsilon > 0$，$\exists \delta > 0$，当 $x_0 < x < x_0 + \delta$ 时，有 $|f(x) - A| < \varepsilon$，则称 A 为函数 $f(x)$ 在点 x_0 的**右极限**，记为

$$\lim_{x \to x_0^+} f(x) = A, \quad 或 \quad f(x_0^+) = A.$$

左极限与右极限统称为**单侧极限**. 利用上述极限的定义容易证明：

定理 1.3.2 $\lim\limits_{x \to x_0} f(x) = A \Leftrightarrow \lim\limits_{x \to x_0^-} f(x) = \lim\limits_{x \to x_0^+} f(x) = A.$

由定理 1.3.2 可知，函数 $f(x)$ 在点 x_0 的去心邻域内有定义，如果 $f(x_0^-)$ 与 $f(x_0^+)$ 都存在，但是不相等；或者 $f(x_0^-)$ 与 $f(x_0^+)$ 中至少有一个不存在，则函数 $f(x)$ 在 x_0 处的极限不存在. 这也是判断某些函数在给定点处极限不存在的一种常用方法.

例 1.3.6 证明函数

$$f(x) = \operatorname{sgn} x = \begin{cases} 1, & x > 0, \\ 0, & x = 0, \\ -1, & x < 0 \end{cases}$$

当 $x \to 0$ 时，极限不存在.

证明 由于

$$\lim_{x \to 0^+} f(x) = \lim_{x \to 0^+} 1 = 1,$$

而

$$\lim_{x \to 0^-} f(x) = \lim_{x \to 0^-} (-1) = -1,$$

因为

$$\lim_{x \to 0^-} f(x) \neq \lim_{x \to 0^+} f(x),$$

所以

$$\lim_{x \to 0} f(x) \text{ 不存在.}$$

1.3.2 函数极限的性质

与数列极限相仿，函数极限也具有相应的重要性质. 它们都可以根据函数极限的定义，运用类似于证明数列极限性质的方法加以证明. 由于自变量的变化过程的不同，函数极限分为两类六种情形，即 $\lim\limits_{x \to x_0} f(x)$，$\lim\limits_{x \to x_0^-} f(x)$，$\lim\limits_{x \to x_0^+} f(x)$，$\lim\limits_{x \to +\infty} f(x)$，$\lim\limits_{x \to -\infty} f(x)$，$\lim\limits_{x \to \infty} f(x)$. 下面我们仅以函数极限 $\lim\limits_{x \to x_0} f(x)$ 这一种情形为代表给出关于函数极限性质的一些定理及其证明. 只要相应地做一些改动，就容易得到其它五种形式的极限的相应定理.

1. 极限的唯一性

定理 1.3.3　若 $\lim\limits_{x \to x_0} f(x)$ 存在,则这个极限是唯一的.

根据函数极限的定义,运用定理 1.2.1 的证明方法易得其证明.

2. 局部有界性

定理 1.3.4　若 $\lim\limits_{x \to x_0} f(x)$ 存在,则 $\exists M > 0$, $\exists \delta > 0$,使得当 $0 < |x - x_0| < \delta$ 时,有 $|f(x)| \leqslant M$,即函数 $f(x)$ 在 $\mathring{U}(x_0, \delta)$ 内有界.

证明　设 $\lim\limits_{x \to x_0} f(x) = A$,取 $\varepsilon = 1 > 0$,则 $\exists \delta > 0$,当 $0 < |x - x_0| < \delta$ 时,有

$$|f(x) - A| < 1 \Rightarrow |f(x)| = |f(x) - A + A| \leqslant |f(x) - A| + |A| < 1 + |A|.$$

取 $M = 1 + |A|$,当 $0 < |x - x_0| < \delta$ 时,有 $|f(x)| \leqslant M$,所以函数 $f(x)$ 在 $\mathring{U}(x_0, \delta)$ 内有界.

注：定理 1.3.4 的逆命题不成立,即一个函数在某点的去心邻域内有界,但在该点的极限不一定存在. 例如,函数 $f(x) = \cos\dfrac{1}{x}$ 在 $x = 0$ 的去心邻域内有界,但 $\lim\limits_{x \to 0}\cos\dfrac{1}{x}$ 不存在.

3. 局部保号性

定理 1.3.5　若 $\lim\limits_{x \to x_0} f(x) = A > 0$(或 $A < 0$),则 $\exists \delta > 0$,当 $0 < |x - x_0| < \delta$ 时,有 $f(x) > 0$(或 $f(x) < 0$).

证明　设 $\lim\limits_{x \to x_0} f(x) = A > 0$,取 $\varepsilon = \dfrac{A}{2} > 0$,则 $\exists \delta > 0$,当 $0 < |x - x_0| < \delta$ 时,有

$$|f(x) - A| < \frac{A}{2} \Rightarrow f(x) > A - \frac{A}{2} = \frac{A}{2} > 0.$$

类似可证 $A < 0$ 的情形.

推论　如果 $\exists \delta > 0$,当 $0 < |x - x_0| < \delta$ 时,有 $f(x) \geqslant 0$(或 $f(x) \leqslant 0$),且 $\lim\limits_{x \to x_0} f(x) = A$,则 $A \geqslant 0$(或 $A \leqslant 0$).

4. 海涅(Heine)定理

函数极限与数列极限的关系可由下面的海涅定理给出.

定理 1.3.6(海涅定理)　$\lim\limits_{x \to x_0} f(x) = A \Leftrightarrow$ 对于任意数列 $\{x_n\}$, $x_n \neq x_0(n = 1, 2, \cdots)$,且 $\lim\limits_{n \to \infty} x_n = x_0$,有 $\lim\limits_{n \to \infty} f(x_n) = A$.

海涅定理揭示了变量变化的连续与离散之间的关系,是沟通数列极限与函数极限之间的桥梁,应用海涅定理可以把函数极限问题转化为数列极限问题.

应用海涅定理的逆否命题可以证明某些函数的极限不存在,我们有如下推论.

推论 1　若存在数列 $\{x_n\}$, $x_n \neq x_0(n = 1, 2, \cdots)$,且 $\lim\limits_{n \to \infty} x_n = x_0$,但其相应的函数值数列 $\{f(x_n)\}$ 发散,则极限 $\lim\limits_{x \to x_0} f(x)$ 不存在.

推论 2　若存在某两个数列 $\{x_n\}$ 与 $\{y_n\}$,满足 $\lim\limits_{n \to \infty} x_n = x_0$, $\lim\limits_{n \to \infty} y_n = x_0$, $x_n \neq x_0$,

$y_n \neq x_0 (n=1, 2, \cdots)$，但相应的函数值数列 $\{f(x_n)\}$ 与 $\{f(y_n)\}$ 收敛于不同的极限，则极限 $\lim\limits_{x \to x_0} f(x)$ 不存在.

例 1.3.7 证明极限 $\lim\limits_{x \to 0^+} e^{\frac{1}{x}} \sin \frac{1}{x}$ 不存在.

证明 取 $x_n = \dfrac{1}{2n\pi + \dfrac{\pi}{2}}$ $(n=1, 2, \cdots)$，显然 $x_n > 0$ $(n=1, 2, \cdots)$，$\lim\limits_{n \to \infty} x_n = 0$. 而

相应的函数值数列 $\left\{ e^{\frac{1}{x_n}} \sin \dfrac{1}{x_n} \right\} = \left\{ e^{2n\pi + \frac{\pi}{2}} \right\}$ 发散，所以极限 $\lim\limits_{x \to 0^+} e^{\frac{1}{x}} \sin \dfrac{1}{x}$ 不存在.

例 1.3.8 证明极限 $\lim\limits_{x \to 0} \sin \dfrac{1}{x}$ 不存在.

证明 取 $x_n = \dfrac{1}{2n\pi}$，$y_n = \dfrac{1}{2n\pi + \dfrac{\pi}{2}}$ $(n=1, 2, \cdots)$，显然 $x_n \neq 0$，$y_n \neq 0$ $(n=1, 2, \cdots)$，$\lim\limits_{n \to \infty} x_n = \lim\limits_{n \to \infty} y_n = 0$. 由于

$$\lim_{n \to \infty} f(x_n) = \lim_{n \to \infty} \sin 2n\pi = 0,$$

$$\lim_{n \to \infty} f(y_n) = \lim_{n \to \infty} \sin \left(2n\pi + \frac{\pi}{2} \right) = 1,$$

所以由推论 2 可知，极限 $\lim\limits_{x \to 0} \sin \dfrac{1}{x}$ 不存在.

1.3.3 极限的四则运算法则

以下把自变量的某一变化过程中的极限，如 $x \to x_0$ 或 $x \to x_0^-$，$x \to x_0^+$，$x \to +\infty$，$x \to -\infty$，$x \to \infty$ 等，简记为 $\lim$. 在同一个命题中，$\lim$ 表示自变量的同一变化过程.

定理 1.3.7（极限的四则运算法则） 设 $\lim f(x) = A$，$\lim g(x) = B$，则

(1) $\lim [f(x) \pm g(x)] = \lim f(x) \pm \lim g(x) = A \pm B$；

(2) $\lim [f(x) g(x)] = \lim f(x) \cdot \lim g(x) = A \cdot B$；

(3) 当 $B \neq 0$ 时，$\lim \dfrac{f(x)}{g(x)} = \dfrac{\lim f(x)}{\lim g(x)} = \dfrac{A}{B}$.

结论（1）和（2）可以推广到有限个函数的情形.

设 $\lim f(x) = A$，$\lim g(x) = B$，$\lim h(x) = C$，则

$$\lim [f(x) + g(x) + h(x)] = \lim f(x) + \lim g(x) + \lim h(x) = A + B + C.$$

函数极限的四则运算法则表明，若两个函数的极限都存在，则先对它们进行四则运算再进行极限运算，等于先对函数进行极限运算再进行四则运算. 四则运算和极限运算可以交换次序，给计算极限带来很大的方便.

定理 1.3.7 还有以下的推论.

推论 1　如果 $\lim f(x)$ 存在，C 为常数，则

$$\lim[Cf(x)]=C\lim f(x).$$

推论 2　如果 $\lim f(x)$ 存在，$n\in N$，则

$$\lim[f(x)]^n=[\lim f(x)]^n.$$

例 1.3.9　设多项式 $P_n(x)=a_0x^n+a_1x^{n-1}+\cdots+a_n$，求 $\lim\limits_{x\to x_0}P_n(x)$.

解　
$$\begin{aligned}
\lim_{x\to x_0}P_n(x)&=\lim_{x\to x_0}(a_0x^n+a_1x^{n-1}+\cdots+a_n)\\
&=a_0(\lim_{x\to x_0}x)^n+a_1(\lim_{x\to x_0}x)^{n-1}+\cdots+a_n\\
&=a_0x_0^n+a_1x_0^{n-1}+\cdots+a_n\\
&=P_n(x_0).
\end{aligned}$$

例 1.3.10　求 $\lim\limits_{x\to 2}\dfrac{x^3-1}{2x^2-3x+5}$.

解　$\lim\limits_{x\to 2}\dfrac{x^3-1}{2x^2-3x+5}=\dfrac{\lim\limits_{x\to 2}(x^3-1)}{\lim\limits_{x\to 2}(2x^2-3x+5)}=\dfrac{\lim\limits_{x\to 2}x^3-1}{2\lim\limits_{x\to 2}x^2-3\lim\limits_{x\to 2}x+5}=\dfrac{7}{7}=1.$

例 1.3.11　求 $\lim\limits_{x\to 1}\dfrac{x^2-1}{x^2+x-2}$.

解　由 $\lim\limits_{x\to 1}(x^2+x-2)=0$，不能用商的极限运算法则. 但 $\lim\limits_{x\to 1}(x^2-1)=0$，可以通过约去分子、分母为零的因子来求解.

$$\lim_{x\to 1}\frac{x^2-1}{x^2+x-2}=\lim_{x\to 1}\frac{(x+1)(x-1)}{(x+2)(x-1)}=\lim_{x\to 1}\frac{x+1}{x+2}=\frac{\lim\limits_{x\to 1}(x+1)}{\lim\limits_{x\to 1}(x+2)}=\frac{2}{3}.$$

例 1.3.12　设 $\lim\limits_{x\to 1}\dfrac{x^2+ax+b}{x^2+2x-3}=2$，求 a，b.

解　当 $x\to 1$ 时，分母的极限为 0，而商的极限存在，则

$$\lim_{x\to 1}(x^2+ax+b)=1+a+b=0,$$

于是 $\lim\limits_{x\to 1}\dfrac{x^2+ax+b}{x^2+2x-3}=\lim\limits_{x\to 1}\dfrac{(x+1+a)(x-1)}{(x+3)(x-1)}=\lim\limits_{x\to 1}\dfrac{x+1+a}{x+3}=\dfrac{2+a}{4}=2.$

所以

$$a=6,\quad b=-7.$$

例 1.3.13　求下列极限：

(1) $\lim\limits_{x\to\infty}\dfrac{2x^3-x^2+5}{5x^3+6x^2-1}$;　　　　(2) $\lim\limits_{x\to\infty}\dfrac{2x^2+5}{5x^3+6x^2-1}$;

(3) $\lim\limits_{x\to\infty}\dfrac{5x^3+6x^2-1}{2x^2+5}$.

解 （1） $\lim\limits_{x\to\infty}\dfrac{2x^3-x^2+5}{5x^3+6x^2-1}=\lim\limits_{x\to\infty}\dfrac{2-\dfrac{1}{x}+\dfrac{5}{x^3}}{5+\dfrac{6}{x}-\dfrac{1}{x^3}}=\dfrac{2}{5};$

（2） $\lim\limits_{x\to\infty}\dfrac{2x^2+5}{5x^3+6x^2-1}=\lim\limits_{x\to\infty}\dfrac{\dfrac{2}{x}+\dfrac{5}{x^3}}{5+\dfrac{6}{x}-\dfrac{1}{x^3}}=0;$

（3）由于 $\lim\limits_{x\to\infty}\dfrac{2x^2+5}{5x^3+6x^2-1}=\lim\limits_{x\to\infty}\dfrac{\dfrac{2}{x}+\dfrac{5}{x^3}}{5+\dfrac{6}{x}-\dfrac{1}{x^3}}=0$ ，所以 $\lim\limits_{x\to\infty}\dfrac{5x^3+6x^2-1}{2x^2+5}=\infty.$

例 1.3.13 可得到下面的结果：

当 $a_0\neq0,b_0\neq0,m$ 和 n 为非负整数时，有

$$\lim_{x\to\infty}\frac{a_0x^m+a_1x^{m-1}+\cdots+a_m}{b_0x^n+b_1x^{n-1}+\cdots+b_n}=\begin{cases}\dfrac{a_0}{b_0}, & \text{当 }n=m,\\[2mm]0, & \text{当 }n>m,\\[2mm]\infty, & \text{当 }n<m.\end{cases}$$

定理 1.3.8(复合函数的极限运算法则) 设函数 $f[g(x)]$ 是由函数 $y=f(u)$ 与函数 $u=g(x)$ 复合而成，若

（1） $\lim\limits_{x\to x_0}g(x)=u_0;$

（2）在 x_0 的某去心邻域内 $g(x)\neq u_0;$

（3） $\lim\limits_{u\to u_0}f(u)=A,$

则

$$\lim_{x\to x_0}f[g(x)]=\lim_{u\to u_0}f(u)=A.$$

在具体应用时，求复合函数 $f[g(x)]$ 的极限，可以应用换元法，设 $u=g(x)$ ，即可把求 $\lim\limits_{x\to x_0}f[g(x)]$ 化为求 $\lim\limits_{u\to u_0}f(u)$ ，这里 $\lim\limits_{x\to x_0}g(x)=u_0.$

例 1.3.14 求 $\lim\limits_{x\to3}\sqrt{\dfrac{x^2-9}{x-3}}.$

解 $y=\sqrt{\dfrac{x^2-9}{x-3}}$ 是由 $y=\sqrt{u}$ 与 $u=\dfrac{x^2-9}{x-3}$ 复合而成的.设 $u=\dfrac{x^2-9}{x-3}$ ，当 $x\to3$ 时， $u\to6$ ，则

$$\lim_{x\to3}\sqrt{\frac{x^2-9}{x-3}}=\lim_{u\to6}\sqrt{u}=\sqrt{6}.$$

习 题 1-3

1. 用函数极限的定义证明.

(1) $\lim\limits_{x \to 2}(2x-1) = 3$；

(2) $\lim\limits_{x \to -\frac{1}{2}} \dfrac{1-4x^2}{2x+1} = 2$；

(3) $\lim\limits_{x \to 0} \sin x = 0$；

(4) $\lim\limits_{x \to +\infty} \dfrac{2}{x+\sin x} = 0$；

(5) $\lim\limits_{x \to -\infty} 2^x = 0$；

(6) $\lim\limits_{x \to \infty} \dfrac{x^2+1}{2x^2} = \dfrac{1}{2}$.

2. 分析下列极限是否存在？为什么？

(1) $\lim\limits_{x \to 0} \sin \dfrac{1}{x}$；

(2) $\lim\limits_{x \to 1} \dfrac{x}{x-1}$；

(3) $\lim\limits_{x \to \infty} \sin x$；

(5) $\lim\limits_{x \to \infty} e^x$；

(5) $\lim\limits_{x \to \infty} \arctan x$；

(6) $\lim\limits_{x \to \infty} \text{arccot}\, x$.

3. 讨论下列函数的单侧极限.

(1) $f(x) = \begin{cases} x, & x < 3 \\ 3x-1, & x \geqslant 3, \end{cases}$ 在点 $x = 3$ 处；

(2) $f(x) = \dfrac{2^{\frac{1}{x}}+1}{2^{\frac{1}{x}}-1}$，在点 $x = 0$ 处.

4. 设 $f(x) = \begin{cases} x^2+1, & x > 2 \\ x+a, & x \leqslant 2, \end{cases}$ 则 a 为何值时，极限 $\lim\limits_{x \to 2} f(x)$ 存在？极限值为多少？

5. 已知极限 $\lim\limits_{x \to \infty}\left(\dfrac{x^2}{1+x} - ax - b\right) = 0$，确定 a 与 b 的值.

6. 已知函数 $f(x) = \dfrac{|x|}{x}$，则：

(1) 函数 $f(x)$ 在点 $x = 0$ 处的左、右极限是否存在？

(2) 函数 $f(x)$ 在点 $x = 0$ 处是否有极限？为什么？

(3) 函数 $f(x)$ 在点 $x = 2$ 处是否有极限？为什么？

7. 利用海涅定理证明下列极限不存在.

(1) $\lim\limits_{x \to 0} \cos \dfrac{1}{x}$；

(2) $\lim\limits_{x \to \infty} \arctan x$.

8. 求下列极限.

(1) $\lim\limits_{x \to 0} \dfrac{x^2-1}{2x^2-x-1}$；

(2) $\lim\limits_{x \to 2} \dfrac{x^2-5x+6}{x^2-12x+20}$；

(3) $\lim\limits_{x \to \sqrt{3}} \dfrac{x^2-3}{x^4+x^2+1}$；

(4) $\lim\limits_{x \to 0} \dfrac{\sqrt{1+5x}-\sqrt{1-3x}}{x^2+2x}$；

(5) $\lim\limits_{x \to 4} \dfrac{\sqrt{1+2x}-3}{\sqrt{x}-2}$；

(6) $\lim\limits_{x \to -1}\left(\dfrac{1}{x+1} - \dfrac{3}{x^3+1}\right)$；

(7) $\lim\limits_{x \to \infty} \dfrac{x^2+x+1}{2x^2-5}$；

(8) $\lim\limits_{x \to \infty} \dfrac{3x^4-2x^2-1}{x^5-x}$；

(9) $\lim\limits_{x \to \infty} \dfrac{2x^2-3x-4}{\sqrt{x^4+1}}$；

(10) $\lim\limits_{x \to +\infty} (\sqrt{x+\sqrt{x}} - \sqrt{x-\sqrt{x}})$.

1.4 极限存在准则 两个重要极限

1.4.1 夹逼准则

1. 数列极限存在的夹逼准则

定理 1.4.1(夹逼准则 I) 若数列 $\{x_n\}$，$\{y_n\}$，$\{z_n\}$ 满足：

(1) $\exists N_0 \in \mathbf{N}^+$，当 $n > N_0$ 时，有 $y_n \leqslant x_n \leqslant z_n$；

(2) $\lim\limits_{n \to \infty} y_n = \lim\limits_{n \to \infty} z_n = a$，

则数列 $\{x_n\}$ 收敛，且 $\lim\limits_{n \to \infty} x_n = a$.

证明 因为 $\lim\limits_{n \to \infty} y_n = a$，所以 $\forall \varepsilon > 0 \ \exists N_1 \in \mathbf{N}^+$，当 $n > N_1$ 时，有

$$|y_n - a| < \varepsilon \Rightarrow a - \varepsilon < y_n < a + \varepsilon.$$

由 $\lim\limits_{n \to \infty} z_n = a$，所以 $\exists N_2 \in \mathbf{N}^+$，当 $n > N_2$ 时，有

$$|z_n - a| < \varepsilon \Rightarrow a - \varepsilon < z_n < a + \varepsilon.$$

又 $\exists N_0 \in \mathbf{N}^+$，当 $n > N_0$ 时，有 $y_n \leqslant x_n \leqslant z_n$.

取 $N = \max\{N_1, N_2, N_0\}$，当 $n > N$ 时，有

$$a - \varepsilon < y_n \leqslant x_n \leqslant z_n < a + \varepsilon, \text{ 即 } |x_n - a| < \varepsilon.$$

即

$$\lim_{n \to \infty} x_n = a.$$

定理 1.4.1 称为数列极限的**夹逼准则**. 夹逼准则在判断数列 $\{x_n\}$ 收敛的同时，还能求出数列的极限. 这是计算极限的一种常用的方法. 使用夹逼准则求极限，关键是如何对数列 $\{x_n\}$ 进行适当的放大和缩小，构造出两个极限相等的数列 $\{y_n\}$ 和 $\{z_n\}$.

例 1.4.1 求极限 $\lim\limits_{n \to \infty} \left(\dfrac{1}{n^2+n+1} + \dfrac{2}{n^2+n+2} + \cdots + \dfrac{n}{n^2+n+n} \right)$.

解 因为 $\dfrac{1+2+\cdots+n}{n^2+n+n} \leqslant \dfrac{1}{n^2+n+1} + \dfrac{2}{n^2+n+2} + \cdots + \dfrac{n}{n^2+n+n} \leqslant$

$\dfrac{1+2+\cdots+n}{n^2+n+1}$，且

$$\lim_{n \to \infty} \frac{1+2+\cdots+n}{n^2+n+n} = \lim_{n \to \infty} \frac{\dfrac{1}{2}n(n+1)}{n^2+n+n} = \frac{1}{2},$$

$$\lim_{n \to \infty} \frac{1+2+\cdots+n}{n^2+n+1} = \lim_{n \to \infty} \frac{\dfrac{1}{2}n(n+1)}{n^2+n+1} = \frac{1}{2},$$

所以，由夹逼准则可得，

$$\lim_{n \to \infty} \left(\frac{1}{n^2+n+1} + \frac{2}{n^2+n+2} + \cdots + \frac{n}{n^2+n+n} \right) = \frac{1}{2}.$$

例 1.4.2　求极限 $\lim\limits_{n \to \infty} \sqrt[n]{2^n + 3^n + 4^n}$.

解　因为

$$\sqrt[n]{4^n} \leqslant \sqrt[n]{2^n + 3^n + 4^n} \leqslant \sqrt[n]{4^n + 4^n + 4^n} = \sqrt[n]{3 \times 4^n} = 4 \times \sqrt[n]{3},$$

且

$$\lim_{n \to \infty} \sqrt[n]{4^n} = 4, \ \lim_{n \to \infty} 4 \times \sqrt[n]{3} = 4 \times \lim_{n \to \infty} \sqrt[n]{3} = 4,$$

所以,由夹逼准则可得,

$$\lim_{n \to \infty} \sqrt[n]{2^n + 3^n + 4^n} = 4.$$

例 1.4.2 可以推广为:

$\lim\limits_{n \to \infty} \sqrt[n]{a_1^n + a_2^n + \cdots + a_k^n} = \max\{a_1, a_2, \cdots, a_k\}$,其中 $a_1, a_2, \cdots, a_k$ 均为正数.

夹逼准则也可以推广到函数极限中.

2. 函数极限存在的夹逼准则

定理 1.4.2(夹逼准则 I′)　若函数 $g(x), f(x), h(x)$ 满足:

(1) 当 $x \in \mathring{U}(x_0)$ 时,有 $g(x) \leqslant f(x) \leqslant h(x)$;

(2) $\lim\limits_{x \to x_0} g(x) = \lim\limits_{x \to x_0} h(x) = A$,

则
$$\lim_{x \to x_0} f(x) = A.$$

证明　因为 $\lim\limits_{x \to x_0} g(x) = \lim\limits_{x \to x_0} h(x) = A$,则由海涅定理可知,对于任意数列 $\{x_n\}$,$x_n \neq x_0 (n = 1, 2, \cdots)$,且 $\lim\limits_{n \to \infty} x_n = x_0$,有 $\lim\limits_{n \to \infty} g(x_n) = \lim\limits_{n \to \infty} h(x_n) = A$.

由当 $x \in \mathring{U}(x_0)$ 时,有 $g(x) \leqslant f(x) \leqslant h(x)$,故 $g(x_n) \leqslant f(x_n) \leqslant h(x_n)$. 根据数列极限存在的夹逼准则,得

$$\lim_{n \to \infty} f(x_n) = A.$$

再由海涅定理,有

$$\lim_{x \to x_0} f(x) = A.$$

其他几类的函数极限,有相应的夹逼准则.

由夹逼准则 I′,可以证明得到一个重要的极限:

$$\lim_{x \to 0} \frac{\sin x}{x} = 1.$$

证明 如图 1-26,作单位圆,设圆心角 $\angle AOB = x$（以弧度为单位）,且 $0 < x < \dfrac{\pi}{2}$,则 $\overset{\frown}{AB} = x$. 显然

$\triangle AOB$ 面积 $<$ 扇形 AOB 面积 $< \triangle AOD$ 面积,

故
$$\frac{1}{2}\sin x < \frac{1}{2}x < \frac{1}{2}\tan x,$$

即
$$\sin x < x < \tan x \ \left(0 < x < \frac{\pi}{2}\right).$$

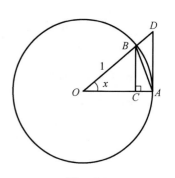

图 1-26

于是,有
$$\cos x < \frac{\sin x}{x} < 1.$$

又 $\lim\limits_{x \to 0} \cos x = 1$,由夹逼准则知,$\lim\limits_{x \to 0} \dfrac{\sin x}{x} = 1$.

当 $-\dfrac{\pi}{2} < x < 0$ 时,令 $x = -y$,则
$$\lim_{x \to 0} \frac{\sin x}{x} = \lim_{y \to 0} \frac{\sin(-y)}{-y} = \lim_{y \to 0} \frac{\sin y}{y} = 1.$$

所以
$$\lim_{x \to 0} \frac{\sin x}{x} = 1.$$

例 1. 4. 3 求 $\lim\limits_{x \to 0} \dfrac{\sin 3x}{x}$.

解 令 $u = 3x$,则 $x = \dfrac{u}{3}$,当 $x \to 0$ 时, $u \to 0$,有
$$\lim_{x \to 0} \frac{\sin 3x}{x} = \lim_{u \to 0} \frac{\sin u}{\dfrac{u}{3}} = 3\lim_{u \to 0} \frac{\sin u}{u} = 3.$$

例 1. 4. 4 求 $\lim\limits_{x \to 0} \dfrac{\tan x}{x}$.

解 $\lim\limits_{x \to 0} \dfrac{\tan x}{x} = \lim\limits_{x \to 0} \left(\dfrac{\sin x}{x} \cdot \dfrac{1}{\cos x}\right) = \lim\limits_{x \to 0} \dfrac{\sin x}{x} \cdot \lim\limits_{x \to 0} \dfrac{1}{\cos x} = 1.$

例 1. 4. 5 求 $\lim\limits_{x \to 0} \dfrac{\arcsin x}{x}$.

解 设 $u = \arcsin x$,则 $x = \sin u$,当 $x \to 0$ 时, $u \to 0$,有
$$\lim_{x \to 0} \frac{\arcsin x}{x} = \lim_{u \to 0} \frac{u}{\sin u} = 1.$$

例 1.4.6 求 $\lim\limits_{x \to 0} \dfrac{1 - \cos x}{x^2}$.

解
$$\lim_{x \to 0} \frac{1 - \cos x}{x^2} = \lim_{x \to 0} \frac{2\sin^2 \dfrac{x}{2}}{x^2} = \frac{1}{2} \lim_{x \to 0} \frac{\sin^2 \dfrac{x}{2}}{\left(\dfrac{x}{2}\right)^2} = \frac{1}{2} \lim_{x \to 0} \left(\frac{\sin \dfrac{x}{2}}{\dfrac{x}{2}} \right)^2$$

$$= \frac{1}{2} \times 1^2 = 1.$$

例 1.4.7 求 $\lim\limits_{x \to \pi} \dfrac{\sin x}{x - \pi}$.

解 设 $u = x - \pi$，则 $x = u + \pi$，当 $x \to \pi$ 时，$u \to 0$，有

$$\lim_{x \to \pi} \frac{\sin x}{x - \pi} = \lim_{u \to 0} \frac{\sin(u + \pi)}{u} = \lim_{u \to 0} \frac{-\sin u}{u} = -1.$$

1.4.2 单调有界收敛准则

定理 1.4.3(准则 Ⅱ) 单调有界数列必有极限.

准则 Ⅱ 称为数列的单调有界收敛准则，包括两个结论：

(1) 如果数列 $\{x_n\}$ 单调增加且有上界，则数列 $\{x_n\}$ 必收敛；

(2) 如果数列 $\{x_n\}$ 单调减少且有下界，则数列 $\{x_n\}$ 必收敛.

由于数列的前有限项对其收敛性没有影响，所以准则 Ⅱ 对那种从某一项开始才变成单调的数列也保持有效.

例 1.4.8 证明：若 $x_1 = \sqrt{3}$，$x_{n+1} = \sqrt{3 + x_n}$ $(n = 1, 2, 3, \cdots)$，则数列 $\{x_n\}$ 收敛，并求其极限.

证明 (1) 显然，$x_2 = \sqrt{3 + x_1} = \sqrt{3 + \sqrt{3}} > x_1$. 设 $x_{k+1} > x_k$，则

$$x_{k+2} = \sqrt{3 + x_{k+1}} > \sqrt{3 + x_k} = x_{k+1}，即有 \ x_{k+2} > x_{k+1}.$$

由数学归纳法知，$\forall n \in \mathbf{N}^+$，有 $x_{n+1} > x_n$，即 $\{x_n\}$ 单调增加.

当 $k = 1$ 时，$x_1 = \sqrt{3} < 3$. 设 $x_k < 3$，则

$$x_{k+1} = \sqrt{3 + x_k} < \sqrt{3 + 3} < 3.$$

由数学归纳法知，$\forall n \in \mathbf{N}^+$，有 $x_n < 3$，即 $\{x_n\}$ 有上界 3.

根据准则 Ⅱ，数列 $\{x_n\}$ 收敛.

(2) 设 $\lim\limits_{n \to \infty} x_n = a$，由 $x_{n+1} = \sqrt{3 + x_n}$ 得 $x_{n+1}^2 = 3 + x_n$，两边同时取极限，即

$$\lim_{n \to \infty} x_{n+1}^2 = \lim_{n \to \infty} (3 + x_n)，$$

故有

$$a^2 = 3 + a，$$

解得 $a = \dfrac{1+\sqrt{13}}{2}$，$a = \dfrac{1-\sqrt{13}}{2}$（负值不合题意,舍去).

所以

$$\lim_{n \to \infty} x_n = \frac{1+\sqrt{13}}{2}.$$

作为准则 II 的应用,我们讨论另一个重要极限

$$\lim_{n \to \infty} \left(1 + \frac{1}{n}\right)^n.$$

设 $x_n = \left(1 + \dfrac{1}{n}\right)^n$，证明数列 $\{x_n\}$ 单调增加且有上界.

由二项式定理,有

$$x_n = \left(1 + \frac{1}{n}\right)^n = 1 + n \cdot \frac{1}{n} + \frac{n(n-1)}{2!} \cdot \frac{1}{n^2} + \frac{n(n-1)(n-2)}{3!} \cdot \frac{1}{n^3} + \cdots +$$

$$\frac{n(n-1)(n-2)\cdots[n-(n-1)]}{n!} \cdot \frac{1}{n^n}$$

$$= 1 + 1 + \frac{1}{2!}\left(1 - \frac{1}{n}\right) + \frac{1}{3!}\left(1 - \frac{1}{n}\right)\left(1 - \frac{2}{n}\right) + \cdots +$$

$$\frac{1}{n!}\left(1 - \frac{1}{n}\right)\left(1 - \frac{2}{n}\right)\cdots\left(1 - \frac{n-1}{n}\right),$$

类似地,

$$x_{n+1} = \left(1 + \frac{1}{n+1}\right)^{n+1} = 1 + 1 + \frac{1}{2!}\left(1 - \frac{1}{n+1}\right) + \frac{1}{3!}\left(1 - \frac{1}{n+1}\right)\left(1 - \frac{2}{n+1}\right) + \cdots +$$

$$\frac{1}{n!}\left(1 - \frac{1}{n+1}\right)\left(1 - \frac{2}{n+1}\right)\cdots\left(1 - \frac{n-1}{n+1}\right) +$$

$$\frac{1}{(n+1)!}\left(1 - \frac{1}{n+1}\right)\left(1 - \frac{2}{n+1}\right)\cdots\left(1 - \frac{n}{n+1}\right).$$

比较 x_n 与 x_{n+1} 的展开式,除了前两项,x_n 的每项均小于 x_{n+1} 的对应项,x_{n+1} 比 x_n 多了最后一项(大于 0). 所以有 $x_n < x_{n+1}$ $(n=1, 2, 3, \cdots)$,即数列 $\{x_n\}$ 单调增加.

$$x_n = 1 + 1 + \frac{1}{2!}\left(1 - \frac{1}{n}\right) + \frac{1}{3!}\left(1 - \frac{1}{n}\right)\left(1 - \frac{2}{n}\right) + \cdots$$

$$+ \frac{1}{n!}\left(1 - \frac{1}{n}\right)\left(1 - \frac{2}{n}\right)\cdots\left(1 - \frac{n-1}{n}\right)$$

$$< 1 + 1 + \frac{1}{2!} + \frac{1}{3!} + \cdots + \frac{1}{n!} < 1 + 1 + \frac{1}{2} + \frac{1}{2^2} + \cdots + \frac{1}{2^{n-1}}$$

$$= 1 + \frac{1 - \dfrac{1}{2^n}}{1 - \dfrac{1}{2}} = 1 + 2 - \frac{1}{2^{n-1}} < 3,$$

从而 $\{x_n\}$ 有上界.

由准则 Ⅱ，数列 $\{x_n\}$ 的极限存在，其极限值通常记为 e，即

$$\lim_{n\to\infty}\left(1+\frac{1}{n}\right)^n=\mathrm{e},$$

这个数 e 就是自然对数的底，是一个无理数.

$$\mathrm{e}=2.718\,281\,828\,459\cdots\approx 2.718\,28.$$

可以证明，当 x 取实数而趋于 $+\infty$ 或 $-\infty$ 时，函数 $\left(1+\dfrac{1}{x}\right)^x$ 的极限都存在且都等于 e.

事实上，当 $x\to+\infty$ 时，对任意的正实数 x，总存在非负整数 n，使得 $n\leqslant x<n+1$，于是

$$\frac{1}{n+1}<\frac{1}{x}\leqslant\frac{1}{n},$$

$$1+\frac{1}{n+1}<1+\frac{1}{x}\leqslant 1+\frac{1}{n},$$

故

$$\left(1+\frac{1}{n+1}\right)^n<\left(1+\frac{1}{x}\right)^n\leqslant\left(1+\frac{1}{x}\right)^x\leqslant\left(1+\frac{1}{n}\right)^x<\left(1+\frac{1}{n}\right)^{n+1},$$

故当 $x\to+\infty$ 时，$n\to\infty$，且有

$$\lim_{n\to\infty}\left(1+\frac{1}{n+1}\right)^n=\lim_{n\to\infty}\frac{\left(1+\dfrac{1}{n+1}\right)^{n+1}}{1+\dfrac{1}{n+1}}=\mathrm{e},$$

$$\lim_{n\to\infty}\left(1+\frac{1}{n}\right)^{n+1}=\lim_{n\to\infty}\left[\left(1+\frac{1}{n}\right)^n\left(1+\frac{1}{n}\right)\right]=\mathrm{e}\times 1=\mathrm{e},$$

由夹逼准则得

$$\lim_{x\to+\infty}\left(1+\frac{1}{x}\right)^x=\mathrm{e}.$$

令 $x=-t$，当 $x\to-\infty$ 时，$t\to+\infty$，则

$$\lim_{x\to-\infty}\left(1+\frac{1}{x}\right)^x=\lim_{t\to+\infty}\left(1+\frac{1}{-t}\right)^{-t}$$

$$=\lim_{t\to+\infty}\left(\frac{t-1}{t}\right)^{-t}=\lim_{t\to+\infty}\left(\frac{t}{t-1}\right)^t$$

$$=\lim_{t\to+\infty}\left[\left(1+\frac{1}{t-1}\right)^{t-1}\left(1+\frac{1}{t-1}\right)\right]$$

$$=\mathrm{e}\times 1=\mathrm{e}.$$

综上所述,可得

$$\lim_{x \to \infty}\left(1+\frac{1}{x}\right)^{x}=\mathrm{e}.$$

利用变量代换,令 $z=\frac{1}{x}$,则当 $x \to \infty$ 时,$z \to 0$,这个重要极限也可等价地写成另一形式:

$$\lim_{z \to 0}(1+z)^{\frac{1}{z}}=\mathrm{e}.$$

例 1.4.9 求 $\lim\limits_{x \to \infty}\left(1-\dfrac{1}{x}\right)^{x}$.

解 令 $u=-x$,则 $x=-u$,当 $x \to \infty$ 时,$u \to 0$,有

$$\lim_{x \to \infty}\left(1-\frac{1}{x}\right)^{x}=\lim_{u \to \infty}\left[\left(1+\frac{1}{u}\right)^{u}\right]^{-1}=\lim_{u \to \infty}\frac{1}{\left(1+\dfrac{1}{u}\right)^{u}}=\frac{1}{\lim\limits_{u \to \infty}\left(1+\dfrac{1}{u}\right)^{u}}=\frac{1}{\mathrm{e}}.$$

例 1.4.10 求 $\lim\limits_{x \to 0}(1+2x)^{\frac{1}{x}}$.

解 $\lim\limits_{x \to 0}(1+2x)^{\frac{1}{x}}=\lim\limits_{x \to 0}\left[(1+2x)^{\frac{1}{2x}}\right]^{2}=\mathrm{e}^{2}$.

定理 1.4.4(幂指运算法则) 若 $\lim\limits_{x \to x_0}f(x)=A>0$,$\lim\limits_{x \to x_0}g(x)=B$,则

$$\lim_{x \to x_0}f(x)^{g(x)}=\left[\lim_{x \to x_0}f(x)\right]^{\lim\limits_{x \to x_0}g(x)}=A^{B}.$$

例 1.4.11 求 $\lim\limits_{x \to 0}(2+x)^{\frac{2x-1}{3x+1}}$.

解 $\lim\limits_{x \to 0}(2+x)^{\frac{2x+1}{3x+1}}=\left[\lim\limits_{x \to 0}(2+x)\right]^{\lim\limits_{x \to 0}\frac{2x+1}{3x+1}}=2^{1}=2$.

例 1.4.12 求 $\lim\limits_{x \to \infty}\left(\dfrac{3+x}{2+x}\right)^{2x}$.

解 因为 $\lim\limits_{x \to \infty}\left(\dfrac{3+x}{2+x}\right)^{2x}=\lim\limits_{x \to \infty}\left[\left(1+\dfrac{1}{x+2}\right)^{x+2}\right]^{\frac{2x}{x+2}}$,
且

$$\lim_{x \to \infty}\left(1+\frac{1}{x+2}\right)^{x+2}=\mathrm{e}, \quad \lim_{x \to \infty}\frac{2x}{x+2}=2,$$

由幂指运算法则,可得

$$\lim_{x \to \infty}\left(\frac{3+x}{2+x}\right)^{2x}=\mathrm{e}^{2}.$$

从前面的例子不难看出,利用复合函数的极限运算法则,可将两个重要极限推广为:

$$\lim_{\alpha(x) \to 0} \frac{\sin \alpha(x)}{\alpha(x)} = 1,$$

$$\lim_{\alpha(x) \to 0} [1 + \alpha(x)]^{\frac{1}{\alpha(x)}} = e,$$

其中，$\alpha(x) \neq 0$.

1.4.3　连续复利问题

设有一笔本金 A_0 存入银行，年利率为 r，则一年末的本利和为

$$A_1 = A_0 + rA_0 = A_0(1 + r).$$

如果一年分两期计息，每期利率为 $\dfrac{r}{2}$，且前一期的本利和为后一期的本金，则一年末的本利和为

$$A_2 = A_0\left(1 + \frac{r}{2}\right) + A_0\left(1 + \frac{r}{2}\right) \cdot \frac{r}{2} = A_0\left(1 + \frac{r}{2}\right)^2.$$

如果一年分 n 期计息，每期利率为 $\dfrac{r}{n}$，且前一期的本利和为后一期的本金，则一年末的本利和为

$$A_1 = A_0\left(1 + \frac{r}{n}\right)^n.$$

于是，到 k 年末共计复利 nk 次，其本利和为

$$A_k = A_0\left(1 + \frac{r}{n}\right)^{nk},$$

这是 k 年末本利和的**离散复利公式**.

现在让计息天数 $n \to \infty$，即利息随时计入本息，称为**连续复利**，则 k 年末的本利和为

$$A_k = \lim_{n \to \infty} A_0\left(1 + \frac{r}{n}\right)^{nk} = A_0\left[\lim_{n \to \infty}\left(1 + \frac{r}{n}\right)^{\frac{n}{r}}\right]^{rk} = A_0 e^{rk}.$$

该结论反映出"货币的时间价值". A_0 称为现在值或现值，A_k 称为将来值，已知 A_0 求 A_k 称为复利问题. 另外，如果 A_0 表示原有人口数，r 表示人口的增长率，则 $A_0 e^{rk}$ 表示 k 年后的人口总数.

习　题　1-4

1. 求下列极限.

(1) $\lim\limits_{x \to 0} \dfrac{\sin \sin x}{\sin 2x}$；

(2) $\lim\limits_{x \to 0} \dfrac{\tan 5x}{\tan x}$；

(3) $\lim\limits_{n\to\infty}5^n\sin\dfrac{3}{5^n}$;

(4) $\lim\limits_{x\to0}\dfrac{\sin 4x}{\sqrt{x+1}-1}$;

(5) $\lim\limits_{x\to\infty}x\sin\dfrac{1}{x}$;

(6) $\lim\limits_{x\to2}\dfrac{\tan(x^2-4)}{\sin(x-2)}$;

(7) $\lim\limits_{x\to0}(1-3x)^{\frac{1}{x}}$;

(8) $\lim\limits_{x\to0}(1+x)^{\frac{3}{\tan x}}$;

(9) $\lim\limits_{x\to+\infty}\left(1-\dfrac{1}{x}\right)^{\sqrt{x}}$;

(10) $\lim\limits_{x\to\infty}\left(\dfrac{5+3x}{3x-2}\right)^x$;

(11) $\lim\limits_{n\to\infty}\left(1+\dfrac{1}{n}\right)^{n+1}$;

(12) $\lim\limits_{n\to\infty}\left(\dfrac{n+1}{n-1}\right)^{n+2}$.

2. 利用夹逼准则计算下列极限.

(1) $\lim\limits_{n\to\infty}\left(\dfrac{1}{\sqrt{n^2+1}}+\dfrac{1}{\sqrt{n^2+2}}+\cdots+\dfrac{1}{\sqrt{n^2+n}}\right)$;

(2) $\lim\limits_{n\to\infty}\left(\dfrac{1}{n^3+1}+\dfrac{4}{n^3+2}+\cdots+\dfrac{n^2}{n^3+n}\right)$;

(3) $\lim\limits_{n\to\infty}\left(\dfrac{1}{n^2}+\dfrac{1}{(n+1)^2}+\cdots+\dfrac{1}{(2n)^2}\right)$;

(4) $\lim\limits_{n\to\infty}n\left(\dfrac{1}{n^2+\pi}+\dfrac{1}{n^2+2\pi}+\cdots+\dfrac{1}{n^2+n\pi}\right)$.

3. 证明: $\lim\limits_{n\to\infty}\sqrt[n]{a_1^n+a_2^n+\cdots+a_k^n}=\max\{a_1,a_2,\cdots,a_k\}$, 其中 $a_1,a_2,\cdots,a_k$ 均为正数.

4. 证明:若 $x_1=\sqrt{2}$, $x_{n+1}=\sqrt{2x_n}$ $(n=1,2,3,\cdots)$, 则数列 $\{x_n\}$ 收敛, 并求其极限.

5. 设 $x_1=1$, 且 $x_n=1+\dfrac{x_{n-1}}{1+x_{n-1}}$ $(n\geqslant 2, n$ 为正整数). 证明:数列 $\{x_n\}$ 收敛, 并求其极限.

6. 设 $\lim\limits_{x\to\infty}\left(\dfrac{x-k}{x}\right)^{-2x}=\lim\limits_{x\to\infty}x\sin\dfrac{2}{x}$, 求常数 k 的值.

1.5 无穷小与无穷大

1.5.1 无穷小

在函数极限的研究过程中,极限为零的函数发挥着重要作用. 我们先对这类函数进行讨论.

定义 1.5.1 如果当 $x\to x_0(x\to\infty)$ 时函数 $f(x)$ 的极限为零,那么称函数 $f(x)$ 为 $x\to x_0(x\to\infty)$ 时的**无穷小量**,简称为**无穷小**.

例如,因为 $\lim\limits_{n\to\infty}\dfrac{1}{n}=0$,所以数列 $\left\{\dfrac{1}{n}\right\}$ 是 $n\to\infty$ 时的无穷小;因为 $\lim\limits_{x\to0}\sin x=0$,所以函数 $\sin x$ 是 $x\to0$ 时的无穷小,而 $\lim\limits_{x\to1}\sin x=\sin 1$,这时 $\sin x$ 不是 $x\to1$ 时的无穷小.

注:无穷小是一个以 0 为极限的变量,而不是一个很小的常数,千万不要把无穷小与很小的数混为一谈. 但 0 是可以作为无穷小的唯一常数.

根据极限的定义,函数 $f(x)$ 为 $x\to x_0$ 时的无穷小可用数学语言描述为: $\forall\varepsilon>0$, $\exists\delta>0$, 当 $0<|x-x_0|<\delta$, 有

$$|f(x)| < \varepsilon.$$

在定义 1.5.1 中,自变量的变化过程 $x \to x_0$ 可换成 $x \to x_0^-$,$x \to x_0^+$,$x \to +\infty$,$x \to -\infty$,$x \to \infty$,相应地,无穷小的定义可用类似的数学语言来描述.

无穷小是一种特殊的极限问题,和函数极限之间有如下的关系:

定理 1.5.1 函数 $f(x)$ 以 A 为极限的充分必要条件是 $f(x)$ 可以表示为 A 与一个无穷小之和,即

$$\lim_{x \to x_0} f(x) = A \Leftrightarrow f(x) = A + \alpha(x), \text{其中 } \alpha(x) \text{ 是 } x \to x_0 \text{ 时的无穷小.}$$

自变量的变化过程 $x \to x_0$ 可换成 $x \to x_0^-$,$x \to x_0^+$,$x \to +\infty$,$x \to -\infty$,$x \to \infty$.

利用极限的四则运算法则,容易证明无穷小有以下的性质:

定理 1.5.2 有限个无穷小的和是无穷小.

证明 只需证明两个无穷小之和是无穷小. 仅以自变量 $x \to x_0$ 时的情形进行证明,其他情形可类似证明.

设函数 $f(x)$ 与 $g(x)$ 是 $x \to x_0$ 时的无穷小. 对 $\forall \varepsilon > 0$,由 $\lim\limits_{x \to x_0} f(x) = 0$,则 $\exists \delta_1 > 0$,当 $0 < |x - x_0| < \delta_1$ 时,有 $|f(x)| < \dfrac{\varepsilon}{2}$. 由 $\lim\limits_{x \to x_0} g(x) = 0$,则 $\exists \delta_2 > 0$,当 $0 < |x - x_0| < \delta_2$ 时,有 $|g(x)| < \dfrac{\varepsilon}{2}$. 于是,取 $\delta = \min\{\delta_1, \delta_2\} > 0$,当 $0 < |x - x_0| < \delta$ 时,有

$$|f(x) + g(x)| \leqslant |f(x)| + |g(x)| < \varepsilon,$$

则 $\lim\limits_{x \to x_0} [f(x) + g(x)] = 0$,即函数 $f(x) + g(x)$ 是 $x \to x_0$ 时的无穷小.

注:此性质不能推广到无穷多个无穷小的情形. 例如,当 $n \to \infty$ 时,$\dfrac{1}{n}$ 是无穷小,但是 $\underbrace{\dfrac{1}{n} + \dfrac{1}{n} + \cdots + \dfrac{1}{n}}_{n \text{个}}$ 不是无穷小,因为 $\lim\limits_{n \to \infty} \left(\dfrac{1}{n} + \dfrac{1}{n} + \cdots + \dfrac{1}{n} \right) = \lim\limits_{n \to \infty} 1 = 1$.

定理 1.5.3 无穷小与有界变量的乘积是无穷小.

证明 仅以自变量 $x \to x_0$ 时的情形进行证明,其他情形可类似证明.

设函数 $g(x)$ 在点 x_0 的去心邻域 $\mathring{U}(x_0, \delta_1)$ 内有界,即 $\exists M > 0$,当 $0 < |x - x_0| < \delta_1$ 时,有 $|g(x)| \leqslant M$. 设函数 $f(x)$ 是 $x \to x_0$ 时的无穷小,则对 $\forall \varepsilon > 0$,$\exists \delta_2 > 0$,当 $0 < |x - x_0| < \delta_2$ 时,有 $|f(x)| < \dfrac{\varepsilon}{M}$.

于是,取 $\delta = \min\{\delta_1, \delta_2\} > 0$,当 $0 < |x - x_0| < \delta$ 时,有

$$|f(x)g(x)| = |f(x)| \, |g(x)| < \varepsilon,$$

则 $\lim\limits_{x \to x_0} f(x)g(x) = 0$,即 $f(x)g(x)$ 是 $x \to x_0$ 时的无穷小.

推论 (1) 在自变量的同一变化过程中,有极限的变量与无穷小的乘积是无穷小.

（2）常数与无穷小的乘积是无穷小.

例 1.5.1 求 $\lim\limits_{x \to 0} x \cos \dfrac{1}{x}$.

解 因为 $\left| \cos \dfrac{1}{x} \right| \leqslant 1 \, (x \neq 0)$，且 $\lim\limits_{x \to 0} x = 0$，所以

$$\lim_{x \to 0} x \cos \frac{1}{x} = 0.$$

例 1.5.2 求 $\lim\limits_{n \to \infty} \dfrac{\arctan x}{3^n}$.

解 因为 $|\arctan x| < \dfrac{\pi}{2}$，且 $\lim\limits_{n \to \infty} \dfrac{1}{3^n} = 0$，所以

$$\lim_{n \to \infty} \frac{\arctan x}{3^n} = 0.$$

1.5.2 无穷大

如果当 $x \to x_0 (x \to \infty)$ 时，对应的函数值的绝对值 $|f(x)|$ 无限增大，就称函数 $f(x)$ 是 $x \to x_0 (x \to \infty)$ 时的无穷大.

定义 1.5.2 设函数 $f(x)$ 在点 x_0 的某一去心邻域内（或 $|x|$ 大于某一正数时）有定义. 如果对于任意给定的正数 M，总存在正数 δ（或正数 X），只要 x 满足不等式

$$0 < |x - x_0| < \delta \quad (或 \, |x| > X),$$

对应的函数值 $f(x)$ 总满足不等式

$$|f(x)| > M,$$

则称函数 $f(x)$ 是 $x \to x_0 (x \to \infty)$ 时的**无穷大**，记为

$$\lim_{x \to x_0} f(x) = \infty \quad (或 \lim_{x \to \infty} f(x) = \infty).$$

注：无穷大是一个变量，而不是一个很大的常数，无论多大的常数都不能作为无穷大，千万不要把无穷大与很大的数混为一谈.

在定义 1.5.2 中，若将 $|f(x)| > M$ 改为 $f(x) > M$（或 $f(x) < -M$），则称函数 $f(x)$ 是 $x \to x_0$ 时的**正无穷大**（或**负无穷大**），记为

$$\lim_{x \to x_0} f(x) = +\infty \quad (或 \lim_{x \to x_0} f(x) = -\infty);$$

在定义 1.5.2 中，自变量的变化过程 $x \to x_0$ 可换成 $x \to x_0^-$，$x \to x_0^+$，$x \to +\infty$，$x \to -\infty$，$x \to \infty$.

例 1.5.3 证明 $\lim\limits_{x \to 3} \dfrac{1}{x - 3} = \infty$.

证明 $\forall M > 0$，要使 $\left| \dfrac{1}{x - 3} \right| = \dfrac{1}{|x - 3|} > M$，只要 $|x - 3| < \dfrac{1}{M}$，取 $\delta = \dfrac{1}{M}$，

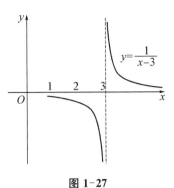

当 $0 < |x - x_0| < \delta$ 时,有

$$\left| \frac{1}{x-3} \right| > M,$$

即

$$\lim_{x \to 3} \frac{1}{x-3} = \infty.$$

图 1-27

图 1-27 中,直线 $x = 3$ 是函数 $y = \dfrac{1}{x-3}$ 的图形的铅直渐近线.

一般地,如果 $\lim\limits_{x \to x_0} f(x) = \infty$,则称直线 $x = x_0$ 为函数 $y = f(x)$ 的图形的铅直渐近线. 利用定义,容易证明无穷小与无穷大之间有如下关系.

定理 1.5.4　在自变量的同一变化过程中,如果函数 $f(x)$ 为无穷大,则函数 $\dfrac{1}{f(x)}$ 为无穷小;如果函数 $f(x)$ 为无穷小,且 $f(x) \neq 0$,则函数 $\dfrac{1}{f(x)}$ 为无穷大.

例 1.5.4　求 $\lim\limits_{x \to 2} \dfrac{x^3 + 2x^2}{(x-2)^2}$.

解　由 $\lim\limits_{x \to 2} (x-2)^2 = 0$,不能用商的极限运算法则. 但因为

$$\lim_{x \to 2} \frac{(x-2)^2}{x^3 + 2x^2} = \frac{0}{2^3 + 2 \times 2^2} = 0.$$

由定理 1.5.4 可得

$$\lim_{x \to 2} \frac{x^3 + 2x^2}{(x-2)^2} = \infty.$$

应该注意的是,在自变量的同一变化过程中,两个无穷大的和、差与商是没有确定结果的,须具体问题具体分析.

1.5.3　无穷小的比较

由无穷小的性质可知,两个无穷小的和、差与积仍然是无穷小,但是两个无穷小的商则会出现不同的情况. 例如当 $x \to 0$ 时,x,x^2,$\sin x$ 都是无穷小,而

$$\lim_{x \to 0} \frac{x^2}{x} = 0, \quad \lim_{x \to 0} \frac{\sin x}{x^2} = \infty, \quad \lim_{x \to 0} \frac{x}{\sin x} = 1.$$

两个无穷小之比的极限出现不同的情况,这说明不同的无穷小趋于 0 的快慢程度是不一样的. 可以看到当 $x \to 0$ 时,分子 $x^2 \to 0$ 比分母 $x \to 0$ "快些",而分子 $\sin x \to 0$ 比分母 $x^2 \to 0$ "慢些",分子 $x \to 0$ 与分母 $\sin x \to 0$ 的速度"差不多".

定义 1.5.3 设 α 与 β 是在自变量的同一变化过程中的无穷小,且 $\alpha \neq 0$, $\lim \dfrac{\beta}{\alpha}$ 也是在这个变化过程中的极限.

(1) 如果 $\lim \dfrac{\beta}{\alpha}=0$,则称 β **是比** α **高阶的无穷小**,记为 $\beta=o(\alpha)$,或称 α **是比** β **低阶的无穷小**.

(2) 如果 $\lim \dfrac{\beta}{\alpha}=c \ (c \neq 0)$,则称 β **与** α **是同阶无穷小**.

(3) 如果 $\lim \dfrac{\beta}{\alpha}=1$,则称 β **与** α **是等价无穷小**,记为 $\alpha \sim \beta$.

(4) 如果 $\lim \dfrac{\beta}{\alpha^k}=c \ (c \neq 0, k>0)$,则称 β **是关于** α **的** k **阶无穷小**.

显然,等价无穷小是同阶无穷小的特殊情形,即 $c=1$ 的情形.

下面举几个例子:

因为 $\lim\limits_{x \to 0} \dfrac{\sin^2 x}{x}=0$,所以当 $x \to 0$ 时,$\sin^2 x$ 是比 x 高阶的无穷小,即 $\sin^2 x=o(x)$(当 $x \to 0$ 时),或者称 x 是比 $\sin^2 x$ 低阶的无穷小.

因为 $\lim\limits_{x \to 2} \dfrac{x^2-4}{x-2}=4$,所以当 $x \to 2$ 时,x^2-4 与 $x-2$ 是同阶无穷小.

因为 $\lim\limits_{x \to 0} \dfrac{\sin x}{x}=1$,所以当 $x \to 0$ 时,$\sin x$ 与 x 是等价无穷小,即 $\sin x \sim x \ (x \to 0)$.

关于等价无穷小,有下面两个定理.

定理 1.5.5 设 α 与 β 是在自变量的同一变化过程中的无穷小,则 $\alpha \sim \beta$ 的充要条件是 $\beta=\alpha+o(\alpha)$.

证明 (1) 必要性. 如果 $\alpha \sim \beta$,则 $\lim \dfrac{\beta-\alpha}{\alpha}=\lim\left(\dfrac{\beta}{\alpha}-1\right)=\lim \dfrac{\beta}{\alpha}-1=0$,因此 $\beta-\alpha=o(\alpha)$,即 $\beta=\alpha+o(\alpha)$.

(2) 充分性. 如果 $\beta=\alpha+o(\alpha)$,则 $\lim \dfrac{\beta}{\alpha}=\lim \dfrac{\alpha+o(\alpha)}{\alpha}=\lim\left[1+\dfrac{o(\alpha)}{\alpha}\right]=1$,因此 $\alpha \sim \beta$.

例如,$\sin x \sim x \ (x \to 0)$,则可记为 $\sin x=x+o(x)(x \to 0)$,说明两个无穷小等价,并不表示这两个无穷小相等,等价符号"$\sim$"不同于等号"$=$".

定理 1.5.6(等价无穷小的代换定理) 设 α,β,α',β' 是在自变量的同一变化过程中的无穷小,且 $\alpha \sim \alpha'$,$\beta \sim \beta'$,则 $\lim \dfrac{\beta}{\alpha}=\lim \dfrac{\beta'}{\alpha'}$.

证明
$$\lim \frac{\beta}{\alpha}=\lim \frac{\beta}{\beta'} \cdot \frac{\beta'}{\alpha'} \cdot \frac{\alpha'}{\alpha}$$
$$=\lim \frac{\beta}{\beta'} \cdot \lim \frac{\beta'}{\alpha'} \cdot \lim \frac{\alpha'}{\alpha}=\lim \frac{\beta'}{\alpha'}.$$

定理 1.5.6 表明,计算无穷小之比的极限时,分子分母均可用其等价无穷小来进行代换,简化计算,这是一种常用的求极限的方法.要想利用等价无穷小代换定理求极限,就需要知道一些等价无穷小.

常见的等价无穷小有:当 $x \to 0$ 时,$x \sim \sin x \sim \tan x \sim \arcsin x \sim \arctan x \sim \ln(1+x) \sim e^x - 1$;$a^x - 1 \sim x \ln x (a > 0, a \neq 1)$;$1 - \cos x \sim \dfrac{x^2}{2}$;$(1+x)^\alpha - 1 \sim \alpha x (\alpha \neq 0)$.

根据复合函数的极限运算法则,我们使用上述公式时,可以把 x 替换成非 0 的无穷小 $\varphi(x)$,只要保证 $\varphi(x) \to 0$,用 $\varphi(x)$ 代替 x 后,上述关系仍然成立.例如,

当 $x \to 2$ 时,有 $x - 2 \to 0$,故 $\sin(x-2) \sim x - 2$,$\arcsin(x-2) \sim x - 2$,$e^{(x-2)} - 1 \sim x - 2$;

当 $x \to \infty$ 时,有 $\dfrac{1}{x} \to 0$,故 $\sin \dfrac{1}{x} \sim \dfrac{1}{x}$,$1 - \cos \dfrac{1}{x} \sim \dfrac{1}{2}\left(\dfrac{1}{x}\right)^2$.

例 1.5.5 求 $\lim\limits_{x \to 0} \dfrac{\arctan x}{\sin 2x}$.

解 因为当 $x \to 0$ 时,$\arctan x \sim x$,$\sin 2x \sim 2x$,所以

$$\lim_{x \to 0} \frac{\arctan x}{\sin 2x} = \lim_{x \to 0} \frac{x}{2x} = \frac{1}{2}.$$

例 1.5.6 求 $\lim\limits_{x \to 0} \dfrac{1 - \cos x}{\sqrt{1 + x \tan x} - 1}$.

解 因为当 $x \to 0$ 时,$1 - \cos x \sim \dfrac{x^2}{2}$,$x \tan x \to 0$,$\sqrt{1 + x \tan x} - 1 \sim \dfrac{1}{2} x \tan x$,所以

$$\lim_{x \to 0} \frac{1 - \cos x}{\sqrt{1 + x \tan x} - 1} = \lim_{x \to 0} \frac{\frac{1}{2}x^2}{\frac{1}{2}x \tan x} = \lim_{x \to 0} \frac{\frac{1}{2}x^2}{\frac{1}{2}x^2} = 1.$$

例 1.5.7 求 $\lim\limits_{x \to 0} \dfrac{\tan x - \sin x}{x^3}$.

解 $\lim\limits_{x \to 0} \dfrac{\tan x - \sin x}{x^3} = \lim\limits_{x \to 0} \dfrac{\tan x(1 - \cos x)}{x^3} = \lim\limits_{x \to 0} \dfrac{x \cdot \frac{1}{2}x^2}{x^3} = \dfrac{1}{2}.$

注: 在利用等价无穷小代换求极限时,所求极限式的分子或分母如果是若干个因子的乘积,则可对其中的任意一个或几个无穷小因子作等价无穷小代换,而不会改变原式的极限.应注意,所求极限式的分子或分母中的相加或相减部分则不能随意替代.

例如在例 1.5.7 中,当 $x \to 0$ 时,$\tan x \sim x$,$\sin x \sim x$,若用等价无穷小对分子的无穷

小进行代换,就会得到 $\lim\limits_{x \to 0} \dfrac{\tan x - \sin x}{x^3} = \lim\limits_{x \to 0} \dfrac{x - x}{x^3} = 0$ 的错误结果.

习 题 1-5

1. 根据定义证明下列极限.

(1) $\lim\limits_{x \to 3}(x - 3) = 0$;

(2) $\lim\limits_{x \to 0} \dfrac{1 + 2x}{x} = \infty$.

2. 求下列极限.

(1) $\lim\limits_{x \to 0} x^2 \sin \dfrac{1}{x}$;

(2) $\lim\limits_{x \to \infty} \dfrac{\arctan x}{x}$;

(3) $\lim\limits_{x \to 1} \dfrac{2x^2 + 3x + 1}{x - 1}$;

(4) $\lim\limits_{x \to \infty} \dfrac{x^3 + 3}{2x + 4}$.

3. 当 $x \to 0$ 时,下列函数都是无穷小,试确定哪些是 x 的高阶无穷小,哪些是 x 的同阶无穷小,哪些是 x 的等价无穷小?

(1) $x^2 + x$;

(2) $2^x + 3^x - 2$;

(3) $\sin 2x - 2\sin x$;

(4) $x + \sin x$;

(5) $\sqrt{1 + x} - \sqrt{1 - x}$;

(6) $x - \sin x$.

4. 计算下列极限.

(1) $\lim\limits_{x \to 0} \dfrac{\tan 2x}{\arcsin 5x}$;

(2) $\lim\limits_{x \to 0} \dfrac{e^x - 1}{x^2 + 3}$;

(3) $\lim\limits_{x \to 0} \dfrac{\ln(1 + x^2)}{(e^{2x} - 1)\tan x}$;

(4) $\lim\limits_{x \to 0} \dfrac{\ln(1 + 3x^2)}{(e^{2x} - 1)(\sqrt[4]{1 + x} - 1)}$;

(5) $\lim\limits_{x \to 0^+} \dfrac{\arcsin x}{1 - \cos \sqrt{x}}$;

(6) $\lim\limits_{x \to 0} \dfrac{\tan x - \sin x}{\sin^3 x}$.

1.6 函数的连续性

在自然界中,从许多现象的变化来看,如气温的变化,植物的生长等都是随着时间的增加而连续不断地变化,即当时间的变化很微小时,相应地事物的变化也很微小. 这种现象在函数关系上的反映,就是函数的连续性,这是函数的另一个非常重要的性质.

1.6.1 函数连续的定义

在介绍函数的连续性之前,先介绍增量的概念.

设变量 u 从它的一个初值 u_1 变到终值 u_2,终值与初值的差 $u_2 - u_1$ 就叫做变量 u 的**增量**,记作 Δu,即 $\Delta u = u_2 - u_1$.

注:Δu 可正可负,Δu 是一个整体的记号,不能拆分.

设函数 $y = f(x)$ 在点 x_0 的某一个邻域内是有定义的.当自变量 x 在这邻域内从 x_0 变到 $x_0 + \Delta x$ 时,称 Δx 为**自变量 x 在点 x_0 的增量**,函数 y 相应地从 $f(x_0)$ 变到 $f(x_0 + \Delta x)$,此时称

$$\Delta y = f(x_0 + \Delta x) - f(x_0)$$

为对应的函数 y 的**增量**. 几何解释如图 1-28 所示.

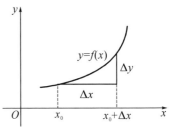

图 1-28

函数 $y = f(x)$ 在点 x_0 处,当 Δx 变化时,相应地 Δy 也随着变化. 如果当 $\Delta x \to 0$ 时,函数的增量 $\Delta y \to 0$,就有下面的函数连续的定义.

定义 1.6.1 设函数 $f(x)$ 在点 x_0 的某个邻域 $U(x_0)$ 有定义. 若

$$\lim_{\Delta x \to 0} \Delta y = \lim_{\Delta x \to 0} [f(x_0 + \Delta x) - f(x_0)] = 0,$$

则称函数 $f(x)$ **在点 x_0 处连续**,或者称点 x_0 是函数 $f(x)$ 的**连续点**.

在上面的定义中,设 $x = x_0 + \Delta x$,则 $\Delta x \to 0 \Rightarrow x \to x_0$,$\Delta y = f(x) - f(x_0)$,$\lim\limits_{\Delta x \to 0} \Delta y = 0 \Rightarrow \lim\limits_{x \to x_0} [f(x) - f(x_0)] = 0$,即有 $\lim\limits_{x \to x_0} f(x) = f(x_0)$,由此给出函数 $y = f(x)$ 在点 x_0 处连续的另一种等价定义.

定义 1.6.2 设函数 $f(x)$ 在点 x_0 的某个邻域 $U(x_0)$ 有定义. 若

$$\lim_{x \to x_0} f(x) = f(x_0),$$

则称函数 $f(x)$ **在点 x_0 处连续**.

由函数在一点极限的 $\varepsilon - \delta$ 定义,上述定义可用"$\varepsilon - \delta$"语言叙述为:函数 $f(x)$ 在点 x_0 处连续 $\Leftrightarrow \forall \varepsilon > 0$,$\exists \delta > 0$,当 $|x - x_0| < \delta$ 时,有 $|f(x) - f(x_0)| < \varepsilon$.

注意,这里不再要求 $0 < |x - x_0|$ 了.

以上给出函数在一点连续的三种等价叙述,在讨论问题时可适当选择. 类似函数的左极限与右极限的定义,下面给出函数的左、右连续的定义.

定义 1.6.3 设函数 $f(x)$ 在点 x_0 处的某左(右)邻域内有定义. 若 $\lim\limits_{x \to x_0^-} f(x) = f(x_0)$,则称函数 $f(x)$ 在点 x_0 处**左连续**;若 $\lim\limits_{x \to x_0^+} f(x) = f(x_0)$,则称函数 $f(x)$ 在点 x_0 处**右连续**.

左、右连续统称为单侧连续. 由极限与单侧极限的关系,可以得到下面的定理.

定理 1.6.1 函数 $f(x)$ 在点 x_0 处连续 $\Leftrightarrow f(x)$ 在点 x_0 处既左连续又右连续.

上面讨论了函数在一点连续的情形,在此基础上,给出函数在区间上连续的定义.

定义 1.6.4 若函数 $f(x)$ 在开区间 (a, b) 内每一点处都连续,则称函数 $f(x)$ **在开区间 (a, b) 内连续**. 若函数 $f(x)$ 在 (a, b) 内连续,并且在左端点 a 处右连续,在右端点 b 处左连续,则称函数 $f(x)$ **在闭区间 $[a, b]$ 上连续**.

例 1.6.1 证明:正弦函数 $y = \sin x$ 在区间 $(-\infty, +\infty)$ 内连续.

证明 设 x 为区间 $(-\infty, +\infty)$ 内任意一点,有

$$\Delta y = \sin(x + \Delta x) - \sin x = 2\sin \frac{\Delta x}{2} \cos\left(x + \frac{\Delta x}{2}\right),$$

因为 $\lim\limits_{\Delta x \to 0} 2\sin \dfrac{\Delta x}{2} = 0$,$\left|\cos\left(x + \dfrac{\Delta x}{2}\right)\right| \leqslant 1$,所以 $\lim\limits_{\Delta x \to 0} \Delta y = 0$. 这就证明了函数 $y = \sin x$ 在

区间$(-\infty, +\infty)$内任意一点 x 处都是连续的,即函数 $y = \sin x$ 在区间 $(-\infty, +\infty)$ 内连续.

同理可证,余弦函数 $y = \cos x$ 在区间 $(-\infty, +\infty)$ 内连续.

例 1.6.2 适当选取 a,使函数

$$f(x) = \begin{cases} e^x, & x < 0, \\ a + x, & x \geqslant 0 \end{cases}$$

在点 $x = 0$ 处连续.

解 因为

$$\lim_{x \to 0^-} f(x) = \lim_{x \to 0^-} e^x = 1,$$
$$\lim_{x \to 0^+} f(x) = \lim_{x \to 0^+} (a + x) = a = f(0),$$

要想使 $f(x)$ 在点 $x = 0$ 处连续,必须

$$\lim_{x \to 0^-} f(x) = \lim_{x \to 0^+} f(x) = f(0), \text{即 } a = 1.$$

所以,当 $a = 1$ 时,函数 $f(x)$ 在点 $x = 0$ 处连续.

1.6.2 间断点及其分类

定义 1.6.5 若函数 $f(x)$ 在点 x_0 处不满足连续的条件,则称函数 $f(x)$ 在点 x_0 处不连续,点 x_0 是函数 $f(x)$ 的**间断点**(或者**不连续点**).

由连续的定义我们可以看出,函数 $f(x)$ 在点 x_0 处连续,必须满足以下三个条件:

(1) 函数在点 x_0 处有定义,即 $f(x_0)$ 存在;

(2) 极限 $\lim\limits_{x \to x_0} f(x)$ 存在,即 $\lim\limits_{x \to x_0^-} f(x)$, $\lim\limits_{x \to x_0^+} f(x)$ 存在且相等;

(3) $\lim\limits_{x \to x_0} f(x) = f(x_0)$.

只要其中有一个条件不满足,即

(1) 函数在点 x_0 处无定义;

(2) 函数在点 x_0 处有定义,但是极限 $\lim\limits_{x \to x_0} f(x)$ 不存在;

(3) 函数在点 x_0 处有定义,极限 $\lim\limits_{x \to x_0} f(x)$ 也存在,但是函数值 $f(x_0)$ 不等于 $\lim\limits_{x \to x_0} f(x)$;

则函数 $f(x)$ 在点 x_0 处间断.

根据不同的情形,函数的间断点通常可分为两类:第一类间断点和第二类间断点.

1. 第一类间断点

左右极限 $f(x_0^-)$, $f(x_0^+)$ 都存在的间断点,称为函数 $f(x)$ 的**第一类间断点**,第一类间断点又可以分为两种情形:

(1) 若 $\lim\limits_{x \to x_0} f(x)$ 存在,但函数在点 x_0 处无定义或 $\lim\limits_{x \to x_0} f(x)$ 存在,但 $\lim\limits_{x \to x_0} f(x) \neq f(x_0)$,则称 x_0 是函数 $f(x)$ 的可去间断点.

例 1.6.3 函数 $f(x) = \begin{cases} 2\sqrt{x}, & 0 \leqslant x < 1, \\ 1, & x = 1, \\ 1 + x, & x > 1, \end{cases}$

在点 $x=1$ 处有定义，$f(1)=1$，但是

$$\lim_{x \to 1^-} f(x) = \lim_{x \to 1^-} 2\sqrt{x} = 2,$$

$$\lim_{x \to 1^+} f(x) = \lim_{x \to 1^+} (1+x) = 2,$$

$\lim\limits_{x \to 1} f(x) = 2 \neq f(1)$，所以 $x=1$ 为函数 $f(x)$ 的可去间断点.

（2）若 $f(x_0^-)$ 与 $f(x_0^+)$ 都存在，但 $f(x_0^-) \neq f(x_0^+)$，则称 x_0 是函数 $f(x)$ 的跳跃间断点. 在函数的跳跃间断点处，函数图形会出现一个跳跃，所以称为跳跃间断点.

例 1.6.4　设 $f(x) = \begin{cases} -x, & x \leqslant 0, \\ 1+x, & x > 0, \end{cases}$ 则 $f(0^-)=0$，$f(0^+)=1$. 但 $f(0^-) \neq f(0^+)$，所以 $x=0$ 为 $f(x)$ 的跳跃间断点.

2. 第二类间断点

若 $f(x_0^-)$ 与 $f(x_0^+)$ 中至少有一个不存在，则称 x_0 是函数 $f(x)$ 的**第二类间断点**.

例 1.6.5　函数 $f(x) = \sin\dfrac{1}{x}$ 在点 $x=0$ 处无定义，且 $\lim\limits_{x \to 0} f(x) = \lim\limits_{x \to 0} \sin\dfrac{1}{x}$ 不存在，所以 $x=0$ 为函数 $f(x) = \sin\dfrac{1}{x}$ 的第二类间断点. 事实上，当 $x \to 0$ 时，$f(x) = \sin\dfrac{1}{x}$ 的函数值在 1 与 -1 之间无限次振荡，所以将 $x=0$ 称为函数 $f(x) = \sin\dfrac{1}{x}$ 的**振荡间断点**.

例 1.6.6　指出函数 $f(x) = \dfrac{x^2-1}{x^2-3x+2}$ 的间断点，并说明其类型.

解　函数 $f(x)$ 在点 $x=1, 2$ 处无定义，所以 $x=1, 2$ 为 $f(x)$ 的间断点.

对于 $x=1$，因为

$$\lim_{x \to 1} f(x) = \lim_{x \to 1} \frac{x^2-1}{x^2-3x+2} = \lim_{x \to 1} \frac{x+1}{x-2} = -2,$$

但函数 $f(x)$ 在点 $x=1$ 处无定义，所以 $x=1$ 为 $f(x)$ 的可去间断点.

对于 $x=2$，因为

$$\lim_{x \to 2^+} f(x) = \lim_{x \to 2^+} \frac{x^2-1}{x^2-3x+2} = \lim_{x \to 2^+} \frac{x+1}{x-2} = +\infty,$$

这种使函数值趋于无穷大的间断点，称为**无穷间断点**. 显然，无穷间断点属于第二类间断点. 所以 $x=2$ 为 $f(x)$ 的无穷间断点.

1.6.3　连续函数的运算法则

因为连续是极限存在的一种特殊情形，所以利用函数极限的运算法则容易证明连续函数的运算法则.

定理 1.6.2（四则运算法则）　若函数 $f(x)$ 与 $g(x)$ 都在点 x_0 处连续，则函数 $f(x) \pm g(x)$，$f(x)g(x)$，$\dfrac{f(x)}{g(x)}$（$g(x_0) \neq 0$）在点 x_0 处连续.

和、差、积的运算法则可推广到有限多个函数的情形.

例 1.6.7 三角函数在其定义域内连续. 本节例 1.6.1 已经证明正弦函数 $y = \sin x$ 和余弦函数 $y = \cos x$ 在区间 $(-\infty, +\infty)$ 内连续,又因为 $\tan x = \dfrac{\sin x}{\cos x}$,$\cot x = \dfrac{\cos x}{\sin x}$,$\sec x = \dfrac{1}{\cos x}$,$\csc x = \dfrac{1}{\sin x}$,由连续函数的四则运算法则,可知 $\tan x$,$\cot x$,$\sec x$,$\csc x$ 在其定义域内连续.

定理 1.6.3(反函数的连续性) 若函数 $y = f(x)$ 在区间上单调增加(减少)且连续,则它的反函数 $x = f^{-1}(y)$ 在相应的区间上单调增加(减少)且连续.

例 1.6.8 反三角函数在其定义域内连续. 由于 $y = \sin x$ 在 $\left[0, \dfrac{\pi}{2} \right]$ 上单调增加且连续,由定理 1.6.3 可知它的反函数 $y = \arcsin x$ 在其定义域 $[-1, 1]$ 上单调增加且连续.

同理可得,$y = \arccos x$ 在其定义域 $[-1, 1]$ 上单调减少且连续,$y = \arctan x$ 在 $(-\infty, +\infty)$ 内单调增加且连续,$y = \operatorname{arccot} x$ 在 $(-\infty, +\infty)$ 内单调减少且连续.

定理 1.6.4 设有复合函数 $y = f[g(x)]$. 若 $\lim\limits_{x \to x_0} g(x) = u_0$,且函数 $y = f(u)$ 在点 u_0 处连续,则

$$\lim_{x \to x_0} f[g(x)] = \lim_{u \to u_0} f(u) = f(u_0).$$

在定理 1.6.4 的条件下,求极限 $\lim\limits_{x \to x_0} f[g(x)]$ 时,两种运算"f"与"lim"可以交换次序,这将给计算极限带来很大的方便.

进一步,当函数 $u = g(x)$ 在点 x_0 处连续时,由定理 1.6.4 可得到如下定理 1.6.5.

定理 1.6.5(复合函数的连续性) 设函数 $u = g(x)$ 在点 x_0 处连续且 $g(x_0) = u_0$,函数 $y = f(u)$ 在点 u_0 处连续,则复合函数 $y = f[g(x)]$ 在点 x_0 处连续,即

$$\lim_{x \to x_0} f[g(x)] = \lim_{u \to u_0} f(u) = f(u_0).$$

定理的结论也可写成 $\lim\limits_{x \to x_0} f[g(x)] = f[\lim\limits_{x \to x_0} g(x)]$.在定理的条件下,求复合函数的极限 $\lim\limits_{x \to x_0} f[g(x)]$ 时,函数符号"f"与极限号"lim"可以交换次序,这将给计算极限带来很大的方便.

例 1.6.9 讨论函数 $f(x) = \cos \dfrac{1}{x}$ 的连续性.

解 函数 $f(x) = \cos \dfrac{1}{x}$ 可看成由 $y = \cos u$ 及 $u = \dfrac{1}{x}$ 复合得到. 而函数 $y = \cos u$ 在 $(-\infty, +\infty)$ 内连续,$u = \dfrac{1}{x}$ 在 $(-\infty, 0) \bigcup (0, +\infty)$ 内连续.

由定理 1.6.4,函数 $f(x) = \cos \dfrac{1}{x}$ 在 $(-\infty, 0) \bigcup (0, +\infty)$ 内连续.

1.6.4 初等函数的连续性

可以证明基本初等函数:常数函数、幂函数、指数函数、对数函数、三角函数、反三角函数

都是其定义域上的连续函数.

由初等函数的定义及连续函数的运算可得:**一切初等函数在其定义区间内连续**. 这个结论对判断函数的连续性和求函数极限都很有用. 根据连续函数和复合函数的连续性可知,

$$\lim_{x \to x_0} f(x) = f(x_0),$$

$$\lim_{x \to x_0} f[g(x)] = f[\lim_{x \to x_0} g(x)] = f[g(x_0)].$$

例 1.6.10 求极限 $\lim\limits_{x \to 1} \sin \sqrt{e^x - 1}$.

解 $\lim\limits_{x \to 1} \sin \sqrt{e^x - 1} = \sin \sqrt{e^1 - 1} = \sin \sqrt{e - 1}$.

例 1.6.11 求极限 $\lim\limits_{x \to 0} \dfrac{e^x \cos x}{\arcsin(x + 1)}$.

解 $\lim\limits_{x \to 0} \dfrac{e^x \cos x}{\arcsin(x + 1)} = \dfrac{e^0 \cos 0}{\arcsin(0 + 1)} = \dfrac{2}{\pi}$.

例 1.6.12 求极限 $\lim\limits_{x \to 0} \dfrac{\ln(1 + x)}{x}$.

解 $\lim\limits_{x \to 0} \dfrac{\ln(1 + x)}{x} = \lim\limits_{x \to 0} \ln(1 + x)^{\frac{1}{x}} = \ln[\lim\limits_{x \to 0}(1 + x)^{\frac{1}{x}}] = \ln e = 1$.

1.6.5 闭区间上连续函数的性质

闭区间上的连续函数具有很多重要性质:有界性、最值性和介值性,这些性质从几何上看都是十分明显的,但是证明过程需要用到实数理论,不容易证明,故只以定理的形式给出结论而略去证明过程.

定理 1.6.6(有界定理) 若函数 $f(x)$ 在闭区间 $[a, b]$ 上连续,则 $f(x)$ 在 $[a, b]$ 上有界.

注: 区间一定为闭区间. 若改为开区间或半开半闭区间,则结论不一定成立. 例如,函数 $f(x) = \dfrac{1}{x}$ 在 $(0, 1]$ 上连续,但无界.

定义 1.6.6 设函数 $f(x)$ 在区间 I 上有定义. 若存在 $x_0 \in I$,对任意的 $x \in I$,有

$$f(x) \leqslant f(x_0) \ (f(x) \geqslant f(x_0)),$$

则称 $f(x_0)$ 是 $f(x)$ 在区间 I 上的**最大值(最小值)**,x_0 称为函数 $f(x)$ 在区间 I 上的**最大值点(最小值点)**.

例如,函数 $f(x) = \sin x$ 在 $[0, \pi]$ 上有最大值 1 和最小值 0;函数 $g(x) = x$ 在 $(0, 1)$ 内既无最大值又无最小值. 此例表明,并不是任意一个函数在给定区间上都存在最大值和最小值.

定理 1.6.7(最值定理) 若函数 $f(x)$ 在闭区间 $[a, b]$ 上连续,则 $f(x)$ 在 $[a, b]$ 上一定有最小值和最大值.

定义 1.6.7 如果 x_0 使 $f(x_0) = 0$,则称 x_0 是函数 $f(x)$ 的一个**零点**.

定理 1.6.8(零点存在定理) 若函数 $f(x)$ 在闭区间 $[a, b]$ 上连续,且 $f(a) \cdot f(b) < 0$,则在区间 (a, b) 内至少存在一点 ξ,使 $f(\xi) = 0$,即方程 $f(x) = 0$ 在 (a, b) 内至少存在

一个实根.

从几何上看,如果连续曲线 $y=f(x)$ 的两个端点分别在 x 轴的不同侧,那么这条曲线至少与 x 轴有一个交点,如图 1-29 所示.

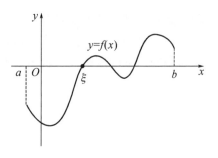

图 1-29

函数 $f(x)$ 的零点也称为方程 $f(x)=0$ 的根,所以零点存在定理也称为**根的存在性定理**,经常用来讨论方程根的存在性.

例 1.6.13 证明方程 $x^3-3x=1$ 在区间 $(1,2)$ 内至少有一个根.

证明 设函数 $f(x)=x^3-3x-1$,则 $f(x)$ 在 $[1,2]$ 上连续,且

$$f(1)=-3<0, \quad f(2)=1>0,$$

故由零点定理可知,在 $(1,2)$ 内至少有一点 ξ,使得 $f(\xi)=\xi^3-3\xi-1=0$,即 $\xi^3-3\xi=1$,所以方程 $x^3-3x=1$ 在区间 $(1,2)$ 内至少有一个根.

例 1.6.14 设 $f(x)$ 与 $g(x)$ 均在 $[a,b]$ 上连续,且 $f(a)<g(a)$,$f(b)>g(b)$,试证在 (a,b) 内至少存在一点 ξ,使 $f(\xi)=g(\xi)$.

证明 设 $F(x)=f(x)-g(x)$,则 $F(x)$ 在 $[a,b]$ 上连续,且

$$F(a)=f(a)-g(a)<0, \quad F(b)=f(b)-g(b)>0,$$

故由零点定理可知,在 (a,b) 内至少有一点 ξ,使得 $F(\xi)=f(\xi)-g(\xi)=0$,即在 (a,b) 内至少存在一点 ξ,使 $f(\xi)=g(\xi)$.

定理 1.6.9(介值定理) 若函数 $f(x)$ 在闭区间 $[a,b]$ 上连续,m 与 M 分别是 $f(x)$ 在闭区间 $[a,b]$ 上的最小值与最大值,对于任意满足 $m\leqslant k\leqslant M$ 的 k,则在 $[a,b]$ 上至少存在一点 x_0,使 $f(x_0)=k$.

该定理说明,闭区间上的连续函数可以取到介于最小值与最大值之间的一切值.

例 1.6.15 设函数 $f(x)$ 在闭区间 $[a,b]$ 上连续,$x_1,x_2,\cdots,x_n \in [a,b]$.证明:$\exists\,\xi \in [a,b]$,使

$$f(\xi)=\frac{1}{n}[f(x_1)+f(x_2)+\cdots+f(x_n)].$$

证明 因为函数 $f(x)$ 在闭区间 $[a,b]$ 上连续,由最值定理可知,$f(x)$ 在 $[a,b]$ 上一定有最小值 m 和最大值 M,则

$$m\leqslant f(x_1)\leqslant M, \; m\leqslant f(x_2)\leqslant M, \cdots, \; m\leqslant f(x_n)\leqslant M.$$

于是,有

$$m\leqslant \frac{1}{n}[f(x_1)+f(x_2)+\cdots+f(x_n)]\leqslant M,$$

由介值定理可知,至少存在一点 $\xi \in (a,b)$,使

$$f(\xi)=\frac{1}{n}[f(x_1)+f(x_2)+\cdots+f(x_n)].$$

习　题　1-6

1. 根据定义证明下列函数在其定义域内连续.

(1) $f(x) = \sqrt{x}$；
(2) $f(x) = \cos x$.

2. 讨论函数 $f(x) = \begin{cases} \mathrm{e}^x, & 0 \leqslant x \leqslant 1, \\ 1 + x, & 1 < x \leqslant 2 \end{cases}$ 在点 $x = 1$ 处的连续性.

3. 已知函数 $f(x) = \begin{cases} (\cos x)^{\frac{1}{x^2}} & x \neq 0, \\ a, & x = 0, \end{cases}$ 试求 a 的值，使函数 $f(x)$ 在点 $x = 0$ 处连续.

4. 指出下列函数的间断点，并说明其类型.

(1) $f(x) = \dfrac{\sin(x-1)}{x^2 + x - 2}$；

(2) $f(x) = \begin{cases} \arctan \dfrac{1}{x^2}, & x \neq 0, \\ 1, & x = 0; \end{cases}$

(3) $f(x) = \cos^2 \dfrac{1}{x}$；

(4) $f(x) = \dfrac{x}{\ln x}$；

(5) $f(x) = \dfrac{\mathrm{e}^{\frac{1}{x}} - 1}{\mathrm{e}^{\frac{1}{x}} + 1}$；

(6) $f(x) = \dfrac{x^2 - x}{(x^2 - 1)\,|\,x\,|}$.

5. 求下列极限.

(1) $\lim\limits_{x \to 1} \sqrt{\dfrac{x^3 + 1}{x + 2}}$；

(2) $\lim\limits_{x \to \frac{\pi}{4}} (\sin 2x)^3$；

(3) $\lim\limits_{x \to 0} \ln \dfrac{\sin x}{x}$；

(4) $\lim\limits_{x \to 0} \dfrac{\mathrm{e}^x \cos x + 5}{1 + x^2 + \ln(1 - x)}$；

(5) $\lim\limits_{x \to 4} \dfrac{\sqrt{1 + 2x} - 3}{x - 4}$；

(6) $\lim\limits_{x \to \infty} \cos \left[\ln \left(1 + \dfrac{2x - 1}{x^2} \right) \right]$；

(7) $\lim\limits_{x \to +\infty} (\sqrt{x^2 + x} - \sqrt{x^2 - x})$；

(8) $\lim\limits_{x \to 0} \cos (1 + x)^{\frac{1}{x}}$.

6. 证明方程 $x^3 - 4x^2 + 1 = 0$ 在 $(0, 1)$ 内至少有一个实根.

7. 证明方程 $x - 2\sin x = a\ (a > 0)$ 至少有一个正实根.

8. 证明方程 $x = a\sin x + b\ (a, b > 0)$ 至少有一个正根，并且它不超过 $a + b$.

9. 设函数 $f(x)$ 在 $[0, 2a]$ 上连续，且 $f(0) = f(2a)$. 证明在 $[0, a]$ 上至少存在一点 ξ，使得 $f(\xi) = f(\xi + a)$.

1.7　用 Python 求极限

在实际求解过程中，有些计算问题可能会比较烦琐，而借助 MATLAB，Mathematics，Python 等计算机软件，可以很方便地完成这些复杂的计算工作. 本书以近年最主流的 Python 为工具，简单介绍如何用计算机处理微积分中的计算问题. 本书使用的软件版本是 Python3.6.5.

SymPy 是 Python 的科学计算库,使用强大的符号计算系统来完成诸如求极限、求积分、解微分方程、级数展开、矩阵运算等计算问题. 本节使用 SymPy 中的 limit 函数直接进行极限的求解.

例 1.7.1 求 $\lim\limits_{x \to 0} \dfrac{\sin x}{x}$.

代码:

```
from sympy import *
x = symbols('x')
f = sin(x)/x
print(limit(f,x,0))
```

输出结果:

```
1
```

例 1.7.2 求 $\lim\limits_{x \to 0}(1+2x)^{\frac{3}{x}}$.

代码:

```
from sympy import *
x = symbols('x')
f = (1+2*x)**(3/x)
print(limit(f,x,0))
```

输出结果:

```
exp(6)      # exp(6)就是 e⁶,说明极限值等于 e⁶.
```

例 1.7.3 求 $\lim\limits_{x \to 0} \dfrac{\sqrt{1+x}-1}{x}$.

代码:

```
from sympy import *
x = symbols('x')
f = (sqrt(1+x)-1)/x
print(limit(f,x,0))
```

输出结果:

```
1/2
```

例 1.7.4 求 $\lim\limits_{u \to \infty}\left(1+\dfrac{x}{u}\right)^{u}$.

代码：

```
from sympy import *
x = symbols('x')
u = symbols('u')
f = (1+x/u) ** u
print(limit(f,u,oo))
```

输出结果：

exp(x)　　♯ exp(x)就是 e^6，说明极限值等于 e^6．

综合练习 1

一、单项选择题

1. 下列函数在点 $x = 0$ 处不连续的是(　　)．

A. $f(x) = \begin{cases} e^x, & x \leqslant 0, \\ \dfrac{\sin x}{x}, & x > 0 \end{cases}$
　　　　　　　
B. $f(x) = \begin{cases} \dfrac{\sin x}{|x|}, & x \neq 0, \\ 1, & x = 0 \end{cases}$

C. $f(x) = \begin{cases} x\cos\dfrac{1}{x}, & x \neq 0, \\ 0, & x = 0 \end{cases}$
　　　　　　　
D. $f(x) = \begin{cases} e^{-\frac{1}{x^4}}, & x \neq 0, \\ 0, & x = 0 \end{cases}$

2. 当 $x \to 0$ 时，与 $\sin x^2$ 等价的无穷小量是(　　)．

A. $\ln(1+x)$　　　　　B. $\tan x$　　　　　C. $2(1-\cos x)$　　　　　D. $e^x - 1$

3. 在区间 $(-1, 1)$ 内，关于函数 $f(x) = \sqrt{1-x^2}$ 不正确的叙述为(　　)．

A. 连续　　　　　　　　　　　　B. 有界

C. 有最大值，且有最小值　　　　D. 有最大值，但无最小值

4. 若 $\lim\limits_{x \to x_0} \dfrac{\alpha}{\beta} = 3$，则 $\lim\limits_{x \to x_0} \dfrac{\alpha - \beta}{\alpha} = ($　　$)$．

A. -2　　　　　　　B. 0　　　　　　　C. $\dfrac{1}{3}$　　　　　　　D. $\dfrac{2}{3}$

5. 函数 $y = \dfrac{1}{x+4} + \ln(x+5)$ 的定义域为(　　)．

A. $\{x \mid x > -5\}$　　　　　　　　B. $\{x \mid x \neq -4\}$

C. $\{x \mid x > -5$ 且 $x \neq 0\}$　　　　D. $\{x \mid x > -5$ 且 $x \neq -4\}$

6. 当 $k = ($　　$)$时，函数 $f(x) = \begin{cases} e^x + 2, & x \neq 0 \\ k, & x = 0 \end{cases}$ 在点 $x = 0$ 处连续．

A. 0　　　　　　　B. 1　　　　　　　C. 2　　　　　　　D. 3

二、填空题

1. 若函数 $f(x-1) = x^2 - 2x + 7$，则 $f(x) = $ _____．

2. 重新定义 $f(0) = $ _____ 使函数 $y = \dfrac{1}{x}\ln(1 + xe^x)$ 在点 $x = 0$ 处连续．

3. $\lim\limits_{n\to\infty}\left(\dfrac{1}{n^2+n+1}+\dfrac{2}{n^2+n+2}+\cdots+\dfrac{n}{n^2+n+n}\right)=$ _____.

4. $\lim\limits_{x\to+\infty}x\left(\sqrt{x^2+100}-x\right)=$ _____.

5. $\lim\limits_{x\to0}\dfrac{x^2}{x+1}\sin\dfrac{4}{x}=$ _____.

6. 设 $\lim\limits_{x\to3}\dfrac{x^2-2x+a}{3-x}=b$，则 $a=$ _____，$b=$ _____.

三、计算题

1. $\lim\limits_{x\to0}\dfrac{\sqrt{4-x}-2}{x}$

2. $\lim\limits_{x\to\infty}\left(\dfrac{x-1}{x+2}\right)^{x+1}$

3. $\lim\limits_{x\to0}\dfrac{\tan x-\sin x}{\sqrt{2+x^2}\,(e^{x^3}-1)}$

4. $\lim\limits_{x\to\infty}\dfrac{5x^2+1}{3x-1}\sin\dfrac{1}{x}$

四、讨论函数 $f(x)=\begin{cases}3-x^2, & x<1,\\ 2, & x=1,\\ 1+x, & x>1\end{cases}$ 在点 $x=1$ 处是否连续.

五、求函数 $f(x)=\dfrac{x-3}{x^2-3x+2}$ 的间断点，并判断间断点的类型.

六、设 $f(x)=e^x-2$，求证在区间 $(0,2)$ 内至少存在一点 c，使 $f(c)=c$.

第 2 章　导数与微分

在第 1 章中我们系统学习了函数的极限和连续性的概念及其在函数研究中的应用. 本章我们将继续学习函数的微分学. 微分学是微积分的重要组成部分之一, 它的基本概念是导数与微分. 建立微分学所用的方法对整个数学的发展产生了重大而深远的影响, 本章主要介绍导数与微分的基本概念, 并讨论它们的计算公式和运算法则.

2.1　导数的概念

2.1.1　引例

导数思想最早是由法国数学家费马 (Ferma) 在研究极值问题中提出的. 为了说明导数的概念, 我们先给出几个实际问题.

1. 曲线的切线斜率

已知曲线 C 的方程为 $y = f(x)$, M 是曲线 C 上的一个定点, 求该点的切线斜率.

在曲线 C 上另取一点 N, 作割线 MN. 当点 N 沿曲线 C 趋向于点 M 时, 如果割线 MN 的极限位置 MT 存在, 则直线 MT 即为曲线 C 在点 M 处的切线 (图 2-1).

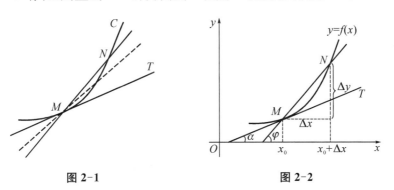

图 2-1　　　　　　　　　图 2-2

为求割线 MN 的斜率, 如图 2-2 建立平面直角坐标系. 设点 M 的坐标为 (x_0, y_0), 点 N 的坐标为 $(x_0 + \Delta x, y_0 + \Delta y)$, 其中 $y_0 = f(x_0)$, $\Delta x \neq 0$ (增量 Δx 可以是正的, 也可以是负的), $\Delta y = f(x_0 + \Delta x) - f(x_0)$. 则割线 MN 的斜率为

$$\tan \varphi = \frac{\Delta y}{\Delta x} = \frac{f(x_0 + \Delta x) - f(x_0)}{\Delta x},$$

其中, φ 为割线 MN 的倾斜角.

当点 N 沿曲线 C 趋于点 M 时, $\Delta x \to 0$. 此时, 割线 MN 的倾斜角 φ 趋近于切线 MT 的倾斜角 α. 利用极限的方法, 若上式的极限存在, 割线斜率 $\tan \varphi$ 就趋近于切线 MT 的斜率 $\tan \alpha$, 极限值就是切线 MT 的斜率. 因此, 曲线 C 在点 $M(x_0, y_0)$ 处的切线斜率为

$$k = \tan \alpha = \lim_{\Delta x \to 0} \tan \varphi = \lim_{\Delta x \to 0} \frac{\Delta y}{\Delta x} = \lim_{\Delta x \to 0} \frac{f(x_0 + \Delta x) - f(x_0)}{\Delta x}.$$

2. 变速直线运动的瞬时速度

设某质点作变速直线运动,质点的位移 s 是时间 t 的函数 $s = s(t)$. 求质点在某一时刻 t_0 的瞬时速度 $v(t_0)$.

如果质点作匀速直线运动,则质点在任一时刻的速度是一个常数,可以用任意时间间隔内,位移的变化量与时间间隔的比值求出. 即在时刻 t_0 给其一个增量 Δt（$\Delta t \neq 0$）,则质点的位置从 $s(t_0)$ 移动到 $s(t_0 + \Delta t)$, 记 $\Delta s = s(t_0 + \Delta t) - s(t_0)$, 在 Δt 时间内,质点运动的平均速度为

$$\bar{v} = \frac{\Delta s}{\Delta t} = \frac{s(t_0 + \Delta t) - s(t_0)}{\Delta t}.$$

此平均速度 $\bar{v}$ 即为匀速直线运动的瞬时速度. 但是,如果运动是变速的,则平均速度 $\bar{v}$ 不能准确地反映质点在某一时刻的瞬时速度. 利用极限的方法,当时间间隔 Δt 很小时,质点在 t_0 时刻的速度可以用平均速度 $\bar{v}$ 来近似,而且 Δt 越小,近似程度越高. 更确切地应当这样:当 $\Delta t \to 0$ 时,若平均速度 $\frac{\Delta s}{\Delta t}$ 的极限存在,则该极限值就称为质点在时刻 t_0 的**瞬时速度**,即

$$v(t_0) = \lim_{\Delta t \to 0} \frac{\Delta s}{\Delta t} = \lim_{\Delta t \to 0} \frac{s(t_0 + \Delta t) - s(t_0)}{\Delta t}.$$

3. 成本的变化率

已知某产品的总成本 C 是其产量 Q 的函数 $C = C(Q)$, 求在产量为 Q_0 时总成本的变化率.

当产量由 Q_0 变到 $Q_0 + \Delta Q$ 时,总成本改变量 $\Delta C = C(Q_0 + \Delta Q) - C(Q_0)$, 在这段时间内,总成本的平均变化率为

$$\frac{\Delta C}{\Delta Q} = \frac{C(Q_0 + \Delta Q) - C(Q_0)}{\Delta Q}.$$

当 ΔQ 很小时,我们可以用 $\frac{\Delta C}{\Delta Q}$ 近似表示总成本在产量为 Q_0 时的变化率. ΔQ 越小,近似程度就越好. 利用极限的方法,当 $\Delta Q \to 0$ 时,如果极限

$$\lim_{\Delta Q \to 0} \frac{\Delta C}{\Delta Q} = \lim_{\Delta Q \to 0} \frac{C(Q_0 + \Delta Q) - C(Q_0)}{\Delta Q}$$

存在,则该极限值就是总成本在产量为 Q 时的变化率.

以上三个实例尽管有不同的实际意义,但它们最后的表现形式都一样,即都为某种数学结构的极限. 这种数学结构是函数的改变量与自变量的改变量的比值,称为函数的平均变化率. 而这三个实例的最终结果都是函数的平均变化率在自变量的改变量趋于 0 时的极限. 在

自然科学、工程技术、经济领域内,还有许多概念,例如密度,电流强度,产品的收益率等都可以归结为上述的数学形式. 我们把这种具有特定形式的极限称为函数的导数,也叫做函数的变换率.

2.1.2 导数的定义

定义 2.1.1 设函数 $y = f(x)$ 在点 x_0 处的某个邻域内有定义,当自变量 x 在点 x_0 处取得增量 Δx(点 $x_0 + \Delta x$ 仍在该邻域内)时,相应的函数增量为 $\Delta y = f(x_0 + \Delta x) - f(x_0)$;如果极限

$$\lim_{\Delta x \to 0} \frac{\Delta y}{\Delta x} = \lim_{\Delta x \to 0} \frac{f(x_0 + \Delta x) - f(x_0)}{\Delta x}$$

存在,则称函数 $y = f(x)$ 在点 x_0 处**可导**,并称此极限值为**函数 $y = f(x)$ 在点 x_0 处的导数**. 记作

$$f'(x_0) = \lim_{\Delta x \to 0} \frac{\Delta y}{\Delta x} = \lim_{\Delta x \to 0} \frac{f(x_0 + \Delta x) - f(x_0)}{\Delta x}, \tag{2.1.1}$$

也可记作 $y'\big|_{x=x_0}$, $\dfrac{\mathrm{d}y}{\mathrm{d}x}\Big|_{x=x_0}$, $\dfrac{\mathrm{d}f(x)}{\mathrm{d}x}\Big|_{x=x_0}$. 这时,我们就说函数 $f(x)$ 在点 x_0 处的导数存在,或者说函数 $f(x)$ 在点 x_0 处可导.

注:(1)从导数定义不难知道,前面三个引例中,曲线 $y = f(x)$ 在点 $M(x_0, y_0)$ 处的切线斜率是函数 $y = f(x)$ 在点 x_0 处的导数 $f'(x_0)$;作变速直线运动的质点在时刻 t_0 的瞬时速度 $v(t_0)$ 是位移函数 $s = s(t)$ 对时间 t 的导数,即 $v(t_0) = s'(t_0)$;产品的总成本 $C = C(Q)$ 在产量为 Q_0 时的变化率是成本函数 $C(Q)$ 对产量 Q 的导数 $C'(Q_0)$.

(2)从导数的定义上来说,函数在点 x_0 处的导数 $f'(x_0)$ 是函数在该点的变化率,它反映了因变量随自变量的变化而变化的快慢程度.

(3)导数的定义式(2.1.1)还可以写成以下几种常见形式.

① 令 $h = \Delta x$,$f'(x_0) = \lim\limits_{h \to 0} \dfrac{f(x_0 + h) - f(x_0)}{h}$.

② 令 $x = x_0 + \Delta x$,则 $\Delta y = f(x) - f(x_0)$,$\Delta x \to 0$ 即 $x \to x_0$,

$$f'(x_0) = \lim_{\Delta x \to 0} \frac{f(x_0 + \Delta x) - f(x_0)}{\Delta x} = \lim_{x \to x_0} \frac{f(x) - f(x_0)}{x - x_0}.$$

(4)如果极限 $\lim\limits_{\Delta x \to 0} \dfrac{\Delta y}{\Delta x}$ 不存在(包括无穷大),则称函数 $y = f(x)$ 在点 x_0 处**不可导**. 特别地,如果该极限为无穷大,在习惯上也说函数 $y = f(x)$ 在点 x_0 处的导数为无穷大.

从导数的定义可知,导数是一个极限. 按照极限存在的意义,如果 $f(x)$ 在点 x_0 处导数存在,当且仅当以下两个极限

$$\lim_{\Delta x \to 0^+} \frac{f(x_0 + \Delta x) - f(x_0)}{\Delta x} \qquad 和 \qquad \lim_{\Delta x \to 0^-} \frac{f(x_0 + \Delta x) - f(x_0)}{\Delta x}$$

同时存在且相等.

定义 2.1.2 设函数 $y = f(x)$ 在点 x_0 的某右邻域 $[x_0, x_0 + \delta)$ 上有定义,若右极限

$$\lim_{\Delta x \to 0^+} \frac{\Delta y}{\Delta x} = \lim_{\Delta x \to 0^+} \frac{f(x_0 + \Delta x) - f(x_0)}{\Delta x} \quad (0 < \Delta x < \delta)$$

存在,则称该极限为函数 $y = f(x)$ 在点 x_0 处的**右导数**,记作 $f'_+(x_0)$.

类似定义**左导数**

$$f'_-(x_0) = \lim_{\Delta x \to 0^-} \frac{\Delta y}{\Delta x} = \lim_{\Delta x \to 0^-} \frac{f(x_0 + \Delta x) - f(x_0)}{\Delta x}.$$

左、右导数统称为**单侧导数**.因此,可以得到以下定理.

定理 2.1.1 若函数 $y = f(x)$ 在点 x_0 的某邻域内有定义,则 $f(x)$ 在点 x_0 处可导的充分必要条件是左导数 $f'_-(x_0)$ 和右导数 $f'_+(x_0)$ 都存在且相等.

一般地,函数在某点的左、右导数存在但不相等;或左、右导数至少有一个不存在;或函数在某点的导数是无穷大都意味着函数在该点处不可导.

例 2.1.1 证明:函数 $f(x) = \sqrt[3]{x}$ 在点 $x = 0$ 处不可导.

证明 因为

$$\lim_{\Delta x \to 0} \frac{f(0 + \Delta x) - f(0)}{\Delta x} = \lim_{\Delta x \to 0} \frac{\sqrt[3]{\Delta x}}{\Delta x} = \lim_{\Delta x \to 0} \frac{1}{\sqrt[3]{(\Delta x)^2}} = +\infty,$$

所以,函数 $f(x) = \sqrt[3]{x}$ 在点 $x = 0$ 处不可导.

例 2.1.2 证明:绝对值函数 $y = |x|$ 在点 $x = 0$ 处不可导.

证明 因为

$$f'_-(0) = \lim_{\Delta x \to 0^-} \frac{f(0 + \Delta x) - f(0)}{\Delta x} = \lim_{\Delta x \to 0^-} \frac{-\Delta x}{\Delta x} = -1;$$

$$f'_+(0) = \lim_{\Delta x \to 0^+} \frac{f(0 + \Delta x) - f(0)}{\Delta x} = \lim_{\Delta x \to 0^+} \frac{\Delta x}{\Delta x} = 1,$$

左、右导数都存在但不相等.由定理 2.1.1,函数 $y = |x|$ 在点 $x = 0$ 处不可导.

例 2.1.3 已知 $f'(x_0) = a$ (a 为常数),求 $\lim\limits_{h \to 0} \dfrac{f(x_0 - 3h) - f(x_0)}{h}$.

解
$$\lim_{h \to 0} \frac{f(x_0 - 3h) - f(x_0)}{h} = \lim_{h \to 0} \frac{f[x_0 + (-3h)] - f(x_0)}{h}$$

$$= -3 \lim_{h \to 0} \frac{f[x_0 + (-3h)] - f(x_0)}{-3h}$$

$$= -3 f'(x_0) = -3a.$$

例 2.1.4 求函数 $y = x^2$ 在点 $x = 1$, $x = 2$ 处的导数.

解 由导数的定义,在点 $x = 1$ 处,

$$f'(1) = \lim_{\Delta x \to 0} \frac{f(1 + \Delta x) - f(1)}{\Delta x} = \lim_{\Delta x \to 0} \frac{(1 + \Delta x)^2 - 1^2}{\Delta x}$$

$$= \lim_{\Delta x \to 0} \frac{2\Delta x + \Delta x^2}{\Delta x} = \lim_{\Delta x \to 0}(2 + \Delta x) = 2.$$

在点 $x = 2$ 处,

$$f'(2) = \lim_{x \to 2} \frac{f(x) - f(2)}{x - 2} = \lim_{x \to 2} \frac{x^2 - 2^2}{x - 2} = \lim_{x \to 2}(x + 2) = 4.$$

定义 2.1.3 如果函数 $y = f(x)$ 在开区间 I 内的每一点都可导(对区间端点,仅考虑单侧导数),就称函数 $y = f(x)$ 在区间 I 上**可导**. 这时,对于开区间 I 上的每一个确定的 x_0,都对应着一个值 $f'(x_0)$. 因此,函数 $f(x)$ 的导数(或单侧导数),可以看成自变量 x 的一个函数,称为函数 $y = f(x)$ 的**导函数**,简称**导数**(也叫微商),记作

$$f'(x), \ y', \ \frac{\mathrm{d}y}{\mathrm{d}x}, \ \frac{\mathrm{d}f(x)}{\mathrm{d}x}.$$

把函数的定义式(2.1.1)中的 x_0 换成 x,即可得到导函数的定义式

$$f'(x) = \lim_{\Delta x \to 0} \frac{f(x + \Delta x) - f(x)}{\Delta x}.$$

显然,函数 $f(x)$ 在 x_0 处的导数就是导函数 $f'(x)$ 在点 $x = x_0$ 处的函数值,即

$$f'(x_0) = f'(x)\big|_{x=x_0}.$$

下面我们从导数的定义出发求出一些基本初等函数的导数.

例 2.1.5 求常数函数 $f(x) = C$ 的导数.

解 $f'(x) = \lim\limits_{\Delta x \to 0} \dfrac{f(x + \Delta x) - f(x)}{\Delta x} = \lim\limits_{\Delta x \to 0} \dfrac{C - C}{\Delta x} = \lim\limits_{\Delta x \to 0} 0 = 0,$

即

$$(C)' = 0.$$

这就是说,常数的导数等于零.

例 2.1.6 求幂函数 $f(x) = x^n$(n 为正整数)的导数.

解 $f'(x) = \lim\limits_{\Delta x \to 0} \dfrac{f(x + \Delta x) - f(x)}{\Delta x} = \lim\limits_{\Delta x \to 0} \dfrac{(x + \Delta x)^n - x^n}{\Delta x}$

$$= \lim_{\Delta x \to 0} \frac{nx^{n-1}\Delta x + \dfrac{n(n-1)}{2}x^{n-2}(\Delta x)^2 + \cdots + (\Delta x)^n}{\Delta x}$$

$$= \lim_{\Delta x \to 0}\left[nx^{n-1} + \frac{n(n-1)}{2}x^{n-2}\Delta x + \cdots + (\Delta x)^{n-1}\right]$$

$$= nx^{n-1},$$

即

$$(x^n)' = nx^{n-1}.$$

以后我们将会证明,对于一般幂函数 $y = x^\mu (\mu \in R)$,仍有

$$(x^\mu)' = \mu x^{\mu-1}$$

成立. 利用这个公式,可以很方便地求出幂函数的导数. 例如

$$(x^2)' = 2x, \quad (\sqrt{x})' = (x^{\frac{1}{2}})' = \frac{1}{2}x^{-\frac{1}{2}} = \frac{1}{2\sqrt{x}},$$

$$\left(\frac{1}{\sqrt[3]{x}}\right)' = (x^{-\frac{1}{3}})' = -\frac{1}{3}x^{-\frac{4}{3}}, \quad \left(\frac{1}{x}\right)' = (x^{-1})' = -\frac{1}{x^2}.$$

所以,求解例 2.1.4 也可先求出导函数,再代入自变量 $x = 1$,$x = 2$ 求出相应的导数值.

例 2.1.7 求正弦函数 $f(x) = \sin x$ 的导数.

解 $f'(x) = \lim\limits_{\Delta x \to 0} \dfrac{\sin(x + \Delta x) - \sin x}{\Delta x}$

$$= \lim\limits_{\Delta x \to 0} \frac{2\cos\left(\dfrac{2x + \Delta x}{2}\right)\sin\dfrac{\Delta x}{2}}{\Delta x}$$

$$= \lim\limits_{\Delta x \to 0} \cos\left(x + \frac{\Delta x}{2}\right) \cdot \frac{\sin\dfrac{\Delta x}{2}}{\dfrac{\Delta x}{2}} = \cos x,$$

即

$$(\sin x)' = \cos x.$$

用类似的方法可求得

$$(\cos x)' = -\sin x.$$

例 2.1.8 求对数函数 $f(x) = \log_a x \ (a > 0,\ a \neq 1)$ 的导数.

解 $f'(x) = \lim\limits_{\Delta x \to 0} \dfrac{\log_a(x + \Delta x) - \log_a x}{\Delta x}$

$$= \lim\limits_{\Delta x \to 0} \frac{\log_a\left(1 + \dfrac{\Delta x}{x}\right)}{\dfrac{\Delta x}{x}} \cdot \frac{1}{x}$$

$$= \frac{1}{x}\lim\limits_{\Delta x \to 0} \log_a\left(1 + \frac{\Delta x}{x}\right)^{\frac{x}{\Delta x}}$$

$$= \frac{1}{x}\log_a \mathrm{e} = \frac{1}{x \ln a},$$

即

$$(\log_a x)' = \frac{1}{x \ln a}.$$

特别地,当 $a = \mathrm{e}$ 时有

$$(\ln x)' = \frac{1}{x}.$$

例 2.1.9 求指数函数 $f(x) = a^x (a > 0, a \neq 1)$ 的导数.

解 $f'(x) = \lim\limits_{\Delta x \to 0} \dfrac{a^{x+\Delta x} - a^x}{\Delta x} = a^x \lim\limits_{\Delta x \to 0} \dfrac{a^{\Delta x} - 1}{\Delta x}$,

由于当 $\Delta x \to 0$ 时, $a^{\Delta x} - 1 = \mathrm{e}^{\Delta x \ln a} - 1 \sim \Delta x \ln a$,所以

$$f'(x) = a^x \lim\limits_{\Delta x \to 0} \frac{a^{\Delta x} - 1}{\Delta x} = a^x \lim\limits_{\Delta x \to 0} \frac{\Delta x \ln a}{\Delta x} = a^x \ln a,$$

即

$$(a^x)' = a^x \ln a.$$

特别地,当 $a = \mathrm{e}$ 时有

$$(\mathrm{e}^x)' = \mathrm{e}^x.$$

2.1.3　导数的几何意义

由引例中有关曲线的切线斜率问题,以及导数的定义可知,函数 $f(x)$ 在点 x_0 处的导数 $f'(x_0)$ 的几何意义就是曲线 $y = f(x)$ 在点 $M(x_0, f(x_0))$ 处的切线斜率,即

$$f'(x_0) = \tan \alpha \left(\alpha \neq \frac{\pi}{2}\right),$$

其中, α 是切线的倾斜角(图 2-3).

由导数的几何意义和直线的点斜式方程,可知曲线 $y = f(x)$ 在点 $M(x_0, f(x_0))$ 处的切线方程为

$$y - f(x_0) = f'(x_0)(x - x_0).$$

过切点 $M(x_0, f(x_0))$ 且与切线垂直的直线叫做曲线 $y = f(x)$ 在点 $M(x_0, f(x_0))$ 处的法线. 如果 $f'(x_0) \neq 0$, 法线的斜率为 $-\dfrac{1}{f'(x_0)}$,从而法线方程为

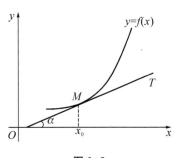

图 2-3

$$y - f(x_0) = -\frac{1}{f'(x_0)}(x - x_0).$$

如果 $f'(x_0) = 0$,曲线 $y = f(x)$ 在点 $M(x_0, f(x_0))$ 处具有垂直于 y 轴的切线为 $y =$

$f(x_0)$，曲线 $y=f(x)$ 在点 $M(x_0, f(x_0))$ 处的法线为 $x=x_0$.

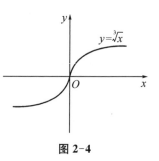

如果 $f'(x_0)=\infty$，这时曲线 $y=f(x)$ 在点 $M(x_0, f(x_0))$ 处具有垂直于 x 轴的切线 $x=x_0$. 例 2.1.1 中，函数 $y=\sqrt[3]{x}$ 在点 $x=0$ 处的导数为无穷大，从而在点 $x=0$ 处不可导，根据切线的定义，曲线 $y=\sqrt[3]{x}$ 在点 $(0, 0)$ 处有垂直于 x 轴的切线 $x=0$，如图 2-4 所示.

图 2-4

例 2.1.10 求曲线 $y=\dfrac{1}{\sqrt[3]{x}}$ 在点 $M(-1, -1)$ 处的切线方程和法线方程.

解 由导数的几何意义，曲线 $y=\dfrac{1}{\sqrt[3]{x}}$ 在点 M 处的切线的斜率为

$$k_1 = y'\Big|_{x=-1} = -\frac{1}{3}x^{-\frac{4}{3}}\Big|_{x=-1} = -\frac{1}{3},$$

所以，曲线在点 M 处的切线方程为

$$y+1=-\frac{1}{3}(x+1), \text{即} \ x+3y+4=0.$$

所求法线的斜率为

$$k_2 = -\frac{1}{k_1} = 3,$$

因此，曲线在点 M 处的法线方程为

$$y+1=3(x+1), \text{即} \quad 3x-y+2=0.$$

2.1.4 可导与连续的关系

连续和导数的概念都是在极限的基础上建立起来的，而且都是考虑当自变量的增量 Δx 趋近于 0 时的极限. 不同的是，连续是函数增量 Δy 的极限，而导数则是函数增量与自变量增量的比值 $\dfrac{\Delta y}{\Delta x}$，即函数的平均变化率的极限. 下面我们讨论二者间的相互关系.

定理 2.1.2 如果函数 $y=f(x)$ 在点 x_0 处可导，则 $f(x)$ 在点 x_0 处连续.

证明 因为函数 $y=f(x)$ 在点 x_0 处可导，故有

$$\lim_{\Delta x \to 0} \frac{\Delta y}{\Delta x} = f'(x_0),$$

于是有

$$\lim_{\Delta x \to 0} \Delta y = \lim_{\Delta x \to 0}\left(\frac{\Delta y}{\Delta x} \cdot \Delta x\right) = \lim_{\Delta x \to 0}\left(\frac{\Delta y}{\Delta x}\right) \cdot \lim_{\Delta x \to 0} \Delta x = f'(x_0) \cdot 0 = 0,$$

因此，$f(x)$ 在点 x_0 处连续.

定理 2.1.2 的逆否命题也成立,即函数在某点不连续就一定不可导. 但是,其逆命题却不一定成立,即函数在某点连续却不一定在该点可导. 也就是说函数 $f(x)$ 在某点连续是函数在该点可导的必要条件而不是充分条件. 例如,函数 $f(x) = \sqrt[3]{x}$ 和 $f(x) = |x|$ 在点 $x = 0$ 处都是连续的,但在 $x = 0$ 处却都不可导(例 2.1.1、例 2.1.2).

例 2.1.11 设 $f(x) = \begin{cases} x + a, & x \leqslant 0, \\ \mathrm{e}^{bx}, & x > 0, \end{cases}$ 问 a, b 取何值时,函数 $f(x)$ 在点 $x = 0$ 处可导?

解 由于 $f(x)$ 在点 $x = 0$ 处可导,所以 $f(x)$ 在点 $x = 0$ 处连续,由连续的定义得

$$\lim_{x \to 0^-} f(x) = \lim_{x \to 0^+} f(x) = f(0).$$

因为

$$f(0) = a, \ \lim_{x \to 0^-} f(x) = \lim_{x \to 0^-} (x + a) = a, \ \lim_{x \to 0^+} f(x) = \lim_{x \to 0^+} \mathrm{e}^{bx} = 1,$$

所以

$$a = 1.$$

又 $f(x)$ 在点 $x = 0$ 处可导,由定理 2.1.1 知

$$f'_-(0) = f'_+(0).$$

因为

$$f'_-(0) = \lim_{x \to 0^-} \frac{f(x) - f(0)}{x - 0} = \lim_{x \to 0^-} \frac{x + a - a}{x} = 1,$$

$$f'_+(0) = \lim_{x \to 0^+} \frac{f(x) - f(0)}{x - 0} = \lim_{x \to 0^+} \frac{\mathrm{e}^{bx} - 1}{x} = \lim_{x \to 0^+} \frac{bx}{x} = b.$$

所以

$$b = 1,$$

因此,当 $a = 1$, $b = 1$ 时,函数 $f(x)$ 在点 $x = 0$ 处可导.

例 2.1.12 已知函数 $f(x) = \begin{cases} x \sin \dfrac{1}{x}, & x \neq 0, \\ 0, & x = 0, \end{cases}$ 讨论其在点 $x = 0$ 处的连续性与可导性.

解 因为 $\lim_{x \to 0} x = 0$, $\left| \sin \dfrac{1}{x} \right| \leqslant 1$,则有

$$\lim_{x \to 0} f(x) = \lim_{x \to 0} x \sin \frac{1}{x} = 0 = f(0),$$

所以,$f(x)$ 在点 $x = 0$ 处连续.

由于

$$\frac{f(x) - f(0)}{x - 0} = \frac{x \sin \dfrac{1}{x}}{x} = \sin \frac{1}{x},$$

而当 $x \to 0$ 时，$\sin \dfrac{1}{x}$ 不存在极限，故 $f(x)$ 在点 $x = 0$ 处不可导.

习 题 2-1

1. 按定义求函数 $y = \sqrt{x}$ 的导数，并求 $x = 4$ 时的导数.

2. 已知 $f'(x_0) = 3$，求下列各极限.

(1) $\lim\limits_{\Delta x \to 0} \dfrac{f(x_0 + 3\Delta x) - f(x_0)}{2\Delta x}$;

(2) $\lim\limits_{h \to 0} \dfrac{f(x_0 + 2h) - f(x_0 - h)}{h}$;

(3) $\lim\limits_{x \to 0} \dfrac{f(x_0 + x^2) - f(x_0)}{1 - \cos x}$.

3. 已知曲线 $y = x^2$，试求：

(1) 在点 $(-1, 1)$ 处的切线方程和法线方程；

(2) 曲线上哪一点处的切线平行于直线 $y = 6x + 1$.

4. 求下列函数的导数.

(1) $y = \sqrt[3]{x}$;

(2) $y = \dfrac{1}{\sqrt{x}}$;

(3) $y = \sqrt{x\sqrt{x\sqrt{x}}}$;

(4) $y = \dfrac{x\sqrt[3]{x^2}}{\sqrt{x}}$;

(5) $y = 2^x$;

(6) $y = \log_2 x$.

5. 讨论下列函数在点 $x = 0$ 处的连续性与可导性.

(1) $y = |\sin x|$;

(2) $f(x) = \begin{cases} x^2 \sin \dfrac{1}{x}, & x \neq 0, \\ 0, & x = 0. \end{cases}$

6. 设 $f(x) = \begin{cases} x^2, & x \leqslant 1, \\ ax + b, & x > 1, \end{cases}$ 问 a, b 取何值时，函数 $f(x)$ 在点 $x = 1$ 处可导.

7. 设 $f(x)$ 在点 $x = a$ 处连续，且 $\lim\limits_{x \to a} \dfrac{f(x)}{x - a} = 2$，求 $f'(a)$.

2.2 求 导 法 则

在 2.1 节中，我们用导数定义导出了几个基本初等函数的导数，但是这样的推导往往非常烦琐. 对于一些复杂函数，从导数的定义出发求导数，有时甚至是不可行的. 所以在本节中，我们将讨论求导法则，利用这些法则能较为方便地求得函数的导数.

下面是几个基本的求导法则.

2.2.1 函数的四则运算求导法则

定理 2.2.1 如果函数 $u(x)$、$v(x)$ 在点 x 处可导，那么它们的和、差、积、商（除分母为零的点外）都在点 x 处可导，且

(1) 和(差)的运算法则 $[u(x) \pm v(x)]' = u'(x) \pm v'(x)$；

(2) 乘积的运算法则 $[u(x)v(x)]' = u'(x)v(x) + u(x)v'(x)$；

(3) 商的运算法则 $\left[\dfrac{u(x)}{v(x)}\right]' = \dfrac{u'(x)v(x) - u(x)v'(x)}{v^2(x)}$ 　$(v(x) \neq 0)$.

证明　已知 $u(x)$、$v(x)$ 在点 x 处可导,则

$$u'(x) = \lim_{\Delta x \to 0} \frac{[u(x + \Delta x) - u(x)]}{\Delta x}, \ v'(x) = \lim_{\Delta x \to 0} \frac{[v(x + \Delta x) - v(x)]}{\Delta x}.$$

$$
\begin{aligned}
(1) \ [u(x) \pm v(x)]' &= \lim_{\Delta x \to 0} \frac{[u(x + \Delta x) \pm v(x + \Delta x)] - [u(x) \pm v(x)]}{\Delta x} \\
&= \lim_{\Delta x \to 0} \frac{[u(x + \Delta x) - u(x)] \pm [v(x + \Delta x) - v(x)]}{\Delta x} \\
&= \lim_{\Delta x \to 0} \frac{[u(x + \Delta x) - u(x)]}{\Delta x} \pm \lim_{\Delta x \to 0} \frac{[v(x + \Delta x) - v(x)]}{\Delta x} \\
&= u'(x) \pm v'(x).
\end{aligned}
$$

法则(1)获证. 法则(1)可简单地表示为

$$[u \pm v]' = u' \pm v'.$$

法则(1)可推广到任意有限个可导函数的代数和的求导. 例如,设 $u = u(x)$、$v = v(x)$、$w = w(x)$ 在点 x 处都可导,则有

$$[u - v + w]' = u' - v' + w'.$$

$$
\begin{aligned}
(2) \ [u(x)v(x)]' &= \lim_{\Delta x \to 0} \frac{[u(x + \Delta x)v(x + \Delta x)] - u(x)v(x)}{\Delta x} \\
&= \lim_{\Delta x \to 0} \frac{u(x + \Delta x)v(x + \Delta x) - u(x)v(x + \Delta x)}{\Delta x} \\
&\quad + \lim_{\Delta x \to 0} \frac{u(x)v(x + \Delta x) - u(x)v(x)}{\Delta x} \\
&= \lim_{\Delta x \to 0} \frac{[u(x + \Delta x) - u(x)]v(x + \Delta x)}{\Delta x} \\
&\quad + \lim_{\Delta x \to 0} \frac{u(x)[v(x + \Delta x) - v(x)]}{\Delta x} \\
&= \lim_{\Delta x \to 0} \frac{[u(x + \Delta x) - u(x)]}{\Delta x} \cdot \lim_{\Delta x \to 0} v(x + \Delta x) + u(x) \cdot \\
&\quad \lim_{\Delta x \to 0} \frac{[v(x + \Delta x) - v(x)]}{\Delta x} \\
&= u'(x) \cdot \lim_{\Delta x \to 0} v(x + \Delta x) + u(x) \cdot v'(x).
\end{aligned}
$$

注意到 $v(x)$ 在点 x 处可导,由定理 2.1.2 可得 $v(x)$ 在点 x 处连续,故有

$$\lim_{\Delta x \to 0} v(x + \Delta x) = v(x),$$

于是

$$[u(x)v(x)]' = u'(x)v(x) + u(x)v'(x).$$

法则(2)获证. 法则(2)可简单地表示为

$$(uv)' = u'v + uv'.$$

特别地，当 $v(x) = C$（C 为常数）时，有

$$(Cu)' = Cu'.$$

法则(2)也可推广到任意有限个可导函数的情形. 例如，若函数 $u_1(x)$, $u_2(x)$, $\cdots$, $u_n(x)$ 在点 x 处都可导，那么乘积 $u_1(x)u_2(x)\cdots u_n(x)$ 在点 x 处也可导，且

$$(u_1 u_2 \cdots u_n)' = u_1' u_2 \cdots u_n + u_1 u_2' \cdots u_n + \cdots + u_1 u_2 \cdots u_n'.$$

$$
\begin{aligned}
(3) \left[\frac{u(x)}{v(x)}\right]' &= \lim_{\Delta x \to 0} \frac{\dfrac{u(x+\Delta x)}{v(x+\Delta x)} - \dfrac{u(x)}{v(x)}}{\Delta x} \\
&= \lim_{\Delta x \to 0} \frac{u(x+\Delta x)v(x) - u(x)v(x+\Delta x)}{v(x+\Delta x)v(x)\Delta x} \\
&= \lim_{\Delta x \to 0} \frac{u(x+\Delta x)v(x) - u(x)v(x) + u(x)v(x) - u(x)v(x+\Delta x)}{v(x+\Delta x)v(x)\Delta x} \\
&= \lim_{\Delta x \to 0} \frac{[u(x+\Delta x) - u(x)]v(x) - u(x)[v(x+\Delta x) - v(x)]}{v(x+\Delta x)v(x)\Delta x} \\
&= \lim_{\Delta x \to 0} \frac{\dfrac{u(x+\Delta x) - u(x)}{\Delta x}v(x) - u(x)\dfrac{v(x+\Delta x) - v(x)}{\Delta x}}{v(x+\Delta x)v(x)} \\
&= \frac{u'(x)v(x) - u(x)v'(x)}{v^2(x)} \quad (v(x) \neq 0).
\end{aligned}
$$

法则(3)获证. 法则(3)可简单地表示为

$$\left(\frac{u}{v}\right)' = \frac{u'v - uv'}{v^2} \quad (v \neq 0).$$

特别地，有

$$\left(\frac{1}{v}\right)' = -\frac{v'}{v^2} \quad (v \neq 0).$$

例 2.2.1 求正切函数 $y = \tan x$ 的导数.

分析 因为 $\tan x = \dfrac{\sin x}{\cos x}$，因此我们可以应用商的求导法则来求其导数.

解 $y' = (\tan x)' = \left(\dfrac{\sin x}{\cos x}\right)' = \dfrac{(\sin x)' \cos x - \sin x (\cos x)'}{\cos^2 x}$

$$= \frac{\cos x \cdot \cos x - \sin x (-\sin x)}{\cos^2 x}$$

$$= \frac{\cos^2 x + \sin^2 x}{\cos^2 x} = \frac{1}{\cos^2 x} = \sec^2 x,$$

即

$$(\tan x)' = \sec^2 x.$$

用同样的方法可求得

$$(\cot x)' = -\csc^2 x;$$

$$(\sec x)' = \sec x \tan x;$$

$$(\csc x)' = -\csc x \cot x.$$

在实际问题中,常常需要把导数的四则运算法则、基本初等函数的求导公式结合起来使用.

例 2.2.2 设 $y = x \ln x - 2\tan x + \mathrm{e}^3$,求 $y'\big|_{x=1}$.

解 $y' = (x \ln x)' - 2(\tan x)' + (\mathrm{e}^3)'$

$$= \ln x + x \cdot \frac{1}{x} - 2\sec^2 x$$

$$= \ln x + 1 - 2\sec^2 x,$$

所以,$y'\big|_{x=1} = 1 - 2\sec^2 1$.

例 2.2.3 设 $y = \dfrac{x \sin x + \cos x}{x \sin x - \cos x}$,求 y'.

解 $y' = \left(\dfrac{x \sin x + \cos x}{x \sin x - \cos x}\right)'$

$$= \frac{(x \sin x + \cos x)'(x \sin x - \cos x) - (x \sin x + \cos x)(x \sin x - \cos x)'}{(x \sin x - \cos x)^2}$$

$$= \frac{\big[(x \sin x)' + (\cos x)'\big](x \sin x - \cos x) - (x \sin x + \cos x)\big[(x \sin x)' - (\cos x)'\big]}{(x \sin x - \cos x)^2}$$

$$= \frac{x \cos x (x \sin x - \cos x) - (x \sin x + \cos x)(2\sin x + x \cos x)}{(x \sin x - \cos x)^2}$$

$$= -\frac{2x \cos^2 x + 2x \sin^2 x + 2\sin x \cos x}{(x \sin x - \cos x)^2}$$

$$= -\frac{2x + \sin 2x}{(x \sin x - \cos x)^2}.$$

2.2.2 反函数的求导法则

定理 2.2.2 若函数 $x = \varphi(y)$ 在区间 I_y 内单调、可导，且 $\varphi'(y) \neq 0$，则它的反函数 $y = f(x)$ 在对应的区间 $I_x = \{x \mid x = \varphi(y), y \in I_y\}$ 内也可导，且

$$f'(x) = \frac{1}{\varphi'(y)} \quad \text{或} \quad \frac{\mathrm{d}y}{\mathrm{d}x} = \frac{1}{\dfrac{\mathrm{d}x}{\mathrm{d}y}}.$$

证明 由于 $x = \varphi(y)$ 在区间 I_y 内单调、可导，从而是连续的，则反函数 $y = f(x)$ 存在，且其在区间 I_x 内也单调、连续.

任取 $x \in I_x$，给 x 以增量 Δx（$\Delta x \neq 0$，$x + \Delta x \in I_x$），则由 $y = f(x)$ 的单调性可知

$$\Delta y = f(x + \Delta x) - f(x) \neq 0.$$

于是

$$\frac{\Delta y}{\Delta x} = \frac{1}{\dfrac{\Delta x}{\Delta y}}.$$

因 $y = f(x)$ 连续，故当 $\Delta x \to 0$ 时，有 $\Delta y \to 0$. 从而

$$f'(x) = \lim_{\Delta x \to 0} \frac{\Delta y}{\Delta x} = \lim_{\Delta y \to 0} \frac{1}{\dfrac{\Delta x}{\Delta y}} = \frac{1}{\varphi'(y)}.$$

例 2.2.4 求反正弦函数 $y = \arcsin x$ 的导数.

解 设 $x = \sin y$，$y \in I_y = \left(-\dfrac{\pi}{2}, \dfrac{\pi}{2} \right)$，则 $y = \arcsin x$，$x \in I_x = (-1, 1)$ 是它的反函数. 因为 $x = \sin y$ 在区间 I_y 内单调、可导，且

$$(\sin y)' = \cos y > 0.$$

根据反函数的求导法则，在对应区间 $I_x = (-1, 1)$ 内有

$$(\arcsin x)' = \frac{1}{(\sin y)'} = \frac{1}{\cos y} = \frac{1}{\sqrt{1 - \sin^2 y}} = \frac{1}{\sqrt{1 - x^2}},$$

即

$$(\arcsin x)' = \frac{1}{\sqrt{1 - x^2}}.$$

这就是反正弦函数的导数公式. 类似地，可得反余弦函数的导数公式

$$(\arccos x)' = -\frac{1}{\sqrt{1 - x^2}}.$$

例 2.2.5 求反正切函数 $y = \arctan x$ 的导数.

解 设 $x = \tan y$，$y \in I_y = \left(-\dfrac{\pi}{2}, \dfrac{\pi}{2} \right)$，则 $y = \arctan x$，$x \in I_x = (-\infty, +\infty)$ 是它的反函数. 因为 $x = \tan y$ 在区间 I_y 内单调、可导,且

$$(\tan y)' = \sec^2 y \neq 0.$$

所以,在对应区间 $I_x = (-\infty, +\infty)$ 内有

$$(\arctan x)' = \frac{1}{(\tan y)'} = \frac{1}{\sec^2 y} = \frac{1}{1 + \tan^2 y} = \frac{1}{1 + x^2},$$

这就是反正切函数的导数公式. 类似地,可得反余切函数的导数公式

$$(\text{arccot}\, x)' = -\frac{1}{1 + x^2}.$$

在基本初等函数中,指数函数与对数函数互为反函数,也可使用反函数求导法则互相求出二者的导数公式.

例 2.2.6 设 $y = x \arctan x - x e^x + \dfrac{\ln x}{\sqrt{x}}$，求 y'.

解 $y' = (x \arctan x)' - (x e^x)' + \left(\dfrac{\ln x}{\sqrt{x}} \right)'$

$$= \arctan x + \frac{x}{1 + x^2} - e^x - x e^x + \frac{\dfrac{\sqrt{x}}{x} - \dfrac{\ln x}{2\sqrt{x}}}{x}$$

$$= \arctan x + \frac{x}{1 + x^2} - e^x(1 + x) + \frac{2 - \ln x}{2x\sqrt{x}}.$$

2.2.3 复合函数的求导法则

定理 2.2.3 如果函数 $u = g(x)$ 在点 x 处可导,而函数 $y = f(u)$ 在点 $u = g(x)$ 可导,则复合函数 $y = f[g(x)]$ 在点 x 处可导,且

$$\frac{dy}{dx} = f'(u) \cdot g'(x) = f'[g(x)] \cdot g'(x)$$

或

$$\frac{dy}{dx} = \frac{dy}{du} \cdot \frac{du}{dx}.$$

证明 因为 $y = f(u)$ 在点 $u = g(x)$ 处可导,则

$$f'(u) = \lim_{\Delta u \to 0} \frac{\Delta y}{\Delta u}.$$

由极限与无穷小的关系,有

$$\frac{\Delta y}{\Delta u} = f'(u) + \alpha,$$

其中 $\lim\limits_{\Delta u \to 0} \alpha = 0$. 上式中 $\Delta u \neq 0$，两边同时乘以 Δu，得

$$\Delta y = f'(u) \cdot \Delta u + \alpha \cdot \Delta u.$$

当 $\Delta u = 0$ 时，由于 $\Delta y = f(u + \Delta u) - f(u) = 0$，上式仍成立（这时取 $\alpha = 0$）. 于是

$$\lim_{\Delta x \to 0} \frac{\Delta y}{\Delta x} = \lim_{\Delta x \to 0} \left[f'(u) \cdot \frac{\Delta u}{\Delta x} + \alpha \cdot \frac{\Delta u}{\Delta x} \right]$$

$$= f'(u) \cdot \lim_{\Delta x \to 0} \frac{\Delta u}{\Delta x} + \lim_{\Delta x \to 0} \alpha \cdot \lim_{\Delta x \to 0} \frac{\Delta u}{\Delta x}$$

$$= f'(u) \cdot g'(x) + \lim_{\Delta x \to 0} \alpha \cdot g'(x).$$

由 $u = g(x)$ 在点 x 处可导，得 $u = g(x)$ 在该点连续，于是 $\lim\limits_{\Delta x \to 0} \Delta u = 0$，从而有

$$\lim_{\Delta x \to 0} \alpha = \lim_{\Delta u \to 0} \alpha = 0.$$

因此，

$$\lim_{\Delta x \to 0} \frac{\Delta y}{\Delta x} = f'(u) \cdot g'(x),$$

即复合函数 $y = f[g(x)]$ 在点 x 处可导，且

$$\frac{\mathrm{d}y}{\mathrm{d}x} = f'(u) \cdot g'(x).$$

复合函数的求导法则可以简单地说为：复合函数 y 关于自变量 x 的导数等于复合函数 y 对中间变量 u 的导数乘以中间变量 u 对自变量 x 的导数. 这一法则又称为链式求导法则.

复合函数的链式求导法则可以推广到多个中间变量的情形. 以两个中间变量为例，设 $y = f(u)$，$u = g(v)$，$v = h(x)$ 都可导，它们依一定条件复合而成的复合函数是 $y = f\{g[h(x)]\}$，它的导数为

$$y' = f'(u) \cdot g'(v) \cdot h'(x) \quad \text{或} \quad \frac{\mathrm{d}y}{\mathrm{d}x} = \frac{\mathrm{d}y}{\mathrm{d}u} \cdot \frac{\mathrm{d}u}{\mathrm{d}v} \cdot \frac{\mathrm{d}v}{\mathrm{d}x}.$$

应用复合函数的链式求导法则时，关键在于认清复合层次，将复合函数分解成若干简单函数，逐一求导后相乘. 求导完成后，还应将中间变量代换成原来的自变量.

例 2.2.7 求 $y = \sin^2 x$ 的导数.

解法 1 $y = \sin^2 x$ 可看作是 $y = u^2$ 与 $u = \sin x$ 的复合函数，于是

$$y' = (u^2)' \cdot (\sin x)' = 2u \cos x = 2\sin x \cos x = \sin 2x.$$

解法 2 用三角公式 $\sin^2 x = \dfrac{1 - \cos 2x}{2}$. 将 $\cos 2x$ 看作是由 $\cos u$ 和 $u = 2x$ 的复合函数. 于是

$$y' = \left(\frac{1-\cos 2x}{2}\right)' = \frac{1}{2}(1-\cos 2x)'$$

$$= -\frac{1}{2}(\cos 2x)'$$

$$= -\frac{1}{2}(-\sin 2x) \cdot (2x)'$$

$$= \sin 2x.$$

对复合函数分解熟练后,可以不必写出中间变量. 若不写中间变量直接计算,一定要认清复合层次,由外向内,分解一层,求导一次.

例 2.2.8 求幂函数 $y = x^{\mu}$ ($x > 0$, μ 是实数),求 y'.

解 因为 $x^{\mu} = (\mathrm{e}^{\ln x})^{\mu} = \mathrm{e}^{\mu \ln x}$,所以

$$y' = (\mathrm{e}^{\mu \ln x})' = \mathrm{e}^{\mu \ln x} \cdot (\mu \ln x)'$$

$$= \mathrm{e}^{\mu \ln x} \cdot \frac{\mu}{x}$$

$$= x^{\mu} \cdot \frac{\mu}{x} = \mu x^{\mu-1}.$$

例 2.2.9 证明:对一切 $x \neq 0$,$(\ln|x|)' = \frac{1}{x}$.

证明 设 $y = \ln|x|$. 当 $x > 0$ 时,$y = \ln x$,有 $y' = \frac{1}{x}$.

当 $x < 0$ 时,$y = \ln(-x)$,则

$$y' = \frac{1}{-x} \cdot (-x)' = \frac{1}{-x} \cdot (-1) = \frac{1}{x}.$$

所以,对一切 $x \neq 0$ 都有

$$(\ln|x|)' = \frac{1}{x}.$$

例 2.2.10 求 $y = \sqrt{a^2 - x^2}$ (a 为常数) 的导数.

解 $y' = \frac{1}{2\sqrt{a^2 - x^2}} \cdot (a^2 - x^2)' = \frac{-2x}{2\sqrt{a^2 - x^2}} = -\frac{x}{\sqrt{a^2 - x^2}}.$

例 2.2.11 求 $y = \ln \arctan(x+1)$ 的导数.

解 $y = \ln \arctan(x+1)$ 可看作 $y = \ln u$,$u = \arctan v$ 与 $v = x+1$ 的复合函数,则有

$$\frac{\mathrm{d}y}{\mathrm{d}x} = \frac{\mathrm{d}y}{\mathrm{d}u} \cdot \frac{\mathrm{d}u}{\mathrm{d}v} \cdot \frac{\mathrm{d}v}{\mathrm{d}x} = \frac{1}{u} \cdot \frac{1}{1+v^2} \cdot 1$$

$$= \frac{1}{\arctan(x+1)} \cdot \frac{1}{x^2 + 2x + 2}.$$

或写成

$$\begin{aligned}
\frac{\mathrm{d}y}{\mathrm{d}x} &= [\ln \arctan(x+1)]' = \frac{1}{\arctan(x+1)} \cdot [\arctan(x+1)]' \\
&= \frac{1}{\arctan(x+1)} \cdot \frac{1}{1+(x+1)^2} \cdot (x+1)' \\
&= \mathrm{e}^{\arctan(x+1)} \cdot \frac{1}{x^2+2x+2} \cdot 1 \\
&= \frac{1}{\arctan(x+1)} \cdot \frac{1}{x^2+2x+2}.
\end{aligned}$$

例 2.2.12 已知 $f(u)$ 可导，求函数 $y = f(\cos x)$ 的导数.

解 函数 $y = f(\cos x)$ 可看成函数 $f(u)$ 与 $u = \cos x$ 的复合函数，由复合函数求导法则，有

$$y' = [f(\cos x)]' = f'(\cos x) \cdot (-\sin x) = -\sin x f'(\cos x).$$

注：$f'(\cos x)$ 和 $[f(\cos x)]'$ 所表示的含义不同，$f'(\cos x)$ 表示对中间变量 $u = \cos x$ 求导，而 $[f(\cos x)]'$ 表示对自变量 x 求导.

2.2.4 基本导数公式

前面介绍了基本初等函数的求导公式和函数的求导法则，现在将它们一起归纳如下，以便记忆和使用.

1. 基本初等函数的导数公式

(1) $(c)' = 0$ （c 为常数）；

(2) $(x^{\mu})' = \mu x^{\mu-1}$（$\mu$ 为实数，$\mu \neq 0$）；

(3) $(\sin x)' = \cos x$；

(4) $(\cos x)' = -\sin x$；

(5) $(\tan x)' = \sec^2 x$；

(6) $(\cot x)' = -\csc^2 x$；

(7) $(\sec x)' = \sec x \tan x$；

(8) $(\csc x)' = -\csc x \cot x$；

(9) $(a^x)' = a^x \ln a$ （$a > 0,\ a \neq 1$）；

(10) $(\mathrm{e}^x)' = \mathrm{e}^x$；

(11) $(\log_a x)' = \dfrac{1}{x \ln a}$ （$a > 0,\ a \neq 1$）；

(12) $(\ln x)' = \dfrac{1}{x}$；

(13) $(\arcsin x)' = \dfrac{1}{\sqrt{1-x^2}}$；

(14) $(\arccos x)' = -\dfrac{1}{\sqrt{1-x^2}}$；

(15) $(\arctan x)' = \dfrac{1}{1+x^2}$；

(16) $(\operatorname{arccot} x)' = -\dfrac{1}{1+x^2}$.

2. 求导法则

如果函数 $u(x),\ v(x)$ 在点 x 处都可导，那么

(1) $[u(x) \pm v(x)]' = u'(x) \pm v'(x)$；

(2) $[u(x)v(x)]' = u'(x)v(x) + u(x)v'(x)$，$(cu)' = cu'$ （c 为常数）；

(3) $\left[\dfrac{u(x)}{v(x)}\right]' = \dfrac{u'(x)v(x) - u(x)v'(x)}{v^2(x)}$，$\left(\dfrac{1}{v(x)}\right)' = -\dfrac{v'(x)}{[v(x)]^2}$，$(v(x) \neq 0)$；

(4) 反函数的求导法则:设 $x = f(y)$ 在区间 I_y 内单调、可导,且 $f'(y) \neq 0$,则它的反函数 $y = f^{-1}(x)$ 在区间 $I_x = \{x \mid x = f(y), y \in I_y\}$ 内也是单调、可导的,而且

$$[f^{-1}(x)]' = \frac{1}{f'(y)} \quad \text{或} \quad \frac{\mathrm{d}y}{\mathrm{d}x} = \frac{1}{\dfrac{\mathrm{d}x}{\mathrm{d}y}}.$$

(5) 复合函数的求导法则:如果 $u = g(x)$ 在点 x 处可导,而 $y = f(u)$ 在点 $u = g(x)$ 处可导,则复合函数 $y = f[g(x)]$ 在点 x 处可导,且

$$\frac{\mathrm{d}y}{\mathrm{d}x} = f'(u) \cdot g'(x) \quad \text{或} \quad \frac{\mathrm{d}y}{\mathrm{d}x} = \frac{\mathrm{d}y}{\mathrm{d}u} \cdot \frac{\mathrm{d}u}{\mathrm{d}x}.$$

在实际问题中,常常需要将基本初等函数的求导公式和函数的法则结合使用来求出相应函数的导数.

例 2.2.13 求 $y = x\sqrt{a^2 - x^2} + \dfrac{x}{\sqrt{a^2 - x^2}}$($a$ 为常数)的导数.

解 $y' = (x\sqrt{a^2 - x^2})' + \left(\dfrac{x}{\sqrt{a^2 - x^2}}\right)'$,

其中

$$(x\sqrt{a^2 - x^2})' = \sqrt{a^2 - x^2} + x(\sqrt{a^2 - x^2})' = \sqrt{a^2 - x^2} - \frac{x^2}{\sqrt{a^2 - x^2}} = \frac{a^2 - 2x^2}{\sqrt{a^2 - x^2}},$$

$$\left(\frac{x}{\sqrt{a^2 - x^2}}\right)' = \frac{\sqrt{a^2 - x^2} - x(\sqrt{a^2 - x^2})'}{a^2 - x^2} = \frac{\sqrt{a^2 - x^2} + \dfrac{x^2}{\sqrt{a^2 - x^2}}}{a^2 - x^2}$$

$$= \frac{\dfrac{a^2}{\sqrt{a^2 - x^2}}}{a^2 - x^2} = \frac{a^2}{(a^2 - x^2)^{\frac{3}{2}}}.$$

所以,

$$y' = (x\sqrt{a^2 - x^2})' + \left(\frac{x}{\sqrt{a^2 - x^2}}\right)' = \frac{a^2 - 2x^2}{\sqrt{a^2 - x^2}} + \frac{a^2}{(a^2 - x^2)^{\frac{3}{2}}}.$$

例 2.2.14 求 $y = \mathrm{e}^x \ln \tan x - \dfrac{\tan x}{x}$ 的导数.

解 $y' = (\mathrm{e}^x)' \ln \tan x + \mathrm{e}^x (\ln \tan x)' - \dfrac{(\tan x)' \cdot x - \tan x \cdot (x)'}{x^2}$

$\qquad = \mathrm{e}^x \ln \tan x + \mathrm{e}^x \dfrac{1}{\tan x} (\tan x)' - \dfrac{x \sec^2 x - \tan x}{x^2}$

$$= e^x \ln \tan x + \frac{e^x}{\sin x \, \cos x} - \frac{x \sec^2 x - \tan x}{x^2}.$$

例 2.2.15 求函数 $y = \dfrac{x}{2} \sqrt{a^2 - x^2} + \dfrac{a^2}{2} \arcsin \dfrac{x}{a}$ （$a > 0$ 为常数）的导数.

解　$y' = \left(\dfrac{x}{2} \sqrt{a^2 - x^2} \right)' + \left(\dfrac{a^2}{2} \arcsin \dfrac{x}{a} \right)'$

$$= \frac{1}{2} \sqrt{a^2 - x^2} + \frac{x}{2} \cdot \frac{1}{2\sqrt{a^2 - x^2}} \cdot (-2x) + \frac{a^2}{2} \cdot \frac{1}{\sqrt{1 - \dfrac{x^2}{a^2}}} \cdot \frac{1}{a}$$

$$= \frac{1}{2} \sqrt{a^2 - x^2} - \frac{x^2}{2\sqrt{a^2 - x^2}} + \frac{a^2}{2\sqrt{a^2 - x^2}}$$

$$= \sqrt{a^2 - x^2}.$$

习 题 2-2

1. 求下列函数的导数.

(1) $y = 3x^3 - 4x^2 + x - 6$；

(2) $y = \dfrac{1}{\sqrt{x}} + \sqrt{x}$；

(3) $y = x\sqrt{x} - \cos x + e^x - 2e$；

(4) $y = x^2 \tan x$；

(5) $y = \sin x \ln x$；

(6) $y = x e^x \ln x$；

(7) $y = \dfrac{e^x}{1 - e^x}$；

(8) $y = \dfrac{1 - \sin x}{1 + \cos x}$；

(9) $y = x \arcsin x + \arctan x$；

(10) $y = \dfrac{1 - x}{1 + x} - \ln x + 2\ln 2$；

(11) $y = \dfrac{\sin x}{x - \cos x}$；

(12) $y = \dfrac{x \ln x - 1}{\cos x}$.

2. 求下列函数在给定点处的导数.

(1) $y = x^5 + 3\sin x$，$x = 0$ 和 $x = \dfrac{\pi}{4}$；

(2) $y = (x^2 + 1) \arctan x$，$x = 0$ 和 $x = 1$；

(3) $y = a_n x^n + a_{n-1} x^{n-1} + \cdots + a_1 x + a_0$，$x = 1$；

(4) $y = \dfrac{\ln x}{1 + x}$，$x = 1$.

3. 求曲线 $y = 2\tan x + x^2$ 上横坐标为点 $x = 0$ 处的切线方程和法线方程.

4. 求下列函数的导数.

(1) $y = (2x - 1)^5$；

(2) $y = e^{-x^2 + 1}$；

(3) $y = \sqrt[3]{\tan x}$；

(4) $y = \sqrt{1 + x^2}$；

(5) $y = \arcsin \dfrac{1}{x}$；

(6) $y = \ln \cos x^2$；

(7) $y = 3\mathrm{e}^{-2\sin\sqrt{x}}$;

(8) $y = \ln\dfrac{x^2-1}{x^2+1}$;

(9) $y = 2^{2^x} + 2^{x^2}$;

(10) $y = \ln(\sec x + \tan x)$;

(11) $y = \mathrm{e}^{-x}(x-1)^2$;

(12) $y = \sin^2 x \cos 2x$;

(13) $y = x[\sin\ln x - \cos\ln x]$;

(14) $y = \dfrac{x}{\sqrt{1+\cos^2 x}}$;

(15) $y = \dfrac{\ln^2 x}{x^n}$;

(16) $y = \dfrac{\sqrt{x+1} - \sqrt{x-1}}{\sqrt{x+1} + \sqrt{x-1}}$.

5. 设 $f(x)$ 可导,求下列函数的导数.

(1) $y = f(x^2)$;

(2) $y = f^2(2x)$;

(3) $y = f(x\ln x)$;

(4) $y = f(\mathrm{e}^x)\mathrm{e}^{f(x)}$.

6. 已知 $\varphi(x) = a^{f^n(x)}$ 且 $f'(x) = \dfrac{1}{f^{n-1}(x)\ln a}$,证明: $\varphi'(x) = n\varphi(x)$.

7. 设函数 $f(x)$ 满足条件:

(1) $f(x+y) = f(x)\cdot f(y)$,对一切 $x,y \in \mathbf{R}$;

(2) $f(x) = 1 + xg(x)$,而 $\lim\limits_{x\to 0}g(x) = 1$.

试证明 $f(x)$ 在 $\mathbf{R}$ 上处处可导,且 $f'(x) = f(x)$.

2.3 高 阶 导 数

在中学物理中,我们学习过加速度的概念,它反映的是速度的变化率.因此,对于做变速直线运动的物体,如果将位移 s 看作是时间 t 的函数 $s(t)$.则由前面的学习可知,速度 v 是位移函数 $s(t)$ 关于时间 t 的导数,且随时间的变化而变化.所以我们也可将速度 v 看作是时间 t 的函数 $v(t)$.而加速度表示为速度的变化率,由导数的意义,加速度就是速度函数 $v(t)$ 关于时间 t 的导数.这种导数的导数,我们称为二阶导数.

定义 2.3.1 函数 $y = f(x)$ 的导数 $f'(x)$ 仍是 x 的函数,如果它也可导,即极限

$$\lim_{\Delta x\to 0}\frac{f'(x+\Delta x) - f'(x)}{\Delta x}$$

存在,则称 $f(x)$ **二阶可导**,称 $f'(x)$ 的导数为 $y = f(x)$ 的**二阶导数**,记为

$$y'', \quad f''(x), \quad \frac{\mathrm{d}^2 y}{\mathrm{d}x^2} \quad \text{或} \quad \frac{\mathrm{d}^2 f}{\mathrm{d}x^2}.$$

相应地称 $f'(x)$ 为 $y = f(x)$ 的**一阶导数**.类似地,如果 $f''(x)$ 可导,则称 $f(x)$ 三阶可导,二阶导数的导数为 $f(x)$ 的**三阶导数**,记为

$$y''', \quad f'''(x), \quad \frac{\mathrm{d}^3 y}{\mathrm{d}x^3} \quad \text{或} \quad \frac{\mathrm{d}^3 f}{\mathrm{d}x^3}.$$

一般地,如果 $y = f(x)$ 的 $n-1$ 阶导数仍可导,则称 $f(x)$ n 阶可导,$n-1$ 阶导数的导数为 $f(x)$ 的 **n 阶导数**,记为

$$y^{(n)}, \quad f^{(n)}(x), \quad \frac{\mathrm{d}^n y}{\mathrm{d} x^n} \quad \text{或} \quad \frac{\mathrm{d}^n f}{\mathrm{d} x^n}.$$

若 $y=f(x)$ 具有 n 阶导数,则意味着 $f'(x)$, $f''(x)$, $f'''(x)$, $\cdots$, $f^{(n-1)}(x)$ 都存在.

二阶及二阶以上的导数统称为**高阶导数**. 显然,求高阶导数就是对函数 $f(x)$ 逐次求导. 所以,仍可应用前面学过的求导方法来计算高阶导数.

例 2.3.1 已知 $f(x)=x\mathrm{e}^{2x}$,求 $f'(0)$, $f''(0)$.

解 $f'(x)=(x\mathrm{e}^{2x})'=\mathrm{e}^{2x}+x(\mathrm{e}^{2x})'=\mathrm{e}^{2x}+2x\mathrm{e}^{2x}=\mathrm{e}^{2x}(1+2x)$,

$f''(x)=[\mathrm{e}^{2x}(1+2x)]'=2\mathrm{e}^{2x}(1+2x)+2\mathrm{e}^{2x}=4\mathrm{e}^{2x}(x+1)$,

所以 $f'(0)=1$, $f''(0)=4$.

例 2.3.2 设 $y=f(x)$ 二阶可导,求函数 $f(\ln x)$ 的二阶导数.

解 $[f(\ln x)]'=f'(\ln x)\cdot(\ln x)'=\dfrac{f'(\ln x)}{x}$,

$$[f(\ln x)]''=\left(\frac{f'(\ln x)}{x}\right)'=\frac{[f'(\ln x)]'\cdot x-f'(\ln x)\cdot(x)'}{x^2}$$

$$=\frac{f''(\ln x)\cdot\dfrac{1}{x}\cdot x-f'(\ln x)}{x^2}$$

$$=\frac{f''(\ln x)-f'(\ln x)}{x^2}.$$

在求 $[f'(\ln x)]'$ 时,要将 $f'(\ln x)$ 看作是由 $f'(u)$ 和 $u=\ln x$ 复合而成的复合函数,即一阶导数仍是复合函数,且与原函数具有相同的复合结构. 高阶导数亦然.

例 2.3.3 求指数函数 $y=a^x (a>0, a\neq 1)$ $(a>0, a\neq 1)$ 的 n 阶导数.

解 $$y'=a^x\ln a,$$
$$y''=(a^x)'\cdot\ln a=a^x\ln^2 a,$$
$$y'''=(a^x)'\cdot\ln^2 a=a^x\ln^3 a,$$

一般地,可得 $$y^{(n)}=a^x\ln^n a,$$

即 $$(a^x)^{(n)}=a^x\ln^n a.$$

特别地,当 $a=\mathrm{e}$ 时,

$$(\mathrm{e}^x)^{(n)}=\mathrm{e}^x.$$

例 2.3.4 求幂函数的 n 阶导数公式.

解 设 $y=x^\mu$ (μ 是任意常数),那么

$$y'=\mu x^{\mu-1},$$
$$y''=\mu(\mu-1)x^{\mu-2},$$
$$y'''=\mu(\mu-1)(\mu-2)x^{\mu-3},$$
$$y^{(4)}=\mu(\mu-1)(\mu-2)(\mu-3)x^{\mu-4},$$

一般地,可得

$$y^{(n)} = \mu(\mu-1)(\mu-2)\cdots(\mu-n+1)x^{\mu-n},$$

即

$$(x^{\mu})^{(n)} = \mu(\mu-1)(\mu-2)\cdots(\mu-n+1)x^{\mu-n}.$$

当 μ 为正整数 n 时,有

$$(x^n)^{(n)} = n(n-1)(n-2)\cdots \times 3 \times 2 \times 1 = n!,$$

而

$$(x^n)^{(n+1)} = 0.$$

特别地,若 $\mu = -1$,则有

$$\left(\frac{1}{x}\right)^{(n)} = (-1)^n \frac{n!}{x^{n+1}}.$$

例 2.3.5 求 $y = \sin x$ 的 n 阶导数.

解
$$y' = \cos x = \sin\left(x + \frac{\pi}{2}\right),$$

$$y'' = \left[\sin\left(x + \frac{\pi}{2}\right)\right]' = \cos\left(x + \frac{\pi}{2}\right) = \sin\left(x + 2 \times \frac{\pi}{2}\right),$$

$$y''' = \left[\sin\left(x + 2 \times \frac{\pi}{2}\right)\right]' = \cos\left(x + 2 \times \frac{\pi}{2}\right) = \sin\left(x + 3 \times \frac{\pi}{2}\right).$$

一般地,可得

$$y^{(n)} = \sin\left(x + n \times \frac{\pi}{2}\right),$$

即

$$(\sin x)^{(n)} = \sin\left(x + n \times \frac{\pi}{2}\right).$$

类似可得

$$(\cos x)^{(n)} = \cos\left(x + n \times \frac{\pi}{2}\right).$$

例 2.3.6 求 $y = \ln(1+x)$ 的 n 阶导数.

解
$$y' = \frac{1}{1+x}, \quad y'' = -\frac{1}{(1+x)^2},$$

$$y''' = \frac{1 \times 2}{(1+x)^3}, \quad y^{(4)} = -\frac{1 \times 2 \times 3}{(1+x)^4},$$

一般地,可得

$$y^{(n)} = (-1)^{n-1} \frac{(n-1)!}{(1+x)^n},$$

即

$$[\ln(1+x)]^{(n)} = (-1)^{n-1} \frac{(n-1)!}{(1+x)^n}.$$

通常规定 $0! = 1$，所以这个公式当 $n=1$ 时也成立.

对于一些复杂函数，在求其高阶导数时，可以先化简函数，再用求导公式和求导法则求出指定的高阶导数.

例 2.3.7 设函数 $y = \dfrac{1}{x^2 + 4x - 12}$，求 $y^{(n)}$.

解 因为

$$y = \frac{1}{x^2 + 4x - 12} = \frac{1}{8}\left(\frac{1}{x-2} - \frac{1}{x+6} \right),$$

所以

$$y^{(n)} = \frac{1}{8}\left[\frac{(-1)^n n!}{(x-2)^{n+1}} - \frac{(-1)^n n!}{(x+6)^{n+1}} \right].$$

如果函数 $u = u(x)$ 及 $v = v(x)$ 都在点 x 处具有 n 阶导数，则有

$$(u \pm v)^{(n)} = u^{(n)} \pm v^{(n)}, \quad (cu)^{(n)} = cu^{(n)}.$$

但乘积 $u(x) \cdot v(x)$ 的 n 阶导数却比较复杂. 下面介绍乘积 $u(x) \cdot v(x)$ 的 n 阶导数公式——莱布尼茨(Leibniz)公式.

如果函数 $u = u(x)$ 及 $v = v(x)$ 都在点 x 处具有 n 阶导数，由乘积的导数公式，有

$$(uv)' = u'v + uv',$$
$$(uv)'' = u''v + 2u'v' + uv'',$$
$$(uv)''' = u'''v + 3u''v' + 3u'v'' + uv'''.$$

用数学归纳法可以证明

$$(uv)^{(n)} = u^{(n)}v + nu^{(n-1)}v' + \frac{n(n-1)}{2!}u^{(n-2)}v'' + \cdots +$$

$$\frac{n(n-1)\cdots(n-k+1)}{k!}u^{(n-k)}v^{(k)} + \cdots + uv^{(n)}.$$

为了方便记忆，规定 $f^{(0)}(x) = f(x)$，即函数 $f(x)$ 的"0 阶"导数就是函数 $f(x)$ 本身，则莱布尼茨公式可写成

$$(uv)^{(n)} = \sum_{k=0}^{n} C_n^k u^{(n-k)} v^{(k)},$$

其中, $C_n^k = \dfrac{n(n-1)\cdots(n-k+1)}{k!}$.

例 2.3.8 设 $y = x^2 \ln(1+x)$, 求 $y^{(10)}$.

解 设 $u = \ln(1+x)$, $v = x^2$, 则

$$u^{(k)} = (-1)^{k-1} \frac{(k-1)!}{(1+x)^k} \quad (k=1,\,2,\,\cdots,\,10),$$

$$v' = 2x,\ v'' = 2,\ v^{(k)} = 0 \quad (k=3,\,4,\,\cdots,\,10),$$

代入莱布尼茨公式, 得

$$
\begin{aligned}
y^{(10)} &= \sum_{k=0}^{10} C_{10}^k [\ln(1+x)]^{(10-k)} (x^2)^{(k)} \\
&= C_{10}^0 [\ln(1+x)]^{(10)} (x^2)^{(0)} + C_{10}^1 [\ln(1+x)]^{(9)} (x^2)' + C_{10}^2 [\ln(1+x)]^{(8)} (x^2)'' \\
&= x^2 \left[-\frac{9!}{(1+x)^{10}} \right] + 10(2x) \left[\frac{8!}{(1+x)^9} \right] + \frac{10 \times 9}{2!} \times 2 \times \left[-\frac{7!}{(1+x)^8} \right] \\
&= -\frac{2 \times 7!}{(1+x)^{10}} (x^2 + 10x + 45).
\end{aligned}
$$

习 题 2-3

1. 求下列函数的二阶导数.

(1) $y = x e^{-x}$;

(2) $y = \sqrt{a^2 - x^2}$;

(3) $y = x^2 \ln x$;

(4) $y = \ln(1+x^2)$;

(5) $y = (1+x^2)\arctan x$;

(6) $y = \ln \tan \dfrac{x}{2}$;

(7) $y = \dfrac{x^2}{x-1}$.

2. 求下列函数在指定点的高阶导数.

(1) $f(x) = \dfrac{\ln x}{x^2}$, 求 $f''(1)$;

(2) $f(x) = e^{\sin x}$, 求 $f''\left(\dfrac{\pi}{4}\right)$;

(3) $f(x) = (3-2x)^6$, 求 $f''(1)$, $f'''(0)$.

3. 证明: 函数 $y = \sqrt{2x - x^2}$ 满足关系式 $y^3 y'' + 1 = 0$.

4. 若 $f''(x)$ 存在, 求下列函数的二阶导数 $\dfrac{\mathrm{d}^2 y}{\mathrm{d} x^2}$.

(1) $y = f(x^2)$;

(2) $y = e^{f(x)}$;

(3) $y = f(\sin x)$;

(4) $y = x f(\ln x)$.

5. 求下列函数的 n 阶导数.

(1) $y = e^{-x}$;

(2) $y = \sin^2 x$;

(3) $y = -\dfrac{x}{1+x}$;

(4) $y = \dfrac{1}{x^2-1}$.

6. 求下列函数所指定的函数.

(1) $y = x^3 \mathrm{e}^x$ ，求 $y^{(30)}$ ；

(2) $y = x^2 \sin 2x$ ，求 $y^{(20)}$.

2.4 隐函数和由参数方程所确定函数的导数

2.4.1 隐函数的导数

前面我们所学习的函数都可以表示成 $y = f(x)$ 的形式. 其特点是，方程的左边是因变量 y ，方程的右边是自变量 x ，因变量与自变量的对应关系可以用明显的表达式直接表示出来，称用这种方式表示的函数叫做**显函数**. 例如 $y = x\ln x$ ， $y = \dfrac{\mathrm{e}^{\sin x}}{\sqrt{x}}$ 等. 还有一种函数，因变量与自变量的对应关系隐含在方程中. 对于自变量的每一个取值 x ，通过方程都可以得到相应的因变量值 y . 由这样的对应关系也可以确定 y 是 x 的函数，这种函数称为**隐函数**. 例如，由方程 $x + y + \mathrm{e}^y = 0$ 确定 y 是 x 的函数 $y = f(x)$.

把一个隐函数化成显函数，叫做隐函数的显化，一般来说，将隐函数显化是有一定困难的，有时甚至是不可能的. 但在实际问题中，我们有时需要计算隐函数的导数，如果隐函数可以显化，只要运用前面所学的知识进行求导即可. 如果隐函数不能显化，应该如何计算导数呢？

在这里，我们假定隐函数是存在的，并且是可导的. 关于隐函数的存在性、连续性和可微性等理论问题将在后面章节讲述. 下面我们介绍隐函数的求导法则.

设 $y = f(x)$ 是由方程 $F(x, y) = 0$ 所确定的隐函数，求 y' . 不显化隐函数，直接求导的方法是：把 $F(x, y) = 0$ 两边的各项同时对 x 求导，在求导时，把 y 看作中间变量 $y = f(x)$ ，用复合函数求导公式计算，然后再解出 y' 的表达式. 下面通过几个例子来具体说明.

例 2.4.1 求由方程 $x + y + \mathrm{e}^y = 0$ 所确定的隐函数 $y = f(x)$ 的导数.

解 方程两边同时对 x 求导数，注意到 y 是 x 的函数，由复合函数求导法则得

$$1 + y' + \mathrm{e}^y \cdot y' = 0,$$

解得

$$y' = -\dfrac{1}{1+\mathrm{e}^y}.$$

例 2.4.2 求曲线 $y^3 + 2y^2 = 3xy$ 在点 $(1, 1)$ 处的切线方程与法线方程.

解 方程两边同时对 x 求导，得

$$3y^2 \cdot y' + 4y \cdot y' = 3(y + xy'),$$

解得

$$y' = \dfrac{3y}{3y^2 + 4y - 3x}.$$

代入 $x=1$, $y=1$, 得

$$y'\Big|_{\substack{x=1 \\ y=1}} = \frac{3}{4}.$$

于是, 切线方程是

$$y-1 = \frac{3}{4}(x-1), \quad 即 \quad 3x-4y+1=0.$$

法线方程是

$$y-1 = -\frac{4}{3}(x-1), \quad 即 \quad 4x+3y-7=0.$$

例 2.4.3 设 $y=f(x)$ 是由方程 $\sin xy + \ln(y-x) = x$ 所确定的隐函数, 求 $y'(0)$.

解 方程两边同时对 x 求导, 得

$$\cos xy \cdot \left(y + x \cdot \frac{\mathrm{d}y}{\mathrm{d}x}\right) + \frac{1}{y-x} \cdot \left(\frac{\mathrm{d}y}{\mathrm{d}x} - 1\right) = 1,$$

当 $x=0$ 时, 从所给方程中求出 $y=1$, 代入上式可得

$$y'(0) = 1.$$

例 2.4.4 设 $y=f(x)$ 是由方程 $y = \tan(x+y)$ 所确定的隐函数, 求 $\dfrac{\mathrm{d}^2 y}{\mathrm{d}x^2}$.

解 方程两边同时对 x 求导, 得

$$\frac{\mathrm{d}y}{\mathrm{d}x} = \sec^2(x+y)\left(1 + \frac{\mathrm{d}y}{\mathrm{d}x}\right),$$

解得

$$\frac{\mathrm{d}y}{\mathrm{d}x} = -\csc^2(x+y).$$

上式两边再对 x 求导, 注意到 y 仍是 x 的函数, 得

$$\frac{\mathrm{d}^2 y}{\mathrm{d}x^2} = -2\csc(x+y) \cdot [-\csc(x+y)\cot(x+y)] \cdot \left(1 + \frac{\mathrm{d}y}{\mathrm{d}x}\right),$$

代入 $\dfrac{\mathrm{d}y}{\mathrm{d}x} = -\csc^2(x+y)$, 得二阶导数为

$$\frac{\mathrm{d}^2 y}{\mathrm{d}x^2} = -2\csc^2(x+y)\cot^3(x+y).$$

例 2.4.5 设 $y = u(x)^{v(x)}$ $(u(x) > 0)$, 求 y'.

解 $y = u(x)^{v(x)}$ $(u(x) > 0)$ 称为**幂指函数**. 它既不是幂函数也不是指数函数. 可利用

对数函数的性质对其进行变换,进而求其导数.

方程两边同时取对数,得

$$\ln y = v(x) \ln u(x).$$

这是一个隐函数方程,运用隐函数求导法则,方程两边同时对 x 求导,得

$$\frac{y'}{y} = v'(x) \ln u(x) + v(x) \frac{u'(x)}{u(x)},$$

所以

$$y' = y\left[v'(x) \ln u(x) + v(x) \frac{u'(x)}{u(x)} \right] = u(x)^{v(x)} \left[v'(x) \ln u(x) + v(x) \frac{u'(x)}{u(x)} \right].$$

例如,对 $y = x^{\sin x}$ 有

$$y' = x^{\sin x} \left(\cos x \, \ln x + \frac{\sin x}{x} \right).$$

幂指函数还有什么求导方法呢?请同学们思考.这种先取对数,再利用隐函数求导法则求出导数的方法称为**对数求导法**.对数求导法还可用于求由许多因子相乘和相除而成的函数的导数.即先将函数等式两边取对数以简化函数,再用隐函数求导法则计算其导数.

例 2.4.6　求 $y = \dfrac{x^2}{1-x} \sqrt{\dfrac{x+1}{1+x+x^2}}$ 的导数.

解　两边同时取对数,得

$$\ln y = 2\ln x - \ln(1-x) + \frac{1}{2} \left[\ln(x+1) - \ln(1+x+x^2) \right],$$

上式两边同时对 x 求导,得

$$\frac{y'}{y} = \frac{2}{x} + \frac{1}{1-x} + \frac{1}{2(x+1)} - \frac{1+2x}{2(1+x+x^2)},$$

于是

$$y' = y\left[\frac{2}{x} + \frac{1}{1-x} + \frac{1}{2(x+1)} - \frac{1+2x}{2(1+x+x^2)} \right]$$

$$= \frac{x^2}{1-x} \sqrt{\frac{x+1}{1+x+x^2}} \left[\frac{2}{x} + \frac{1}{1-x} + \frac{1}{2(x+1)} - \frac{1+2x}{2(1+x+x^2)} \right].$$

前面我们学习过:对一切 $x \neq 0$,$(\ln |x|)' = \dfrac{1}{x}$. 因此,在运用对数求导法时,可以不用考虑自变量的取值范围.

2.4.2　由参数方程所确定函数的导数

在中学数学中,我们学习过二次曲线,包括圆、椭圆、抛物线等.例如方程 $x^2 + y^2 = a^2$

$(a > 0)$ 就表示圆心在原点,半径为 a 的圆. 圆的方程还可以用另外一种形式来表示,利用三角恒等式 $\sin^2 x + \cos^2 x = 1$,令 $x = a\cos t$ $(0 \leqslant t \leqslant 2\pi)$,则 $y = a\sin t$,故上述圆的方程还可表示为

$$
\begin{cases} x = a\cos t, \\ y = a\sin t, \end{cases} \quad 0 \leqslant t \leqslant 2\pi.
$$

反过来,此方程也确定了 y 与 x 之间的对应关系,称为参数方程,其中 t 称为**参变量**,也称**参数**. 即通过引入另一个变量,分别建立自变量 x 和因变量 y 与其的对应关系,从而获得 y 与 x 之间的对应关系. 一般地,若参数方程

$$
\begin{cases} x = \varphi(t), \\ y = \psi(t), \end{cases} \quad \alpha \leqslant t \leqslant \beta
$$

确定了 y 是 x 的函数,则称此函数为**由参数方程所确定的函数**. 如果能消去参数,就可以得到 x、y 之间的显函数关系式,但通常要消去参数是很困难的. 而在实际应用中,又常常需要求出由参数方程所确定的函数的导数,因此需要建立一种方法,不管能否消去参数,都能直接由参数方程求出它所确定的函数的导数.

定理 2.4.1　设参数方程

$$
\begin{cases} x = \varphi(t), \\ y = \psi(t), \end{cases} \quad \alpha \leqslant t \leqslant \beta
$$

中,$x = \varphi(t)$ 与 $y = \psi(t)$ 都可导,且 $\varphi'(t) \neq 0$,又 $x = \varphi(t)$ 存在反函数 $t = \varphi^{-1}(x)$,则有

$$
\frac{\mathrm{d}y}{\mathrm{d}x} = \frac{\psi'(t)}{\varphi'(t)}, \quad 或 \quad \frac{\mathrm{d}y}{\mathrm{d}x} = \frac{\dfrac{\mathrm{d}y}{\mathrm{d}t}}{\dfrac{\mathrm{d}x}{\mathrm{d}t}}.
$$

证明　将反函数 $t = \varphi^{-1}(x)$ 代入方程 $y = \psi(t)$,得 y 是 x 的复合函数

$$
y = \psi(t) = \psi[\varphi^{-1}(x)],
$$

由复合函数与反函数的求导法则,有

$$
\frac{\mathrm{d}y}{\mathrm{d}x} = \frac{\mathrm{d}y}{\mathrm{d}t} \cdot \frac{\mathrm{d}t}{\mathrm{d}x} = \psi'(t) \cdot [\varphi^{-1}(x)]' = \psi'(t) \cdot \frac{1}{\varphi'(x)} = \frac{\psi'(t)}{\varphi'(x)}
$$

或

$$
\frac{\mathrm{d}y}{\mathrm{d}x} = \frac{\dfrac{\mathrm{d}y}{\mathrm{d}t}}{\dfrac{\mathrm{d}x}{\mathrm{d}t}}.
$$

这就是参数方程所确定的函数的求导公式.

例 2.4.7　椭圆的参数方程是

$$
\begin{cases} x = a\cos t, \\ y = b\sin t, \end{cases} \quad 0 \leqslant t \leqslant 2\pi.
$$

求 $\dfrac{\mathrm{d}y}{\mathrm{d}x}$，$\dfrac{\mathrm{d}y}{\mathrm{d}x}\bigg|_{t=\frac{\pi}{6}}$.

解
$$\frac{\mathrm{d}y}{\mathrm{d}x} = \frac{(b\sin t)'}{(a\cos t)'} = \frac{b\cos t}{-a\sin t} = -\frac{b}{a}\cot t,$$

$$\frac{\mathrm{d}y}{\mathrm{d}x}\bigg|_{t=\frac{\pi}{6}} = -\frac{\sqrt{3}\,b}{a}.$$

例 2.4.8 求曲线 $\begin{cases} x = 1+t, \\ y = t-t^2 \end{cases}$ 在点 $t=1$ 处的切线方程.

解 曲线在点 $t=1$ 处的切线斜率为

$$\frac{\mathrm{d}y}{\mathrm{d}x}\bigg|_{t=1} = \frac{(t-t^2)'}{(1+t)'}\bigg|_{t=1} = (1-2t)|_{t=1} = -1.$$

又曲线上在点 $t=1$ 处相应点的坐标是 $(2,0)$. 所以，曲线在点 $t=1$ 处的切线方程是

$$y = -(x-2), \quad 即 \quad x+y-2 = 0.$$

例 2.4.9 求由参数方程 $\begin{cases} x = \ln(1+t^2), \\ y = t-\arctan t \end{cases}$ 所确定的函数 $y=f(x)$ 的二阶导数.

解
$$\frac{\mathrm{d}y}{\mathrm{d}x} = \frac{\dfrac{\mathrm{d}y}{\mathrm{d}t}}{\dfrac{\mathrm{d}x}{\mathrm{d}t}} = \frac{1-\dfrac{1}{1+t^2}}{\dfrac{2t}{1+t^2}} = \frac{t}{2},$$

$\dfrac{\mathrm{d}^2 y}{\mathrm{d}x^2} = \dfrac{\mathrm{d}}{\mathrm{d}x}\left(\dfrac{\mathrm{d}y}{\mathrm{d}x}\right)$，将导函数 $\dfrac{\mathrm{d}y}{\mathrm{d}x}$ 仍看作是中间变量为 t 的复合函数，利用复合函数的求导法则，得

$$\frac{\mathrm{d}^2 y}{\mathrm{d}x^2} = \frac{\mathrm{d}}{\mathrm{d}x}\left(\frac{\mathrm{d}y}{\mathrm{d}x}\right) = \frac{\mathrm{d}}{\mathrm{d}t}\left(\frac{\mathrm{d}y}{\mathrm{d}x}\right)\cdot\frac{\mathrm{d}t}{\mathrm{d}x} = \left(\frac{t}{2}\right)'\cdot\frac{1+t^2}{2t} = \frac{1+t^2}{4t}.$$

习 题 2-4

1. 求由下列方程所确定的隐函数的导数.

(1) $y^3 + 3x^2 y - 6x + 1 = 0$；

(2) $y = 2x + \arctan y$；

(3) $xy = \mathrm{e}^{x+y}$；

(4) $x^2 + y^2 = \ln(x^2+y^2) + 1$.

2. 求曲线 $x^{\frac{2}{3}} + y^{\frac{2}{3}} = 4$ 在点 $(2\sqrt{2}, 2\sqrt{2})$ 处的切线方程与法线方程.

3. 求由下列方程所确定的隐函数的二阶导数.

(1) $x^2 - y^2 = 1$；

(2) $y = x + \dfrac{1}{2}\sin y$；

(3) $\mathrm{e}^y = x + y$；

(4) $\dfrac{1}{y} + \ln y - x = 0$.

4. 利用对数求导法求下列函数的导数.

(1) $y = \dfrac{(x-1)\sqrt[4]{3-x}}{(x+1)^3}$；

(2) $y = \sqrt{\dfrac{\mathrm{e}^{-x}(3-x)}{(2x-5)(x+4)}}$；

(3) $y = x^{\tan x}$；

(4) $y = \left(\dfrac{x}{1+x}\right)^x$.

5. 求曲线 $\begin{cases} x = \mathrm{e}^t \sin t, \\ y = \mathrm{e}^t \cos t \end{cases}$ 在点 $t = \dfrac{\pi}{2}$ 处的切线方程和法线方程.

6. 求由下列参数方程所确定函数的导数 $\dfrac{\mathrm{d}y}{\mathrm{d}x}$ 及二阶导数 $\dfrac{\mathrm{d}^2 y}{\mathrm{d}x^2}$.

(1) $\begin{cases} x = 1-t, \\ y = t^2; \end{cases}$

(2) $\begin{cases} x = \sin t, \\ y = t\cos t; \end{cases}$

(3) $\begin{cases} x = \mathrm{e}^{-t}, \\ y = 2\mathrm{e}^t; \end{cases}$

(4) $\begin{cases} x = \ln \tan t, \\ y = \ln \tan \dfrac{t}{2}. \end{cases}$

2.5 微分及其应用

2.5.1 微分的概念

导数和微分是微分学中的两个重要概念,它们密切相关但又有本质区别,本节介绍微分的概念、计算和简单应用. 我们先考虑一个具体问题,一块边长为 x_0 的正方形金属薄片受热膨胀,边长增加了 Δx,求其面积的增量.

设 S 是正方形的面积,则 $S = x_0^2$,对边长 x_0 施加了增量 Δx 后,面积的增量表示为

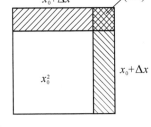

图 2-5

$$\Delta S = (x_0 + \Delta x)^2 - x_0^2 = 2x_0 \Delta x + (\Delta x)^2.$$

上式右边由两部分组成:

第一部分是 $2x_0 \Delta x$,是 Δx 的线性函数;

第二部分是 $(\Delta x)^2$,是比 Δx 高阶的无穷小(当 $\Delta x \to 0$ 时). 所以,当 $|\Delta x|$ 很小时,ΔS 可以近似地用 $2x_0 \Delta x$ 来代替,即 $\Delta S \approx 2x_0 \Delta x$.

推及一般情形,对函数增量的构成进行分析,由此,我们抽象出微分的概念.

定义 2.5.1 设函数 $y = f(x)$ 在点 x_0 处的某邻域内有定义,当自变量 x 在点 x_0 处取得增量 Δx(点 $x_0 + \Delta x$ 仍在该邻域内)时,如果相应的函数增量 $\Delta y = f(x_0 + \Delta x) - f(x_0)$ 能表示成

$$\Delta y = A\Delta x + o(\Delta x), \quad \Delta x \to 0,$$

其中 A 是不依赖于 Δx 的常数,那么称函数 $y = f(x)$ 在点 x_0 处**可微**,而 $A\Delta x$ 叫做函数 $y = f(x)$ 在点 x_0 相应于自变量增量 Δx 的**微分**,记作 $\mathrm{d}y\big|_{x=x_0}$,即

$$\mathrm{d}y \Big|_{x=x_0} = A\Delta x.$$

由定义可见，函数 $y=f(x)$ 在点 x_0 处的微分 $\mathrm{d}y$ 是自变量增量 Δx 的线性函数，并且当 $|\Delta x|$ 充分小时，$\mathrm{d}y \approx \Delta y$，我们就称 $\mathrm{d}y$ 为函数增量 Δy 的线性主部. 事实上，当 $A \neq 0$，$\Delta x \to 0$ 时，

$$\lim_{\Delta x \to 0} \frac{\Delta y}{\mathrm{d}y} = \lim_{\Delta x \to 0} \frac{\mathrm{d}y + o(\Delta x)}{\mathrm{d}y} = \lim_{\Delta x \to 0} \left[1 + \frac{o(\Delta x)}{A\Delta x} \right] = 1,$$

即 $\mathrm{d}y$ 与 Δy 是 $\Delta x \to 0$ 时的等价无穷小.

我们要注意的是，并非所有函数的增量都可以分解为定义中的两个部分，即函数在某点可微必须满足一定的条件，下面我们介绍函数可微的条件.

2.5.2　可微的条件

定理 2.5.1　函数 $y=f(x)$ 在点 x_0 处可微的充分必要条件是函数 $f(x)$ 在 x_0 处可导，且

$$\mathrm{d}y \Big|_{x=x_0} = f'(x_0)\Delta x.$$

证明　（必要性）设函数 $y=f(x)$ 在点 x_0 处可微，则有

$$\Delta y = A\Delta x + o(\Delta x),$$

于是有

$$\lim_{\Delta x \to 0} \frac{\Delta y}{\Delta x} = \lim_{\Delta x \to 0} \left(A + \frac{o(\Delta x)}{\Delta x} \right) = A,$$

所以，$f(x)$ 在点 x_0 处可导，且 $A = \lim\limits_{\Delta x \to 0} \dfrac{\Delta y}{\Delta x} = f'(x_0)$.

（充分性）设 $y=f(x)$ 在 x_0 处可导，即

$$\lim_{\Delta x \to 0} \frac{\Delta y}{\Delta x} = f'(x_0)$$

存在. 根据极限与无穷小的关系，上式可写成

$$\frac{\Delta y}{\Delta x} = f'(x_0) + \alpha,$$

其中 $\lim\limits_{\Delta x \to 0} \alpha = 0$，于是当 $\Delta x \to 0$ 时，$\alpha \Delta x = o(x)$. 因此

$$\Delta y = f'(x_0)\Delta x + \alpha \Delta x = f'(x_0)\Delta x + o(\Delta x).$$

又 $f'(x_0)$ 不依赖于 Δx，故函数 $f(x)$ 在点 x_0 处可微，且

$$\mathrm{d}y \Big|_{x=x_0} = f'(x_0)\Delta x.$$

若函数 $y = f(x)$ 在区间 I 上的每一点都可微,则称 $y = f(x)$ 是区间 I 上的**可微函数**;$y = f(x)$ 在区间 I 上任意点 x 的微分称为**函数的微分**,记作 $\mathrm{d}y$ 或 $\mathrm{d}f(x)$,即

$$\mathrm{d}y = f'(x)\Delta x.$$

又当 $y = x$ 时,有 $\mathrm{d}x = x' \cdot \Delta x = \Delta x$,因此通常把自变量的增量 Δx 称为自变量的微分 $\mathrm{d}x$. 于是,函数的微分又记作

$$\mathrm{d}y = f'(x)\mathrm{d}x,$$

从而有

$$\frac{\mathrm{d}y}{\mathrm{d}x} = f'(x),$$

即函数的导数 $f'(x)$ 等于函数的微分 $\mathrm{d}y$ 与自变量的微分 $\mathrm{d}x$ 的商. 因此,导数也叫微商.

例 2.5.1 已知函数 $y = x^2$,求当 $x = 1$,$\Delta x = -0.01$ 时,函数的增量和微分.

解 函数的增量为

$$\Delta y = (1 - 0.01)^2 - 1^2 = -0.0199.$$

因为

$$\mathrm{d}y = (x^2)'\Delta x = 2x\Delta x,$$

所以

$$\mathrm{d}y\Big|_{\substack{x=1 \\ \Delta x = -0.01}} = 2 \times (-0.01) = -0.02.$$

例 2.5.2 设 $y = \mathrm{e}^{-x^2}$,求 $\mathrm{d}y$,$\mathrm{d}y\Big|_{x=1}$.

解 $$y' = \mathrm{e}^{-x^2}(-x^2)' = -2x\,\mathrm{e}^{-x^2},$$

则

$$\mathrm{d}y = y'\mathrm{d}x = -2x\,\mathrm{e}^{-x^2}\mathrm{d}x;$$

$$\mathrm{d}y\Big|_{x=1} = -\frac{2}{\mathrm{e}}\mathrm{d}x.$$

为了对微分有比较直观的了解,下面我们来说明微分的几何意义. 如图 2-6 所示,在直角坐标系中,函数 $y = f(x)$ 是一条曲线,$M(x_0, f(x_0))$ 是曲线上的一个点,作一条切线过 M 点,倾斜角为 α,切线斜率为 $\tan\alpha = f'(x_0)$. 当自变量有一个微小改变量 Δx 时,就得到曲线上的另一个点 $N(x_0 + \Delta x, f(x_0 + \Delta x))$. 于是

$$\Delta y = f(x_0 + \Delta x) - f(x_0) = QN,$$

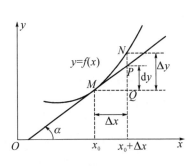

图 2-6

$$dy = f'(x_0)\Delta x = \tan \alpha \cdot \Delta x = \frac{QP}{\Delta x}\Delta x = QP.$$

由此可见，$dy = QP$ 是曲线在点 $M(x_0, y_0)$ 处切线纵坐标的改变量. 因此，用 dy 近似代替 Δy，就是用在点 $M(x_0, y_0)$ 处切线的纵坐标增量 QP 近似代替函数 $f(x)$ 的增量 QN. 因此，当 $|\Delta x|$ 很小时，在点 M 的附近，我们可以用切线段 MP 来近似地代替曲线段.

2.5.3 微分的运算

由定理 2.5.1 可知，可导与可微是等价的，且存在关系式 $dy = f'(x)dx$. 因此，由导数的基本公式和运算法则，我们不难得到下面的基本微分公式和微分运算法则.

1. 基本初等函数的微分公式

导数公式	微分公式
$(x^\mu)' = \mu x^{\mu-1}$	$d(x^\mu) = \mu x^{\mu-1}dx$
$(\sin x)' = \cos x$	$d(\sin x) = \cos x\,dx$
$(\cos x)' = -\sin x$	$d(\cos x) = -\sin x\,dx$
$(\tan x)' = \sec^2 x$	$d(\tan x) = \sec^2 x\,dx$
$(\cot x)' = -\csc^2 x$	$d(\cot x) = -\csc^2 x\,dx$
$(\sec x)' = \sec x \tan x$	$d(\sec x) = \sec x \tan x\,dx$
$(\csc x)' = -\csc x \cot x$	$d(\csc x) = -\csc x \cot x\,dx$
$(a^x)' = a^x \ln a$	$d(a^x) = a^x \ln a\,dx$
$(e^x)' = e^x$	$d(e^x) = e^x\,dx$
$(\log_a x)' = \dfrac{1}{x \ln a}$	$d(\log_a x) = \dfrac{1}{x \ln a}dx$
$(\ln x)' = \dfrac{1}{x}$	$d(\ln x) = \dfrac{1}{x}dx$
$(\arcsin x)' = \dfrac{1}{\sqrt{1-x^2}}$	$d(\arcsin x) = \dfrac{1}{\sqrt{1-x^2}}dx$
$(\arccos x)' = -\dfrac{1}{\sqrt{1-x^2}}$	$d(\arccos x) = -\dfrac{1}{\sqrt{1-x^2}}dx$
$(\arctan x)' = \dfrac{1}{1+x^2}$	$d(\arctan x) = \dfrac{1}{1+x^2}dx$
$(\text{arccot } x)' = -\dfrac{1}{1+x^2}$	$d(\text{arccot } x) = -\dfrac{1}{1+x^2}dx$

2. 微分的四则运算法则

设 $u = u(x)$，$v = v(x)$ 都可导，则

四则运算的求导法则	四则运算的微分法则
$(u \pm v)' = u' \pm v'$	$\mathrm{d}(u \pm v) = \mathrm{d}u \pm \mathrm{d}v$
$(Cu)' = Cu'$	$\mathrm{d}(Cu) = C\mathrm{d}u$
$(uv)' = u'v + uv'$	$\mathrm{d}(uv) = v\mathrm{d}u + u\mathrm{d}v$
$\left(\dfrac{u}{v}\right)' = \dfrac{u'v - uv'}{v^2} \ (v \neq 0)$	$\mathrm{d}\left(\dfrac{u}{v}\right) = \dfrac{v\mathrm{d}u - u\mathrm{d}v}{v^2} \ (v \neq 0)$

乘积的微分法则证明如下.

证明

$$\mathrm{d}(uv) = (uv)'\mathrm{d}x = (u'v + uv')\mathrm{d}x.$$
$$= u'v\mathrm{d}x + uv'\mathrm{d}x.$$

又 $u'\mathrm{d}x = \mathrm{d}u$，$v'\mathrm{d}x = \mathrm{d}v$，所以

$$\mathrm{d}(uv) = v\mathrm{d}u + u\mathrm{d}v.$$

其他法则都可以用类似方法证明.

3. 复合函数的微分法则

设 $y = f(u)$，$u = \varphi(x)$ 都可导，则复合函数 $y = f[\varphi(x)]$ 的导数为

$$\frac{\mathrm{d}y}{\mathrm{d}x} = f'(u) \cdot \varphi'(x),$$

所以，它的微分为

$$\mathrm{d}y = f'(u) \cdot \varphi'(x)\mathrm{d}x.$$

由于 $\varphi'(x)\mathrm{d}x = \mathrm{d}\varphi(x) = \mathrm{d}u$，故

$$\mathrm{d}y = f'(u)\mathrm{d}u.$$

由此可见，无论 u 是自变量还是中间变量，微分形式 $\mathrm{d}y = f'(u)\mathrm{d}u$ 保持不变. 这一性质被称之为**一阶微分形式不变性**.

以上就是微分的运算法则. 在计算函数的微分时，可以应用定理 2.5.1，先计算导数，再将导数代入 $\mathrm{d}y = f'(x)\mathrm{d}x$，从而求出函数的微分. 也可以利用微分的运算法则直接计算函数的微分. 下面，我们举一些例子.

例 2.5.3　设 $y = x\ln x + \dfrac{\mathrm{e}^x}{x}$，求 $\mathrm{d}y$.

解
$$dy = d(x \ln x) + d\left(\frac{e^x}{x}\right)$$

$$= \ln x \, dx + x \, d(\ln x) - \frac{e^x x \, dx - e^x \, dx}{x^2}$$

$$= \ln x \, dx + dx - \frac{e^x}{x^2}(x-1) dx$$

$$= \left[\ln x + 1 - \frac{e^x}{x^2}(x-1)\right] dx.$$

例 2.5.4 设 $y = \arctan\sqrt{x^2-1}$，求 dy.

解 利用复合函数的微分法则，得

$$dy = d(\arctan\sqrt{x^2-1}) = \frac{1}{1+x^2-1} d(\sqrt{x^2-1})$$

$$= \frac{1}{x^2} \frac{1}{2\sqrt{x^2-1}} d(x^2-1)$$

$$= \frac{1}{x^2} \frac{1}{2\sqrt{x^2-1}} 2x \, dx$$

$$= \frac{1}{x\sqrt{x^2-1}} dx.$$

例 2.5.5 设 $y = f(x)$ 是由方程 $xy - \ln(x+y) = \sin y$ 所确定的隐函数，求 dy.

解 方程两边同时微分，得

$$d(xy) - d\ln(x+y) = d(\sin y),$$

$$y \, dx + x \, dy - \frac{1}{x+y} d(x+y) = \cos y \, dy,$$

$$y \, dx + x \, dy - \frac{1}{x+y} dx - \frac{1}{x+y} dy = \cos y \, dy,$$

整理得

$$\left(\cos y - x + \frac{1}{x+y}\right) dy = \left(y - \frac{1}{x+y}\right) dx,$$

所以

$$dy = \frac{y(x+y)-1}{(x+y)(\cos y - x)+1} dx.$$

2.5.4 微分在近似计算中的应用

设函数 $y = f(x)$ 在点 x_0 处的可微，则

$$\Delta y = \mathrm{d}y + o(\Delta x) = f'(x_0)\Delta x + o(\Delta x),$$

其中 $o(\Delta x)$ 是 Δx 的高阶无穷小 $(\Delta x \to 0)$. 因此,当 $|\Delta x|$ 很小时,则有

$$\Delta y \approx \mathrm{d}y = f'(x_0)\Delta x. \tag{2.5.1}$$

又 $\Delta y = f(x_0 + \Delta x) - f(x_0)$,于是公式(2.5.1)可改写为

$$f(x_0 + \Delta x) - f(x_0) \approx f'(x_0)\Delta x,$$

即

$$f(x_0 + \Delta x) \approx f(x_0) + f'(x_0)\Delta x. \tag{2.5.2}$$

例 2.5.6　一个边长为 10 厘米的立方体,受热后边长伸长 0.001 厘米,问该立方体的体积大约增加多少?

解　设立方体的边长为 x,则体积为 $V = x^3$. 取 $x_0 = 10$,$\Delta x = 0.001$,由近似计算公式(2.5.1)得

$$\Delta V \approx \mathrm{d}V \Big|_{\substack{x_0 = 10 \\ \Delta x = 0.001}} = 3x^2 \Delta x \Big|_{\substack{x_0 = 10 \\ \Delta x = 0.001}} = 3 \times 10^2 \times 0.001 = 0.3(\mathrm{cm}^3).$$

例 2.5.7　求 $\arctan 0.99$ 的近似值.

解　设 $f(x) = \arctan x$,取 $x_0 = 1$,$\Delta x = -0.01$,则

$$f'(x) = \frac{1}{1 + x^2}, \quad f'(1) = \frac{1}{2}.$$

根据公式(2.5.2),有

$$\arctan 0.99 \approx \arctan 1 + \frac{1}{2} \times (-0.01)$$

$$= \frac{\pi}{4} - 0.005 \approx 0.780\,4.$$

在公式(2.5.2)中,令 $x = x_0 + \Delta x$,即 $\Delta x = x - x_0$,可改写为

$$f(x) \approx f(x_0) + f'(x_0)(x - x_0). \tag{2.5.3}$$

在公式(2.5.3)中取 $x_0 = 0$,当 $|x|$ 充分小时,得

$$f(x) \approx f(0) + f'(0)x. \tag{2.5.4}$$

当 $|x|$ 充分小时,应用公式(2.5.4)可以推得几个常用的近似公式:

(1) $\sin x \approx x$;

(2) $\tan x \approx x$;

(3) $\mathrm{e}^x \approx 1 + x$;

(4) $\ln(1 + x) \approx x$;

(5) $(1 + x)^\alpha \approx 1 + \alpha x$.

例 2.5.8 求 $\sqrt[3]{65}$ 的近似值.

解
$$\sqrt[3]{65} = \sqrt[3]{1+64} = \sqrt[3]{64} \cdot \sqrt[3]{1+\frac{1}{64}} = 4\sqrt[3]{1+\frac{1}{64}}.$$

应用公式 $(1+x)^{\alpha} \approx 1 + \alpha x$,

$$\sqrt[3]{65} = 4\sqrt[3]{1+\frac{1}{64}} \approx 4 \times \left(1 + \frac{1}{3} \times \frac{1}{64}\right) \approx 4.02.$$

习 题 2-5

1. 求 $y = x^2$ 在点 $x = 2$ 处,当 Δx 分别为 0.1 和 -0.01 时的 Δy 及 $\mathrm{d}y$.

2. 将适当的函数填入下列括号内,使等式成立.

(1) $\mathrm{d}(\quad) = \mathrm{e}^x \mathrm{d}x$;　　　　　(2) $\mathrm{d}(\quad) = x \mathrm{d}x$;

(3) $\mathrm{d}(\quad) = \dfrac{1}{x}\mathrm{d}x$;　　　　　(4) $\mathrm{d}(\quad) = \dfrac{1}{\sqrt{x}}\mathrm{d}x$;

(5) $\mathrm{d}(\quad) = \sin x \mathrm{d}x$;　　　　　(6) $\mathrm{d}(\quad) = \dfrac{1}{1+x^2}\mathrm{d}x$.

3. 求下列函数的微分.

(1) $y = x + 2\sqrt{x}$;　　　　　　　(2) $y = x \ln x - x$;

(3) $y = \arcsin \sqrt{1-x^2}$;　　　　(4) $y = \ln \sin \mathrm{e}^x$;

(5) $y = \sqrt{x + \sqrt{x}}$;　　　　　　(6) $y = x^{\sin x}$.

4. 用微分求由方程 $\mathrm{e}^{x+y} + xy + 1 = 0$ 确定的函数 $y = f(x)$ 的微分与导数.

5. 有一半径为 $10\,\mathrm{cm}$ 的金属球,加热后半径增大了 $0.001\,\mathrm{cm}$,问球的体积约增加了多少?

6. 求下列各式的近似值(取 $\pi \approx 3.14$,保留 3 位小数).

(1) $\tan 44°30'$;　　　　　　　　(2) $\sqrt[3]{7.98}$;

(3) $\arcsin 0.502$;　　　　　　　(4) $\ln 1.01$.

2.6　边际与弹性

2.6.1　边际概念

通过前几节的学习,我们得到,函数的平均变化率即函数增量与自变量增量的比值 $\dfrac{\Delta y}{\Delta x}$. 如果在 $\Delta x \to 0$ 时,它的极限存在,那么该极限称为函数的瞬时变化率. 即函数的瞬时变化率就是函数对自变量的导数. 在经济问题中,也常常使用函数变化率的概念,我们将经济函数的瞬时变化率称为**边际**.

定义 2.6.1 设经济函数 $y = f(x)$ 在点 x 处可导,则称导函数

$$f'(x) = \lim_{\Delta x \to 0} \frac{f(x + \Delta x) - f(x)}{\Delta x}$$

为 $f(x)$ 的**边际函数**. $f'(x)$ 在 $x=x_0$ 处的函数值 $f'(x_0)$ 称为**边际函数值**.

在实际经济问题中,自变量 x 的取值一般是一个比较大的值,因此增量 $\Delta x = 1$ 就可以看成是一个较小的量,由微分的概念可知,此时 Δy 的近似值为

$$\Delta y \Big|_{\substack{x=x_0 \\ \Delta x=1}} \approx \mathrm{d}y = f'(x)\Delta x \Big|_{\substack{x=x_0 \\ \Delta x=1}} = f'(x_0).$$

这说明 $f(x)$ 在点 x_0 处,当自变量 x 产生一个单位的改变量时,函数 $y=f(x)$ 近似改变 $f'(x_0)$ 个单位. 在应用问题中,我们略去"近似"二字,直接称 $f'(x_0)$ 为边际.

例 2.6.1 求函数 $y=x^3$ 在 $x=100$ 处的边际函数值.

解 因为 $y'=3x^2$,所以,边际函数值为 $y'\Big|_{x=100}=30\,000$. 该值表明:当 $x=100$ 时,x 改变(增加或减少)一个单位时,y 改变(增加或减少)30 000 个单位.

2.6.2 常见的边际函数

1. 边际成本

设总成本函数为 $C=C(Q)$,Q 为产量,则导数 $C'=C'(Q)$ 称为**边际成本**. 当产量为 Q_0 时,边际成本值 $C'(Q_0)$ 的经济意义为:当产量达到 Q_0 时,再生产一件产品所增加的成本.

将边际成本与平均成本 $\bar{C}(Q)=\dfrac{C(Q)}{Q}$ 相比较,若边际成本小于平均成本,即再生产一件产品所增加的成本小于平均成本,则可以考虑增加产量以降低单件产品的成本;若边际成本大于平均成本,则可以考虑降低产量以降低单件产品的成本.

例 2.6.2 设总成本函数 $C(Q)=5\,000+\dfrac{Q^2}{2\,000}$,求:

(1) 生产 1 000 个单位时的总成本和平均成本;

(2) 生产 1 000 个单位时的边际成本,并解释其经济意义.

解 (1) 生产 1 000 个单位时的总成本为

$$C(1\,000)=5\,000+\frac{1\,000^2}{2\,000}=5\,500,$$

平均成本为

$$\bar{C}(1\,000)=\frac{C(1\,000)}{1\,000}=\frac{5\,500}{1\,000}=5.5.$$

(2) 因为边际成本函数为 $C'(Q)=\dfrac{Q}{1\,000}$,所以当生产 1 000 个单位时的边际成本为

$$C'(1\,000)=\frac{1\,000}{1\,000}=1.$$

它表示当产量为 1 000 个单位时,再增产(或减产)一个单位,需增加(或减少)成本一个单位. 本题中,边际成本小于平均成本,故可以增加产量以降低单件产品的成本.

2. 边际收益

设总收益函数为 $R = R(Q)$，Q 为销售量，则导数 $R' = R'(Q)$ 称为**边际收益**. 当产量为 Q_0 时，边际收益值 $R'(Q_0)$ 的经济意义为：当销售量达到 Q_0 时，再销售一件产品所增加的收益.

设价格为 P，则 P 也是关于销售量 Q 的函数. 一般情况下，销售 Q 个单位产品的总收益为销售量 Q 与价格 P 之积，即

$$R(Q) = QP = QP(Q),$$

其中 $P = P(Q)$ 是需求函数 $Q = Q(P)$ 的反函数，也称为需求函数，于是有

$$R'(Q) = [QP(Q)]' = P(Q) + QP'(Q).$$

例 2.6.3 设某商品的需求函数为 $P(Q) = 30 - \dfrac{Q}{5}$，求：

（1）销售量为 15 个单位时的总收益和平均收益；

（2）销售量为 15 个单位时的边际收益，并解释其经济意义.

解 （1）总收益函数为

$$R(Q) = QP(Q) = 30Q - \frac{Q^2}{5},$$

销售量为 15 个单位时的总收益为

$$R(15) = 30 \times 15 - \frac{15^2}{5} = 405.$$

平均收益为

$$\bar{R}(15) = \frac{R(15)}{15} = \frac{405}{15} = 27.$$

（2）因为边际收益函数为 $R'(Q) = 30 - \dfrac{2Q}{5}$，所以当销售量为 15 个单位时的边际收益为

$$R'(15) = 30 - \frac{2 \times 15}{5} = 24.$$

它表示当销售量为 15 个单位时，多（或少）销售一个单位商品，增加（或减少）的收益.

3. 边际利润

设总利润函数为 $L = L(Q)$，Q 为产量，则导数 $L' = L'(Q)$ 称为**边际利润**. 当产量为 Q_0 时，边际收益值 $L'(Q_0)$ 的经济意义为：当产量达到 Q_0 时，再生产一件产品所增加的利润.

一般情况下，总利润函数可看成总收益函数与总成本函数之差，即

$$L(Q) = R(Q) - C(Q).$$

显然,边际利润为 $L'(Q) = R'(Q) - C'(Q)$.

例 2.6.4 设某生产销售某商品的利润函数为 $L(Q) = 200Q - 4Q^2$,分别求销售量为 15,25,30 个单位时的边际利润.

解 边际利润函数为 $L'(Q) = 200 - 8Q$,则
$$L'(15) = 200 - 8 \times 15 = 80,$$
$$L'(15) = 200 - 8 \times 25 = 0,$$
$$L'(30) = 200 - 8 \times 30 = -40.$$

上述结果表明:当产量为 15 个单位时,再生产一件产品,利润将增加 80 个单位;当产量为 20 个单位时,再生产一件产品,利润不变;当产量为 30 个单位时,再生产一件产品,利润将减少 40 个单位. 这说明,对厂家来说,并非生产的产品数量越多,利润就越高.

2.6.3 弹性概念

在边际分析中,我们讨论的函数改变量与函数变化率是绝对改变量与绝对变化率,这是不足以深入分析问题的. 在经济问题中,有时需要研究某种变量对另一种变量的反应程度,而这种反应程度不是变化速度的快慢,而是变化的幅度、灵敏度,也就是研究函数的相对改变量与相对变化率.

定义 2.6.2 设函数 $y = f(x)$ 在 x 处可导,函数的相对改变量为
$$\frac{\Delta y}{y} = \frac{f(x + \Delta x) - f(x)}{f(x)},$$

其与自变量的相对改变量 $\dfrac{\Delta x}{x}$ 之比 $\dfrac{\dfrac{\Delta y}{y}}{\dfrac{\Delta x}{x}}$ 称为函数 $f(x)$ 从 x 到 $x + \Delta x$ 两点间的平均相对变化率,也称为**两点间的弹性**. 当 $\Delta x \to 0$ 时,如果 $\dfrac{\dfrac{\Delta y}{y}}{\dfrac{\Delta x}{x}}$ 的极限存在,则该极限值称为 $f(x)$ 在点 x 处的相对变化率,也称为**点弹性**,记作 $\dfrac{\mathrm{E}y}{\mathrm{E}x}$ 或 $\dfrac{\mathrm{E}}{\mathrm{E}x} f(x)$,即

$$\frac{\mathrm{E}y}{\mathrm{E}x} = \lim_{\Delta x \to 0} \frac{\dfrac{\Delta y}{y}}{\dfrac{\Delta x}{x}} = \lim_{\Delta x \to 0} \frac{\Delta y}{\Delta x} \cdot \frac{x}{y} = y' \cdot \frac{x}{y}.$$

由于 $\dfrac{\mathrm{E}y}{\mathrm{E}x}$ 也是 x 的函数,故也称它为函数 $f(x)$ 的**弹性函数**.

在点 $x = x_0$ 处,弹性函数值 $\dfrac{\mathrm{E}}{\mathrm{E}x} f(x_0) = \dfrac{\mathrm{E}}{\mathrm{E}x} f(x) \Big|_{x = x_0} = f'(x_0) \cdot \dfrac{x_0}{f(x_0)}$,称为

$f(x)$ 在 $x=x_0$ 处的**弹性值**,简称弹性.

函数的弹性与量纲无关,它表示在点 x_0 处,当 x 改变 1% 时,函数 $f(x)$ 近似地改变 $\dfrac{\mathrm{E}}{\mathrm{E}x}f(x_0)\%$. 在实际应用中,我们常常略去"近似"二字.

又弹性可以变化为以下形式

$$\frac{\mathrm{E}y}{\mathrm{E}x} = y' \cdot \frac{x}{y} = \frac{y'}{\dfrac{y}{x}} = \frac{\text{边际函数}}{\text{平均函数}}.$$

因此,弹性在经济学上又可理解为边际函数与平均函数之比.

例 2.6.5 求函数 $y=x^2$ 的弹性函数.

解 弹性函数为

$$\frac{\mathrm{E}y}{\mathrm{E}x} = y' \cdot \frac{x}{y} = 2x \cdot \frac{x}{x^2} = 2.$$

一般地,可以证明幂函数的弹性函数为常数,因此称之为不变弹性函数.

2.6.4 常见的弹性函数

1. 需求的价格弹性

设需求函数为 $Q_d = f(P)$,P 是价格.需求的价格弹性是指:当价格变化一定的百分比后引起的需求函数的反应程度.由于需求函数是单调减少的函数,所以自变量增量 ΔP 与函数增量 ΔQ 异号.且在经济问题中,P_0、Q_0 通常为正数,于是 $\dfrac{\dfrac{\Delta Q}{Q_0}}{\dfrac{\Delta P}{P_0}}$ 及 $f'(P_0)\dfrac{P_0}{Q_0}$ 皆为负数.为了用正数表示需求弹性,采用需求函数相对变化率的相反数来定义需求弹性.

定义 2.6.3 设某商品的需求函数 $Q=f(P)$ 在 $P=P_0$ 处可导,$-\dfrac{\dfrac{\Delta Q}{Q_0}}{\dfrac{\Delta P}{P_0}}$ 称为该商品在 $P=P_0$ 与 $P=P_0+\Delta P$ **两点间的需求弹性**. 记作

$$\bar{\eta}(P_0, P_0+\Delta P) = -\frac{\Delta Q}{\Delta P} \cdot \frac{P_0}{Q_0}.$$

如果它的极限值存在,则该极限值

$$\lim_{\Delta P \to 0}\left(-\frac{\Delta Q/Q_0}{\Delta P/P_0}\right) = -f'(P_0)\frac{P_0}{f(P_0)}$$

称为该商品在 $P=P_0$ 处的**需求弹性**. 记作

$$\eta\Big|_{P=P_0}=\eta(P_0)=-f'(P_0)\frac{P_0}{f(P_0)}.$$

需求弹性函数可表示为

$$\eta(P)=-f'(P)\frac{P}{f(P)}.$$

例 2.6.6 设某商品需求函数为 $Q(P)=\mathrm{e}^{-\frac{P}{5}}$，求：

(1) 需求弹性函数；

(2) 当 $P=6$ 时的需求弹性，并解释其经济意义.

解 (1) 需求弹性为

$$\eta(P)=-Q'(P)\frac{P}{Q(P)}=-(-\mathrm{e}^{-\frac{P}{5}})\cdot\frac{P}{\mathrm{e}^{-\frac{P}{5}}}=P.$$

(2) 当 $P=6$ 时，需求弹性为 6. 其经济意义是：当商品售价是 6 时，价格上涨 1%，需求量减少 6%（注意非 $6=600\%$）.

2. 供给的价格弹性

设供给函数为 $Q_s=g(P)$，P 是价格. 供给的价格弹性是指：当价格变化一定的百分比后引起的供给函数的反应程度. 由于供给函数是单调增加的，所以采用弹性的定义直接获得供给函数的定义.

定义 2.6.4 设某商品的供给函数 $Q=g(P)$ 在点 $P=P_0$ 处可导，$\dfrac{\dfrac{\Delta Q}{Q_0}}{\dfrac{\Delta P}{P_0}}$ 称为该商品在

$P=P_0$ 与 $P=P_0+\Delta P$ **两点间的供给弹性**. 记作

$$\bar\varepsilon(P_0,P_0+\Delta P)=\frac{\Delta Q}{\Delta P}\cdot\frac{P_0}{Q_0}.$$

如果它的极限值存在，则该极限值

$$\lim_{\Delta P\to 0}\frac{\Delta Q/Q_0}{\Delta P/P_0}=g'(P_0)\frac{P_0}{Q_0}$$

称为该商品在 $P=P_0$ 处的**供给弹性**. 记作

$$\varepsilon\Big|_{P=P_0}=\varepsilon(P_0)=g'(P_0)\frac{P_0}{g(P_0)}.$$

供给弹性函数可表示为

$$\varepsilon(P)=g'(P)\frac{P}{g(P)}.$$

例 2.6.7 设某商品供给函数为 $Q_s(P)=3+2P$，求：

(1) 供给弹性函数；

(2) 当 $P=6$ 时的供给弹性，并解释其经济意义.

解 (1) 供给弹性为

$$\varepsilon(P)=Q'(P)\frac{P}{Q(P)}=\frac{2P}{3+2P}.$$

(2) 当 $P=6$ 时，供给弹性为

$$\varepsilon(6)=\frac{2\times6}{3+2\times6}=0.8.$$

其经济意义是：当商品售价是 6 时，价格上涨 1%，供给量增加 0.8%（注意非 0.8 = 80%）.

3. 收益弹性

总收益 R 是商品价格 P 与销售量 Q 的乘积，即 $R=PQ=PQ(P)$. 则边际收益为

$$R'=Q(P)+PQ'(P)=Q(P)\left(1+Q'(P)\frac{P}{Q(P)}\right)=Q(P)(1-\eta).$$

所以，收益弹性为

$$R'(P)\frac{P}{R(P)}=Q(P)(1-\eta)\frac{P}{PQ(P)}=1-\eta.$$

于是，若需求弹性 $\eta<1$，称为低弹性. 此时收益弹性大于零，需求变动的幅度小于价格变动的幅度；价格上涨（或下跌）1%，收益增加（或减少）$(1-\eta)$%.

若需求弹性 $\eta>1$，称为高弹性. 此时收益弹性小于零，需求变动的幅度大于价格变动的幅度；价格上涨（或下跌）1%，收益减少（或增加）$|1-\eta|$%.

若需求弹性 $\eta=1$，称为单位弹性. 此时收益弹性等于零，需求变动的幅度等于价格变动的幅度；价格变动 1%，而收益不变.

例 2.6.8 某企业根据市场调查分析，建立了某商品需求量 Q 与价格 P 之间的函数关系为 $Q=100-2P$，求：

(1) 需求弹性函数；

(2) 当价格分别为 24 元，30 元时，要使销售收入有所增加，应采取何种价格措施？

解 (1) 需求弹性函数为

$$\eta(P)=-Q'(P)\frac{P}{Q(P)}=\frac{2P}{100-2P}=\frac{P}{50-P}.$$

(2) 当 $P=24$ 时，$\eta(24)=\frac{P}{50-P}=\frac{24}{26}\approx0.923<1$，要使销售收入有所增加，可以适当提高商品价格.

当 $P=30$ 时，$\eta(30)=\frac{P}{50-P}=\frac{30}{20}=1.5>1$，要使销售收入有所增加，可以适当降

低商品价格.

习 题 2-6

1. 求下列函数的边际函数和平均函数.

(1) $C = 5Q^2 + 2Q + 36$；

(2) $C = 100 + 7Q + 50\sqrt{Q}$；

(3) $R = 18Q - Q^2$；

(4) $L = Q^2 - 13Q + 78$.

2. 求下列平均函数的边际函数.

(1) $\bar{C} = 1.5Q + 4 + \dfrac{46}{Q}$；

(2) $\bar{R} = 104 - 0.4Q$；

3. 设某产品的需求函数为 $Q = 150 - 2P^2$，求当 $P = 6$ 时的边际需求，并解释其经济意义.

4. 设生产某产品的固定成本为 50 000 元，可变成本为 20 元/件，价格函数 $P = 50 - \dfrac{Q}{1\,000}$（$P$ 是单价，单位：元；Q 是销量，单位：件）已知产销平衡. 求：

(1) 该商品的边际利润；

(2) 当 $P = 40$ 元时的边际利润.

5. 设总成本函数 C 关于产量 Q 的函数为 $C = 400 + 3Q + \dfrac{1}{2}Q^2$，需求量 Q 关于价格 P 的函数为 $P = \dfrac{100}{\sqrt{Q}}$. 求边际收益，边际利润.

6. 求下列函数的弹性函数.

(1) $y = x^2 e^{-x}$；

(2) $y = \dfrac{e^x}{x}$.

7. 证明：若 $f(x)$，$g(x)$ 是可导函数，则

(1) $\dfrac{E[f(x) \pm g(x)]}{Ex} = \dfrac{f(x)\dfrac{Ef(x)}{Ex} \pm g(x)\dfrac{Eg(x)}{Ex}}{f(x) \pm g(x)}$；

(2) $\dfrac{E[f(x) \cdot g(x)]}{Ex} = \dfrac{Ef(x)}{Ex} + \dfrac{Eg(x)}{Ex}$.

8. 某商店某商品的需求函数为 $Q(P) = 5\,000 e^{-2P}$，求边际需求和需求弹性.

9. 某企业生产一种商品，年需求量是价格的线性函数 $Q = a - bP$，其中 a，$b > 0$. 求需求弹性以及当需求弹性等于 1 时的价格.

10. 某企业根据市场调查分析，建立了某商品需求量 Q 与价格 P 之间的函数关系为 $Q = 100 - 2P$，求当 $P = 20$，且价格上涨 1% 时，销售收益是增加还是减少？增加或减少了多少？

2.7 用 Python 求导数

本节使用 SymPy 中的 diff 函数进行导数的求解.

例 2.7.1 求 $y = x^{\sin x}$ 的导数.

代码：

```
from sympy import *
x = symbols('x')
f = x * * sin(x)
print(diff(f,x))
```

输出结果：

```
x * * sin(x) * (log(x) * cos(x) + sin(x)/x)
```

               ♯   导数为 $y' = x^{\sin x} \left(\ln x \cdot \cos x + \dfrac{\sin x}{x} \right)$.

例 2. 7. 2 求 $y = \dfrac{1}{1+x}$ 的导数.

代码：

```
from sympy import *
x = symbols('x')
f = 1/(1+x)
print(diff(f,x))
```

输出结果：

```
-1/(x+1) * * 2
```
    ♯   导数为 $y' = -\dfrac{1}{(x+1)^2}$.

例 2. 7. 3 求 $y = \dfrac{x+1}{x^2+4x-12}$ 的导数.

代码：

```
from sympy import *
x = symbols('x')
f = (x+1)/(x * * 2+4 * x-12)
print(diff(f, x))
```

输出结果：

```
(-2 * x-4) * (x+1)/(x * * 2+4 * x-12) * * 2+1/(x * * 2+4 * x-12)
```

♯   导数为 $y' = \dfrac{(-2x-4)(x+1)}{x^2+4x-12} + \dfrac{1}{x^2+4x-12}$.

例 2. 7. 4 求 $y = \dfrac{x}{2}\sqrt{a^2-x^2} + \dfrac{a^2}{2}\arcsin\dfrac{x}{a}$ 的导数.

代码：

```
from sympy import *
x = symbols('x')
f = (x+1)/(x**2+4*x-12)
print(diff(f,x))
```

输出结果：

a/(2*sqrt(1−x**2/a**2)) − x**2/(2*sqrt(a**2 − x**2)) + sqrt(a**2 − x**2)/2

♯　导数为 $y' = \dfrac{a}{2\sqrt{1-\dfrac{x^2}{a^2}}} - \dfrac{x^2}{2\sqrt{a^2-x^2}} + \dfrac{\sqrt{a^2-x^2}}{2}$.

综合练习 2

一、单项选择题

1. 已知设 $f'(x_0) = -1$，且 $\lim\limits_{h \to 0} \dfrac{2h}{f(x_0-2h)-f(x_0)} = ($　　$)$.

A. -1　　　　　　　B. 1　　　　　　　C. -3　　　　　　　D. $-\dfrac{1}{3}$

2. (2018，数三) 下列函数在点 $x = 0$ 处不可导的是(　　).

A. $f(x) = |x|\sin|x|$　　　　　　　　B. $f(x) = |x|\sin\sqrt{|x|}$

C. $f(x) = \cos|x|$　　　　　　　　　D. $f(x) = \cos\sqrt{|x|}$

3. 设 $f(x) = \begin{cases} \dfrac{2}{3}x^2, & x \leqslant 1, \\ x^2, & x > 1, \end{cases}$ 则 $f(x)$ 在点 $x = 1$ 处(　　).

A. 左右导数都存在　　　　　　　　B. 左导数存在但右导数不存在
C. 左导数不存在但右导数存在　　　D. 左右导数都不存在

4. 曲线 $y = x^2$ 与曲线 $y = a\ln x \ (a \neq 0)$ 相切,则 $a = ($　　$)$.

A. 4e　　　　　　　B. 3e　　　　　　　C. 2e　　　　　　　D. e

5. 曲线 $\begin{cases} x = \sin t \\ y = \cos 2t \end{cases}$ 在 $t = \dfrac{\pi}{6}$ 处的法线方程为(　　).

A. $y = \dfrac{1}{2}\left(\dfrac{1}{2}+x\right)$　　　　　　　B. $y = \dfrac{3}{2}-2x$

C. $y = -\dfrac{1}{2}\left(x-\dfrac{3}{2}\right)$　　　　　　D. $y = 2x-\dfrac{1}{2}$

6. 下列说法中正确的是(　　).
A. 函数 $f(x)$ 在点 x_0 处可导是 $f(x)$ 在点 x_0 处连续的必要条件
B. 函数 $f(x)$ 在点 x_0 处不可导是 $f(x)$ 在点 x_0 处不连续的充分条件

C. 函数 $f(x)$ 在点 x_0 处左右可导是 $f(x)$ 在点 x_0 处可导的充要条件

D. 函数 $f(x)$ 在点 x_0 处可微是 $f(x)$ 在点 x_0 处可导的充要条件

7. 设 $f(x^2) = x^3 \ (x > 0)$，则 $f'(4) = ($ $)$.

A. 2   B. 3   C. 4   D. 12

8. 若 $y = \begin{cases} x^2 + 3, & x < 1, \\ ax + b, & x \geqslant 1, \end{cases}$ 在点 $x = 1$ 处可导，则有(   ).

A. $a = 2, b = 2$ B. $a = -2, b = 2$

C. $a = 2, b = -2$ D. $a = -2, b = -2$

9. 设 $y = f(x)$ 在 x_0 点可微，当 x 由 x_0 增至 $x_0 + \Delta x$ 时，则当 $\Delta x \to 0$ 时，必有(   ).

A. $\mathrm{d}y$ 是比 Δx 高阶的无穷小量   B. $\mathrm{d}y$ 是比 Δx 低阶的无穷小量

C. $\Delta y - \mathrm{d}y$ 是比 Δx 高阶的无穷小量   D. $\Delta y - \mathrm{d}y$ 是与 Δx 同阶的无穷小量

10. 设 $y = \ln \pi x \ (x > 0)$，则 $\mathrm{d}y = ($ $)$.

A. $\left(\dfrac{1}{\pi} + \dfrac{1}{x} \right) \mathrm{d}x$ B. $\dfrac{1}{\pi x} \mathrm{d}x$ C. $\dfrac{\pi}{x} \mathrm{d}x$ D. $\dfrac{1}{x} \mathrm{d}x$

二、填空题

1. 若 $f(x) = (x - 1) \sqrt[3]{(x+1)^2 (5-x)}$，则 $f'(2) = $ _____.

2. 设 $\lim\limits_{x \to a} \dfrac{f(x) - a}{x - a} = b$，则 $\lim\limits_{x \to a} \dfrac{\sin f(x) - \sin a}{x - a} = $ _____.

3. 设 $f(x) = x(x-1)(x-2)\cdots(x-n)$，则 $f'(0) = $ _____.

4. 曲线 $x + y - \mathrm{e}^{2xy} = 0$ 在点 $(0, 1)$ 处的切线方程是 _____.

5. 若 $f(x) = \lim\limits_{t \to \infty} x (1 + 3t)^{\frac{x}{t}}$，则 $f'(x) = $ _____.

6. 曲线 $\begin{cases} x = \arctan t, \\ y = \ln \sqrt{1 + t^2} \end{cases}$ 上对应于 $t = 1$ 点处的切线斜率是 _____.

7. 已知函数 $f(x)$ 在点 $x = 2$ 的某个邻域内三阶可导，且 $f'(x) = \mathrm{e}^{f(x)}$，$f(2) = 1$，则 $f'''(2)$ = _____.

8. 若 $\mathrm{d}[\ln(1+x)] = f(x) \mathrm{d}[\arctan \sqrt{x}]$，则 $f(x) = $ _____.

9. 设 $y = f(\ln x)$，其中 f 可微，则 $\mathrm{d}y = $ _____.

10. 设 $y = f(\sin^2 x) + f(\cos^2 x)$，则 $\mathrm{d}y \Big|_{x = \frac{\pi}{4}} = $ _____.

三、计算下列函数的导数或微分

1. $f(x) = \begin{cases} x^3, & x < 0, \\ x^2, & x \geqslant 0. \end{cases}$

2. $y = \dfrac{\sqrt{x} - x^2 \mathrm{e}^x + 3x}{x^2}$.

3. $y = \dfrac{\sin x + \cos x}{\sin x - \cos x}$.

4. $y = x \tan x \ln x$.

5. 若 $y = \cos \mathrm{e}^{-\sqrt{x}}$，求 $\dfrac{\mathrm{d}y}{\mathrm{d}x} \Big|_{x=1}$.

6. 设方程 $x = y^y$ 确定 y 是 x 函数，求 $\mathrm{d}y$.

7. 设 $y = \dfrac{(\ln x)^x}{x^{\ln x}}$，求 $\mathrm{d}y \big|_{x=\mathrm{e}}$.

四、计算下列函数的二阶导数

1. 设 $f(x)$ 的二阶导数存在,若 $y = xf\left(\dfrac{1}{x}\right)$,求 y''.

2. 设 $y = y(x)$ 是由方程 $x^2 - y + 1 = e^y$ 所确定的隐函数,求 $\left.\dfrac{\mathrm{d}^2 y}{\mathrm{d}x^2}\right|_{x=0}$.

3. 设 $y = y(x)$ 是由参数方程 $\begin{cases} x = t + \ln(t-1), \\ y = t^3 + t^2 + 1 \end{cases}$ 所确定,求 $\dfrac{\mathrm{d}^2 y}{\mathrm{d}x^2}$.

五、求由方程 $\ln(x^2 + y) = x^3 y + \sin x$ 所确定的隐函数 $y = y(x)$ 在点 $x = 0$ 处的切线方程与法线方程.

六、某酸乳酪商行发现酸乳酪的收入函数和成本函数分别为 $C(Q) = 4 + 3\sqrt{Q}$,$R(Q) = 12\sqrt{Q} - \sqrt{Q^3}$($0 \leqslant Q \leqslant 3$),其中 Q 的单位为千升,$C(Q)$,$R(Q)$ 的单位为千元,求边际成本、边际收入和边际利润.

七、某商品的需求量 Q 是价格 P 的函数 $Q = 150 - 2P^2$. 求

(1)当 $P = 5$ 时的边际需求,并说明其经济意义;

(2)当 $P = 5$ 时,若价格下降 2%,总收益将变化百分之几?是增加还是减少?

第3章 导数的应用

本章将介绍导数应用的理论基础——微分中值定理,并在此基础上,研究函数的单调性与极值,曲线的凹凸性与拐点和函数图形的描绘等,并利用这些知识解决一些实际的问题.

3.1 微分中值定理

3.1.1 罗尔定理

我们先观察图 3-1,设函数 $y=f(x)$ $(x \in [a,b])$ 的图形是一条连续的曲线弧 $\overset{\frown}{AB}$,曲线弧 $\overset{\frown}{AB}$ 除端点外处处有不垂直于 x 轴的切线(即处处可导),且两个端点的纵坐标相等,即 $f(a)=f(b)$. 我们发现,在曲线弧 $\overset{\frown}{AB}$ 的最高点或最低点处,曲线有水平的切线,即有 $f'(\xi)=0$. 如果把这些条件和结论抽象出来,就是下面介绍的罗尔定理.

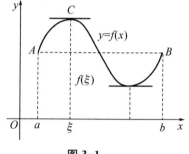

图 3-1

定理 3.1.1(罗尔定理) 若函数 $f(x)$ 满足:

(1) 在闭区间 $[a,b]$ 上连续;

(2) 在开区间 (a,b) 内可导;

(3) $f(a)=f(b)$,

则在 (a,b) 内至少存在一点 ξ,使得

$$f'(\xi)=0.$$

证明 由于 $f(x)$ 在闭区间 $[a,b]$ 上连续,根据闭区间上连续函数的最值定理,$f(x)$ 在闭区间 $[a,b]$ 上必能取得最大值 M 和最小值 m. 此时,只有两种可能情形:

(1) 若 $M=m$,则 $f(x) \equiv M$,所以对任意 $x \in (a,b)$,有 $f'(x)=0$,因此,任取 $\xi \in (a,b)$,都有 $f'(\xi)=0$.

(2) 若 $M>m$,因为 $f(a)=f(b)$,所以 M 和 m 这两个数必有一个不等于 $f(a)$ 或 $f(b)$,不妨设 $M \neq f(a)$,这时必然在开区间 (a,b) 内存在一点 ξ,使得 $f(\xi)=M$.

下面证明 $f'(\xi)=0$.

因为对任意 $x \in [a,b]$,有 $f(x) \leqslant M=f(\xi)$,所以,对于 $\xi+\Delta x \in [a,b]$,有

$$f(\xi+\Delta x)-f(\xi) \leqslant 0.$$

从而,当 $\Delta x > 0$ 时,

$$\frac{f(\xi+\Delta x)-f(\xi)}{\Delta x} \leqslant 0,$$

当 $\Delta x < 0$ 时,

$$\frac{f(\xi+\Delta x)-f(\xi)}{\Delta x} \geqslant 0.$$

已知函数 $f(x)$ 在点 ξ 处可导,则 $f(x)$ 在点 ξ 的左、右导数存在且相等,即

$$f'_-(\xi) = f'_+(\xi) = f'(\xi).$$

又由函数极限的保号性,可得

$$f'(\xi) = f'_+(\xi) = \lim_{\Delta x \to 0^+} \frac{f(\xi + \Delta x) - f(\xi)}{\Delta x} \leqslant 0,$$

$$f'(\xi) = f'_-(\xi) = \lim_{\Delta x \to 0^-} \frac{f(\xi + \Delta x) - f(\xi)}{\Delta x} \geqslant 0,$$

因此,

$$f'(\xi) = 0.$$

注:定理的三个条件缺一不可,否则定理的结论就可能不成立. 例如,

(1) $f(x) = |x|$ 在 $[-1, 1]$ 上除 $f'(0)$ 不存在外,满足罗尔定理的其他条件,但在区间 $(-1, 1)$ 内找不到一点能使 $f'(x) = 0$,如图 3-2(a) 所示.

(2) $f(x) = \begin{cases} 1-x, & x \in (0, 1], \\ 0, & x = 0 \end{cases}$ 除了 $x = 0$ 点不连续外,在 $[0, 1]$ 上满足罗尔定理的其他条件,但在区间 $(0, 1)$ 内 $f'(x) = -1 \neq 0$,即不存在使得 $f'(\xi) = 0$ 的点,如图 3-2(b) 所示.

(3) $f(x) = x$,$x \in [0, 1]$ 除 $f(0) \neq f(1)$ 外,在 $[0, 1]$ 上满足罗尔定理的其他条件,但 $f'(x) = 1 \neq 0$,即在区间 $(0, 1)$ 内不存在使 $f'(\xi) = 0$ 的点,如图 3-2(c) 所示.

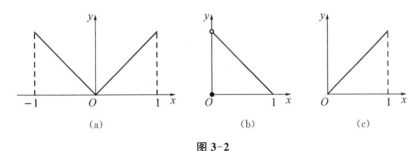

(a)　　　　　　(b)　　　　　　(c)

图 3-2

例 3.1.1 验证:函数 $f(x) = x^2 - 2x$ 在区间 $[0, 2]$ 上满足罗尔定理的三个条件,并求出满足 $f'(\xi) = 0$ 的 ξ 点.

解 因为 $f(x) = x^2 - 2x$ 是一个多项式,所以 $f(x)$ 在 $[0, 2]$ 上连续,在 $(0, 2)$ 内可导,且 $f(0) = f(2) = 0$. 因此,$f(x)$ 在 $[0, 2]$ 上满足罗尔定理的三个条件.

由

$$f'(x) = 2x - 2,$$

令 $f'(x) = 2x - 2 = 0$,解得 $x = 1$. 于是取 $\xi = 1$ $(0 < \xi < 2)$,就有 $f'(\xi) = 0$.

例 3.1.2 证明:方程 $x^3 + 2x + 1 = 0$ 在 $(-1, 0)$ 内有且仅有一个实根.

证明 设 $f(x) = x^3 + 2x + 1$,则 $f(x)$ 在 $[-1, 0]$ 上连续,又 $f(-1) \cdot f(0) = -2 < 0$,由零点定理可知,在 $(-1, 0)$ 内至少存在一点 x_0,使 $f(x_0) = 0$,即原方程在 $(-1, 0)$ 内

存在一个实根 x_0.

设另有 $x_1 \in (-1, 0)$，且 $x_1 \neq x_0$，使 $f(x_1) = 0$. 不妨设 $x_0 < x_1$，容易验证 $f(x)$ 在 $[x_0, x_1]$ 上满足罗尔定理的条件，所以在 (x_0, x_1) 内至少存在一点 ξ，使得 $f'(\xi) = 0$. 但是，当 $x \in (-1, 0)$ 时，$f'(x) = 3(x^2 + 2) > 0$，这就产生了矛盾，故原方程 $x^3 + 2x + 1 = 0$ 在 $(-1, 0)$ 内有且仅有一个实根.

例 3.1.3 若 $f(x)$ 在 $[0, 1]$ 上连续，在 $(0, 1)$ 内可导，且 $f(1) = 0$. 证明：至少存在一点 $\xi \in (0, 1)$，使得

$$f'(\xi) = -\frac{f(\xi)}{\xi}.$$

分析 结论 $f'(\xi) = -\dfrac{f(\xi)}{\xi}$ 等价于 $\xi f'(\xi) + f(\xi) = 0$，而

$$\xi f'(\xi) + f(\xi) = [x f(x)]' \big|_{x=\xi},$$

所以，只要证明 $F(x) = x f(x)$ 在 $[0, 1]$ 上满足罗尔定理的条件即可.

证明 设 $F(x) = x f(x)$，则 $F(x)$ 在 $[0, 1]$ 上连续，在 $(0, 1)$ 内可导，且 $F(0) = F(1) = 0$，由罗尔定理可知，至少存在一点 $\xi \in (0, 1)$，使 $F'(\xi) = 0$.

又 $F'(x) = x f'(x) + f(x)$，所以至少存在一点 $\xi \in (0, 1)$，使 $\xi f'(\xi) + f(\xi) = 0$，即 $f'(\xi) = -\dfrac{f(\xi)}{\xi}$.

3.1.2 拉格朗日中值定理

罗尔定理中的第三个条件 $f(a) = f(b)$ 是非常特殊的，如果去掉这个条件，那么由图 3-3 可以看出，弦 AB 不是水平状态，此时在连续曲线 $y = f(x)$ 上仍然存在一点 $C(\xi, f(\xi))$，曲线在点 C 处的切线平行于弦 AB. 由于曲线在点 C 处切线的斜率为 $f'(\xi)$，弦 AB 的斜率为 $\dfrac{f(b) - f(a)}{b - a}$，因此

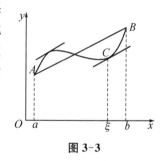

图 3-3

$$f'(\xi) = \frac{f(b) - f(a)}{b - a}.$$

于是得到拉格朗日中值定理.

定理 3.1.2(拉格朗日中值定理) 如果函数 $f(x)$ 满足：

(1) 在闭区间 $[a, b]$ 上连续；

(2) 在开区间 (a, b) 内可导，

则至少存在一点 $\xi \in (a, b)$，使得

$$f'(\xi) = \frac{f(b) - f(a)}{b - a}. \tag{3.1.1}$$

如果在定理 3.1.2 中，补充条件 $f(a) = f(b)$，即由公式 (3.1.1) 得 $f'(\xi) = 0$，可见罗尔定理是拉格朗日中值定理的特例. 因此，定理 3.1.2 证明的基本思路就是构造一个满足罗尔

定理的辅助函数,再利用罗尔定理给出证明.

结论可变形为 $f'(\xi) - \dfrac{f(b)-f(a)}{b-a} = 0$,即 $\left[f(x) - \dfrac{f(b)-f(a)}{b-a} x \right]' \bigg|_{x=\xi} = 0$,于是

可构造辅助函数为 $F(x) = f(x) - \dfrac{f(b)-f(a)}{b-a} x$.

证明　作辅助函数

$$F(x) = f(x) - \frac{f(b)-f(a)}{b-a} x \quad (a \leqslant x \leqslant b),$$

容易验证 $F(x)$ 在 $[a,b]$ 上连续,在 (a,b) 内可导,且 $F(a)=F(b)$,由罗尔定理,至少存在一点 $\xi \in (a,b)$,使 $F'(\xi)=0$,即

$$F'(\xi) = f'(\xi) - \frac{f(b)-f(a)}{b-a} = 0,$$

亦即

$$f'(\xi) = \frac{f(b)-f(a)}{b-a}.$$

公式(3.1.1)也叫做**拉格朗日中值公式**.为了应用方便,现给出中值公式的几种等价形式:

(1) $f(b) - f(a) = f'(\xi)(b-a)$ $(a < \xi < b)$,

(2) $f(b) - f(a) = f'[a + \theta(b-a)] \cdot (b-a)$ $(0 < \theta < 1)$,

(3) $f(x + \Delta x) - f(x) = f'(x + \theta \Delta x) \cdot \Delta x$ $(0 < \theta < 1)$,或 $\Delta y = f'(x + \theta \Delta x) \cdot \Delta x$ $(0 < \theta < 1)$.

其中,第(3)式精确表达了函数在一个区间的增量与函数在该区间内某点处的导数之间的关系,这个公式又称为**有限增量公式**,拉格朗日中值定理又称为**有限增量定理**,由于它在微分学中占有重要地位,所以也将它称为**微分中值定理**.

例 3.1.4　证明:当 $a > b > 0$ 时,$\dfrac{a-b}{a} < \ln \dfrac{a}{b} < \dfrac{a-b}{b}$.

证明　设 $f(x) = \ln x$,则 $f(x)$ 在 $[b,a]$ 上连续,在 (b,a) 内可导,由拉格朗日中值定理可得,至少存在一点 $\xi \in (b,a)$,使得 $f(a) - f(b) = f'(\xi)(a-b)$,

即

$$\ln \frac{a}{b} = \frac{a-b}{\xi}.$$

由于 $0 < b < \xi < a$,有 $\dfrac{1}{a} < \dfrac{1}{\xi} < \dfrac{1}{b}$,故

$$\frac{a-b}{a} < \frac{a-b}{\xi} < \frac{a-b}{b},$$

所以当 $a > b > 0$ 时,$\dfrac{a-b}{a} < \ln \dfrac{a}{b} < \dfrac{a-b}{b}$.

作为拉格朗日中值定理的应用，我们可以导出以下推论.

推论 如果 $y=f(x)$ 在区间 (a,b) 内的导数恒为零，则 $f(x)$ 在 (a,b) 内是一个常数，即如果 $f'(x)=0$，则 $f(x)\equiv C$.

证明 在 (a,b) 内任取两点 x_1，x_2，不妨设 $x_1<x_2$，在 $[x_1,x_2]$ 上使用拉格朗日中值定理，得

$$f(x_2)-f(x_1)=f'(\xi)\cdot(x_2-x_1)\quad(x_1<\xi<x_2),$$

又因为 $y=f(x)$ 在区间 (a,b) 内的导数恒为零，所以 $f'(\xi)=0$，从而

$$f(x_2)-f(x_1)=0,$$

即

$$f(x_2)=f(x_1).$$

可见，$f(x)$ 在 (a,b) 内的任意两点处的函数值都相等，所以 $f(x)$ 在 (a,b) 内是一个常数.

例 3.1.5 证明：在 $[-1,1]$ 上恒有 $\arcsin x+\arccos x=\dfrac{\pi}{2}$.

证明 设 $f(x)=\arcsin x+\arccos x$. 因为在 $(-1,1)$ 上，

$$f'(x)=\frac{1}{\sqrt{1-x^2}}+\left(-\frac{1}{\sqrt{1-x^2}}\right)=0,$$

由推论可知，在 $(-1,1)$ 内 $f(x)\equiv C$.

取 $x=0$，$f(0)=\arcsin 0+\arccos 0=0+\dfrac{\pi}{2}=\dfrac{\pi}{2}$，即 $C=\dfrac{\pi}{2}$.

所以在 $[-1,1]$ 上，有

$$\arcsin x+\arccos x=\frac{\pi}{2}.$$

3.1.3 柯西中值定理

作为拉格朗日中值定理的推广，有如下的定理：

定理 3.1.3(柯西中值定理) 如果函数 $f(x)$、$g(x)$ 满足：

(1) 在闭区间 $[a,b]$ 上连续；

(2) 在开区间 (a,b) 内可导，且 $g'(x)\neq 0$，$x\in(a,b)$，则至少存在一点 $\xi\in(a,b)$，使得

$$\frac{f'(\xi)}{g'(\xi)}=\frac{f(b)-f(a)}{g(b)-g(a)}. \tag{3.1.2}$$

证明 作辅助函数

$$\varPhi(x)=f(x)-\frac{f(b)-f(a)}{g(b)-g(a)}g(x).$$

不难验证，$\Phi(x)$ 满足罗尔定理的三个条件，所以至少存在一点 $\xi \in (a,b)$，使得

$$\Phi'(\xi) = f'(\xi) - \frac{f(b) - f(a)}{g(b) - g(a)} g'(\xi) = 0,$$

从而有

$$\frac{f'(\xi)}{g'(\xi)} = \frac{f(b) - f(a)}{g(b) - g(a)}.$$

特别地，若取 $g(x) = x$，则 $g(b) - g(a) = b - a$，$g'(\xi) = 1$，式(3.1.2)就成了式 (3.1.1)，可见拉格朗日中值定理是柯西中值定理的特殊情况.

例 3.1.6　设 $0 < a < b$，函数 $f(x)$ 在 $[a,b]$ 上连续，在 (a,b) 内可导. 证明：在 (a,b) 内至少存在一点 ξ，使得

$$2\xi[f(b) - f(a)] = (b^2 - a^2) f'(\xi).$$

分析　把要证的等式变形为

$$\frac{f(b) - f(a)}{b^2 - a^2} = \frac{f'(\xi)}{2\xi},$$

只要取 $g(x) = x^2$，则对 $f(x)$ 与 $g(x)$ 在 $[a,b]$ 上用柯西中值定理即可.

证明　设 $g(x) = x^2$，则 $g(x)$ 在 $[a,b]$ 上连续，在 (a,b) 内可导，且有

$$g'(x) = 2x \neq 0, \quad x \in (a,b),$$

则 $f(x)$，$g(x)$ 在 $[a,b]$ 上满足柯西中值定理的条件，即在 (a,b) 内至少存在一点 ξ，使得

$$\frac{f(b) - f(a)}{b^2 - a^2} = \frac{f'(\xi)}{2\xi},$$

所以

$$2\xi[f(b) - f(a)] = (b^2 - a^2) f'(\xi).$$

习　题　3-1

1. 验证函数 $f(x) = x^2 - 2x - 3$ 在区间 $[-1,3]$ 上满足罗尔定理的三个条件，并求出满足 $f'(\xi) = 0$ 的 ξ 点.

2. 代数学基本定理告诉我们，n 次多项式至多有 n 个实根，利用此结论及罗尔定理，不求出函数 $f(x) = (x-1)(x-2)(x-3)$ 的导数，判断方程 $f'(x) = 0$ 有几个实根，并指出它们所在的区间.

3. 验证拉格朗日中值定理对函数 $f(x) = \ln x$ 在区间 $[1, e]$ 上的正确性.

4. 证明下列不等式：

(1) $\arctan b - \arctan a \leqslant b - a$，其中 $a < b$；

(2) 当 $a > b > 0$，$n > 1$ 时，$nb^{n-1}(a-b) < a^n - b^n < na^{n-1}(a-b)$；

(3) 当 $x > 1$ 时，$e^x > ex$；

(4) 当 $x > 0$ 时，$\dfrac{x}{1+x} < \ln(1+x) < x$；

(5) $|\sin x - \sin y| \leqslant |x - y|$.

5. 证明恒等式 $\arctan x + \text{arccot}\, x = \dfrac{\pi}{2}$.

6. 证明：方程 $x^5 - 5x + 1 = 0$ 有且仅有一个小于 1 的正实根.

7. 若 $f(x)$ 在 $[a, b]$ 上连续，在 (a, b) 内可导，证明：至少存在一点 $\xi \in (a, b)$，使得

$$\frac{f^2(b) - f^2(a)}{b - a} = 2f(\xi)f'(\xi).$$

8. 设函数 $f(x)$ 在 $[0, 1]$ 上连续，在 $(0, 1)$ 内可导，$f(0) = f(1) = 0$，$f\left(\dfrac{1}{2}\right) = 1$，证明：在 $(0, 1)$ 内至少存在一点 ξ，使 $f'(\xi) = 1$.

9. 证明：若 $c_0 + \dfrac{c_1}{2} + \dfrac{c_2}{3} + \cdots + \dfrac{c_n}{n+1} = 0$ $(c_0, c_1, \cdots, c_n$ 是常数$)$，则方程

$$c_0 + c_1 x + c_2 x^2 + \cdots + c_n x^n = 0$$

在 $(0, 1)$ 内至少有一个实根.

10. 设函数 $f(x)$ 在区间 $[0, 2]$ 上具有连续导数，$f(0) = f(2) = 0$，$M = \max\limits_{x \in [0, 2]} \{|f(x)|\}$. 证明：

(1) 存在 $\xi \in (0, 2)$，使得 $|f'(\xi)| \geqslant M$；

(2) 若对任意的 $x \in (0, 2)$，$|f'(\xi)| \leqslant M$，则 $M = 0$.

3.2 洛必达法则

在第 1 章讨论求极限问题时，我们计算过两个无穷小的商的极限. 例如，求极限 $\lim\limits_{x \to 0} \dfrac{\sin x}{x}$，$\lim\limits_{x \to 0} \dfrac{\sin x}{x^2}$，$\lim\limits_{x \to 1} \dfrac{\sqrt{x} - 1}{x - 1}$，它们有的存在，有的不存在. 类似地，两个无穷大的商的极限也是有的存在，有的不存在. 对于这类极限的计算，不能运用"商的极限等于极限的商"这一极限运算法则.

一般地，在某一极限过程中，当 $f(x)$ 与 $g(x)$ 都是无穷小或都是无穷大时，$\dfrac{f(x)}{g(x)}$ 的极限可能存在，也可能不存在. 通常称这种极限为**未定式**，并分别简记为 $\dfrac{0}{0}$ 型未定式或 $\dfrac{\infty}{\infty}$ 型未定式. 未定式除了 $\dfrac{0}{0}$ 型和 $\dfrac{\infty}{\infty}$ 型外，还有其他五种形式，它们是 $\infty - \infty$，$0 \cdot \infty$，1^∞，0^0 和 ∞^0 型.

本节我们将利用中值定理，给出计算未定式极限的洛必达(L'Hosiptal)法则，该法则是计算 $\dfrac{0}{0}$ 型、$\dfrac{\infty}{\infty}$ 型未定式极限的简单而有效的法则.

3.2.1 $\dfrac{0}{0}$ 型未定式

定理 3.2.1(洛必达法则 1) 若函数 $f(x)$ 和 $g(x)$ 满足：

(1) $\lim\limits_{x \to x_0} f(x) = \lim\limits_{x \to x_0} g(x) = 0$;

(2) 在点 x_0 的某去心邻域 $\mathring{U}(x_0)$ 内 $f(x)$、$g(x)$ 都可导,且 $g'(x) \neq 0$;

(3) $\lim\limits_{x \to x_0} \dfrac{f'(x)}{g'(x)} = A$($A$ 为有限数或 ∞).

则

$$\lim_{x \to x_0} \frac{f(x)}{g(x)} = \lim_{x \to x_0} \frac{f'(x)}{g'(x)} = A.$$

证明 由于函数在点 x_0 的极限与函数在该点的定义无关,补充定义 $f(x_0) = g(x_0) = 0$ 不会影响到极限 $\lim\limits_{x \to x_0} \dfrac{f(x)}{g(x)}$ 的值. 显然,$f(x)$ 和 $g(x)$ 在点 x_0 处连续. 任取 $x \in \mathring{U}(x_0)$,则 $f(x)$、$g(x)$ 在 $[x_0, x]$ 或 $[x, x_0]$ 上满足柯西中值定理的条件,有

$$\frac{f(x)}{g(x)} = \frac{f(x) - f(x_0)}{g(x) - g(x_0)} = \frac{f'(\xi)}{g'(\xi)} \quad (\xi \text{ 介于 } x \text{ 与 } x_0 \text{ 之间}).$$

当 $x \to x_0$ 时,有 $\xi \to x_0$,由条件(3)得

$$\lim_{x \to x_0} \frac{f(x)}{g(x)} = \lim_{\xi \to x_0} \frac{f'(\xi)}{g'(\xi)} = \lim_{x \to x_0} \frac{f'(x)}{g'(x)}.$$

注:(1) 若将定理 3.2.1 中的 $x \to x_0$ 换成 $x \to x_0^+$,$x \to x_0^-$,$x \to \infty$,$x \to +\infty$,$x \to -\infty$,只要相应地修改条件(2)中的邻域,也可得到同样的结论.

(2) 当 $\lim\limits_{x \to x_0} \dfrac{f'(x)}{g'(x)}$ 既不存在也不为 ∞ 时,不满足条件(3),不能使用该法则进行计算.

(3) 使用洛必达法则时,一定要验证定理的三个条件,前面两个条件容易验证,但是否满足条件(3)在计算之前是无法知道的. 因此,使用洛必达法则只能采用"边计算边验证"的方法.

(4) 如果 $\lim\limits_{x \to x_0} \dfrac{f'(x)}{g'(x)}$ 仍属于 $\dfrac{0}{0}$ 型,且 $f'(x)$ 和 $g'(x)$ 满足洛必达法则的条件,可继续使用洛必达法则,即

$$\lim_{x \to x_0} \frac{f(x)}{g(x)} = \lim_{x \to x_0} \frac{f'(x)}{g'(x)} = \lim_{x \to x_0} \frac{f''(x)}{g''(x)} = \cdots.$$

例 3.2.1 求 $\lim\limits_{x \to 2} \dfrac{x^3 + 2x^2 - 6x - 4}{x^2 + 2x - 8}$.

解 这是 $\dfrac{0}{0}$ 型未定式,由洛必达法则得

$$\lim_{x \to 2} \frac{x^3 + 2x^2 - 6x - 4}{x^2 + 2x - 8} = \lim_{x \to 2} \frac{(x^3 + 2x^2 - 6x - 4)'}{(x^2 + 2x - 8)'}$$
$$= \lim_{x \to 2} \frac{3x^2 + 4x - 6}{2x + 2}$$
$$= \frac{7}{3}.$$

例 3.2.2 求 $\lim\limits_{x \to 0} \dfrac{e^x - e^{-x} - 2x}{x - \sin x}$.

解 这是 $\dfrac{0}{0}$ 型未定式,连续使用三次洛必达法则得

$$
\begin{aligned}
\lim_{x \to 0} \frac{e^x - e^{-x} - 2x}{x - \sin x} &= \lim_{x \to 0} \frac{e^x + e^{-x} - 2}{1 - \cos x} \\
&= \lim_{x \to 0} \frac{e^x - e^{-x}}{\sin x} \\
&= \lim_{x \to 0} \frac{e^x + e^{-x}}{\cos x} \\
&= 2.
\end{aligned}
$$

例 3.2.3 求 $\lim\limits_{x \to +\infty} \dfrac{\dfrac{\pi}{2} - \arctan x}{\dfrac{1}{x}}$.

解 这是 $\dfrac{0}{0}$ 型未定式,由洛必达法则得

$$
\begin{aligned}
\lim_{x \to +\infty} \frac{\dfrac{\pi}{2} - \arctan x}{\dfrac{1}{x}} &= \lim_{x \to +\infty} \frac{-\dfrac{1}{1 + x^2}}{-\dfrac{1}{x^2}} \\
&= \lim_{x \to +\infty} \frac{x^2}{1 + x^2} \\
&= 1.
\end{aligned}
$$

例 3.2.4 求 $\lim\limits_{x \to 0} \dfrac{\ln(1 + x)}{x^\alpha}(\alpha > 1)$.

解 这是 $\dfrac{0}{0}$ 型未定式,由洛必达法则得

$$
\lim_{x \to 0} \frac{\ln(1 + x)}{x^\alpha} = \lim_{x \to 0} \frac{\dfrac{1}{1 + x}}{\alpha x^{\alpha - 1}} = \infty.
$$

例 3.2.5 求 $\lim\limits_{x \to 0} \dfrac{x^2 \sin \dfrac{1}{x}}{\sin x}$.

解 这是 $\dfrac{0}{0}$ 型未定式,如果使用洛必达法则,得

$$
\lim_{x \to 0} \frac{x^2 \sin \dfrac{1}{x}}{\sin x} = \lim_{x \to 0} \frac{2x \sin \dfrac{1}{x} - \cos \dfrac{1}{x}}{\cos x},
$$

但是右端的极限不存在且不为 ∞,不满足洛必达法则的条件(3),所以本题不能使用洛必达法则来求解.事实上,可以求得

$$\lim_{x \to 0} \frac{x^2 \sin \dfrac{1}{x}}{\sin x} = \lim_{x \to 0} \frac{x}{\sin x} \cdot \lim_{x \to 0} x \sin \frac{1}{x} = 0.$$

3.2.2 $\dfrac{\infty}{\infty}$ 型未定式

定理 3.2.2(洛必达法则 2)　若函数 $f(x)$ 和 $g(x)$ 满足:

(1) $\lim\limits_{x \to x_0} f(x) = \lim\limits_{x \to x_0} g(x) = \infty$;

(2) 在点 x_0 的某去心邻域 $\mathring{U}(x_0)$ 内 $f(x)$、$g(x)$ 都可导,且 $g'(x) \neq 0$;

(3) $\lim\limits_{x \to x_0} \dfrac{f'(x)}{g'(x)} = A$($A$ 为有限数或 ∞),

则

$$\lim_{x \to x_0} \frac{f(x)}{g(x)} = \lim_{x \to x_0} \frac{f'(x)}{g'(x)} = A.$$

注:(1)若将定理 3.2.2 中的 $x \to x_0$ 换成 $x \to x_0^+$,$x \to x_0^-$,$x \to \infty$,$x \to +\infty$,$x \to -\infty$,只要相应地修改条件(2)中的邻域,也可得到同样的结论;

(2) 当 $\lim\limits_{x \to x_0} \dfrac{f'(x)}{g'(x)}$ 既不存在也不为 ∞ 时,不满足条件(3),不能使用该法则进行计算;

(3) 使用洛必达法则时,一定要验证定理的三个条件,前面两个条件容易验证,但是否满足条件(3)在计算之前是无法知道的.因此,使用洛必达法则只能采用"边计算边验证"的方法;

(4) 如果 $\lim\limits_{x \to x_0} \dfrac{f'(x)}{g'(x)}$ 仍属于 $\dfrac{\infty}{\infty}$ 型,且 $f'(x)$ 和 $g'(x)$ 满足洛必达法则的条件,可继续使用洛必达法则,即

$$\lim_{x \to x_0} \frac{f(x)}{g(x)} = \lim_{x \to x_0} \frac{f'(x)}{g'(x)} = \lim_{x \to x_0} \frac{f''(x)}{g''(x)} = \cdots.$$

例 3.2.6　求 $\lim\limits_{x \to +\infty} \dfrac{x^n}{\ln x}$ $(n > 0)$.

解　这是 $\dfrac{\infty}{\infty}$ 型未定式,由洛必达法则得

$$\lim_{x \to +\infty} \frac{x^n}{\ln x} = \lim_{x \to +\infty} \frac{n x^{n-1}}{\dfrac{1}{x}} = \lim_{x \to +\infty} n x^n = +\infty.$$

例 3.2.7　求 $\lim\limits_{x \to +\infty} \dfrac{x^n}{\mathrm{e}^x}$ (n 为正整数).

解　这是 $\dfrac{\infty}{\infty}$ 型未定式,连续使用洛必达法则 n 次,得

$$\lim_{x \to +\infty} \frac{x^n}{e^x} = \lim_{x \to +\infty} \frac{nx^{n-1}}{e^x} = \lim_{x \to +\infty} \frac{n(n-1)x^{n-2}}{e^x} = \cdots = \lim_{x \to +\infty} \frac{n!}{e^x} = 0.$$

对于一般正实数 α，结论仍成立，即

$$\lim_{x \to +\infty} \frac{x^\alpha}{e^x} = 0.$$

以上两个例子表明，当 $x \to +\infty$ 时，虽然 $\ln x$、$x^\alpha (\alpha > 0)$、e^x 均为无穷大量，但它们增长的"速度"有很大的差别：幂函数 $x^\alpha (\alpha > 0)$ 增长的"速度"比对数函数 $\ln x$ 快得多，而指数函数 e^x 增长的"速度"又比幂函数 x^α 快得多.

例 3.2.8 求 $\lim\limits_{x \to 0} \dfrac{x - \sin x}{x^2 \sin x}$.

解 $\lim\limits_{x \to 0} \dfrac{x - \sin x}{x^2 \sin x} = \lim\limits_{x \to 0} \dfrac{x - \sin x}{x^3}$

$$= \lim_{x \to 0} \frac{1 - \cos x}{3x^2}$$

$$= \lim_{x \to 0} \frac{\sin x}{6x} = \frac{1}{6}.$$

在例 3.2.8 中，第一步采用了等价无穷小作替换，如果不作替换，直接使用洛必达法则，也能计算出结果，但是计算过程会比较复杂. 因此，如果能把洛必达法则与等价无穷小作替换以及其他求极限的方法结合起来，可以简化计算过程.

例 3.2.9 求 $\lim\limits_{x \to \infty} \dfrac{x + \cos x}{x}$.

解 这是 $\dfrac{\infty}{\infty}$ 型未定式，这时若对分子分母分别求导再求极限，得

$$\lim_{x \to \infty} \frac{x + \cos x}{x} = \lim_{x \to \infty} \frac{1 - \sin x}{1} = \lim_{x \to \infty} (1 - \sin x)$$

右端的极限不存在且不为 ∞，即不满足洛必达法则的条件(3)，所以本题不能使用洛必达法则来求解. 事实上，可以求得

$$\lim_{x \to \infty} \frac{x + \cos x}{x} = \lim_{x \to \infty} \left(1 + \frac{\cos x}{x} \right) = 1 + \lim_{x \to \infty} \frac{\cos x}{x} = 1 + 0 = 1.$$

3.2.3 其他类型的未定式

对于 $0 \cdot \infty$ 型、$\infty - \infty$ 型、0^0 型、1^∞ 型和 ∞^0 型这 5 种未定式，要先化成 $\dfrac{0}{0}$ 型或 $\dfrac{\infty}{\infty}$ 型未定式，再使用洛必达法则求极限. 下面我们通过几个实例来具体说明.

(1) $0 \cdot \infty$ 型

例 3.2.10 求 $\lim\limits_{x \to 0^+} x^n \ln x (n > 0)$.

解 这是 $0 \cdot \infty$ 型未定式，可化为

$$\lim_{x \to 0^+} x^n \ln x = \lim_{x \to 0^+} \frac{\ln x}{x^{-n}} \quad \left(\frac{\infty}{\infty} \text{ 型}\right)$$

$$= \lim_{x \to 0^+} \frac{\frac{1}{x}}{-nx^{-n-1}} = -\lim_{x \to 0^+} \left(-\frac{x^n}{n}\right) = 0.$$

注：本例中我们将 $0 \cdot \infty$ 型化为 $\frac{\infty}{\infty}$ 型后再利用洛必达法则计算，但若化为 $\frac{0}{0}$ 型，将得不出结果．

（2）$\infty - \infty$ 型

例 3.2.11   求 $\lim\limits_{x \to 0} \left(\dfrac{1}{\sin x} - \dfrac{1}{x}\right)$.

解   这是 $\infty - \infty$ 型未定式，通分后可转化成 $\dfrac{0}{0}$ 型．

$$\lim_{x \to 0} \left(\frac{1}{\sin x} - \frac{1}{x}\right) = \lim_{x \to 0} \frac{x - \sin x}{x \cdot \sin x} = \lim_{x \to 0} \frac{x - \sin x}{x^2} \quad \left(\frac{0}{0} \text{ 型}\right)$$

$$= \lim_{x \to 0} \frac{1 - \cos x}{2x} = \lim_{x \to 0} \frac{\frac{1}{2}x^2}{2x} = 0.$$

例 3.2.12   求 $\lim\limits_{x \to \frac{\pi}{2}} (\sec x - \tan x)$.

解   这是 $\infty - \infty$ 型未定式，通分后可转化成 $\dfrac{0}{0}$ 型．

$$\lim_{x \to \frac{\pi}{2}} (\sec x - \tan x) = \lim_{x \to \frac{\pi}{2}} \left(\frac{1}{\cos x} - \frac{\sin x}{\cos x}\right)$$

$$= \lim_{x \to \frac{\pi}{2}} \frac{1 - \sin x}{\cos x} \quad \left(\frac{0}{0} \text{ 型}\right)$$

$$= \lim_{x \to \frac{\pi}{2}} \frac{-\cos x}{-\sin x} = 0.$$

（3）0^0、1^∞、∞^0 型

0^0、1^∞、∞^0 型未定式都是幂指函数 $f(x)^{g(x)} (f(x) > 0)$ 的极限问题，一般可通过恒等式 $f(x)^{g(x)} = \mathrm{e}^{\ln f(x)^{g(x)}} = \mathrm{e}^{g(x)\ln f(x)}$ 及连续函数的性质

$$\lim f(x)^{g(x)} = \lim \mathrm{e}^{g(x)\ln f(x)} = \mathrm{e}^{\lim g(x)\ln f(x)}$$

进行计算．容易看出，极限 $\lim g(x)\ln f(x)$ 都是 $0 \cdot \infty$ 型未定式，可以继续化为 $\dfrac{0}{0}$ 型或 $\dfrac{\infty}{\infty}$ 型未定式，再利用洛必达法则进行计算．

例 3.2.13   求 $\lim\limits_{x \to 0^+} x^{\sin x}$.   （$0^0$ 型）

解 $\lim\limits_{x \to 0^+} x^{\sin x} = \lim\limits_{x \to 0^+} \mathrm{e}^{\sin x \ln x} = \mathrm{e}^{\lim\limits_{x \to 0^+} \sin x \ln x}$，而

$$\lim_{x \to 0^+} \sin x \ln x = \lim_{x \to 0^+} x \ln x = \lim_{x \to 0^+} \frac{\ln x}{\dfrac{1}{x}} \quad \left(\dfrac{\infty}{\infty} \text{型}\right)$$

$$= \lim_{x \to 0^+} \frac{\dfrac{1}{x}}{-\dfrac{1}{x^2}} = \lim_{x \to 0^+} (-x) = 0,$$

于是有

$$\lim_{x \to 0^+} x^{\sin x} = e^{\lim\limits_{x \to 0^+} \sin x \ln x} = e^0 = 1.$$

例 3.2.14 求 $\lim\limits_{x \to 0} (\cos x)^{\frac{1}{x^2}}$. （$1^{\infty}$ 型）

解 $\lim\limits_{x \to 0} (\cos x)^{\frac{1}{x^2}} = \lim\limits_{x \to 0} e^{\frac{1}{x^2} \ln \cos x}$

$$= e^{\lim\limits_{x \to 0} \frac{\ln \cos x}{x^2}}$$

$$= e^{\lim\limits_{x \to 0} \frac{-\tan x}{2x}}$$

$$= e^{-\frac{1}{2}}.$$

例 3.2.15 求 $\lim\limits_{x \to 0^+} \left(\dfrac{1}{x}\right)^{\tan x}$. （$\infty^0$ 型）

解 $\lim\limits_{x \to 0^+} \left(\dfrac{1}{x}\right)^{\tan x} = \lim\limits_{x \to 0^+} e^{\tan x \ln \frac{1}{x}} = e^{\lim\limits_{x \to 0^+} \tan x \ln \frac{1}{x}}$，而

$$\lim_{x \to 0^+} \tan x \ln \frac{1}{x} = \lim_{x \to 0^+} x(-\ln x) = \lim_{x \to 0^+} \frac{-\ln x}{\dfrac{1}{x}}$$

$$= \lim_{x \to 0^+} \frac{-\dfrac{1}{x}}{-\dfrac{1}{x^2}} = \lim_{x \to 0^+} x = 0,$$

于是有

$$\lim_{x \to 0^+} \left(\dfrac{1}{x}\right)^{\tan x} = e^0 = 1.$$

习 题 3-2

1. 求下列极限.

(1) $\lim\limits_{x \to 0} \dfrac{3^x - 2^x}{x}$;

(2) $\lim\limits_{x \to \pi} \dfrac{\sin 3x}{\sin 5x}$;

(3) $\lim\limits_{x \to 1} \dfrac{x^3 - 3x + 2}{x^3 - x^2 - x + 1}$;

(4) $\lim\limits_{x \to 0} \dfrac{\ln(1 - 2x^2)}{e^x - 1 - x}$;

(5) $\lim\limits_{x\to 0}\dfrac{\tan x-x}{x-\sin x}$;

(6) $\lim\limits_{x\to 0}\dfrac{\sin^2 x-x\sin x\cos x}{x^4}$;

(7) $\lim\limits_{x\to 0}\dfrac{x-\arcsin x}{\sin^3 x}$;

(8) $\lim\limits_{x\to 0^+}\dfrac{\ln\cot x}{\ln x}$;

(9) $\lim\limits_{x\to+\infty}\dfrac{\ln\left(1+\dfrac{1}{x}\right)}{\text{arccot}\,x}$;

(10) $\lim\limits_{x\to+\infty}\dfrac{\ln(1+e^x)}{5x}$.

2. 求下列极限.

(1) $\lim\limits_{x\to 1}(1-x)\tan\dfrac{\pi x}{2}$;

(2) $\lim\limits_{x\to 0^+}x\ln x$;

(3) $\lim\limits_{x\to 1}\left(\dfrac{x}{x-1}-\dfrac{1}{\ln x}\right)$;

(4) $\lim\limits_{x\to 0}\left(\csc x-\dfrac{1}{x}\right)$;

(5) $\lim\limits_{x\to 0^+}(\sin x)^x$;

(6) $\lim\limits_{x\to 1}x^{\frac{1}{1-x}}$;

(7) $\lim\limits_{x\to e}(\ln x)^{\frac{2}{\ln x-1}}$;

(8) $\lim\limits_{x\to 0^+}(\cot x)^{\sin x}$;

(9) $\lim\limits_{x\to 0}\left(\dfrac{a^x+b^x+c^x}{3}\right)^{\frac{1}{x}}$　$(a,b,c>0)$;

(10) $\lim\limits_{x\to+\infty}\left(\tan\dfrac{\pi x}{2x+1}\right)^{\frac{1}{x}}$.

3. 说明极限 $\lim\limits_{x\to\infty}\dfrac{x+\sin x}{x}$ 存在,但不能由洛必达法则得出.

4. 设函数 $f(x)$ 具有一阶连续导数,$f''(0)$ 存在,且 $f'(0)=0$,$f(0)=0$,

$$g(x)=\begin{cases}\dfrac{f(x)}{x}, & x\neq 0, \\ a, & x=0.\end{cases}$$

(1) 确定 a 的值,使 $g(x)$ 处处连续.

(2) 对以上所确定的 a,证明 $g(x)$ 具有一阶连续导数.

3.3　泰　勒　公　式

　　为了便于研究,我们往往希望用一些简单的函数来近似表示某些较为复杂的函数. 而多项式只涉及到对自变量的加、减、乘三种运算,求函数值及近似计算都比较简单. 本节将要介绍的泰勒公式提供了一种用多项式来近似表示复杂函数的方法.

　　利用微分的定义及公式,我们可以得到

$$f(x)=f(x_0)+f'(x_0)(x-x_0)+o(x-x_0),$$

于是

$$f(x)\approx f(x_0)+f'(x_0)(x-x_0),$$

也就是可用一次多项式

$$P_1(x)=f(x_0)+f'(x_0)(x-x_0)$$

近似表示 $f(x)$. 但是这种近似表示存在着不足之处. 首先它只是局部近似,近似程度不够高，误差是关于$(x-x_0)$的高阶无穷小，当x离x_0较远时，误差是很大的；其次是未给出估计误差的公式，用它作近似计算时，不能具体估计误差的大小. 因此，我们希望找出一个多项式

$$P_n(x)=a_0+a_1(x-x_0)+a_2(x-x_0)^2+\cdots+a_n(x-x_0)^n$$

来近似表示$f(x)$，要求$P_n(x)$与$f(x)$之差是比$(x-x_0)^n$高阶的无穷小. 下面来确定满足要求的多项式$P_n(x)$，即确定系数$a_0,a_1,\cdots,a_n$.

设函数$f(x)$在点x_0处n阶可导，由于

$$f(x)=a_0+a_1(x-x_0)+a_2(x-x_0)^2+\cdots+a_n(x-x_0)^n+o((x-x_0)^n),$$

令$x=x_0$，得$a_0=f(x_0)$，

$$a_1=\lim_{x\to x_0}\frac{f(x)-a_0}{x-x_0}=\lim_{x\to x_0}\frac{f(x)-f(x_0)}{x-x_0}=f'(x_0),$$

$$a_2=\lim_{x\to x_0}\frac{f(x)-a_0-a_1(x-x_0)}{(x-x_0)^2}=\lim_{x\to x_0}\frac{f(x)-f(x_0)-f'(x_0)(x-x_0)}{(x-x_0)^2}$$

$$=\lim_{x\to x_0}\frac{f'(x)-f'(x_0)}{2(x-x_0)}=\frac{1}{2!}f''(x_0),$$

类似可求得

$$a_k=\frac{1}{k!}f^{(k)}(x_0)\ (k=1,2,\cdots,n).$$

于是，

$$P_n(x)=f(x_0)+\frac{f'(x_0)}{1!}(x-x_0)+\frac{f''(x_0)}{2!}(x-x_0)^2+\cdots+\frac{f^{(n)}(x_0)}{n!}(x-x_0)^n$$

$$(3.3.1)$$

就是满足我们要求的多项式，根据以上讨论可得：

定理 3.3.1 设函数$f(x)$在点x_0的某邻域$U(x_0)$内具有n阶导数，则对$\forall x\in U(x_0)$，有

$$f(x)=f(x_0)+\frac{f'(x_0)}{1!}(x-x_0)+\frac{f''(x_0)}{2!}(x-x_0)^2+\cdots$$

$$+\frac{f^{(n)}(x_0)}{n!}(x-x_0)^n+o((x-x_0)^n).$$

$$(3.3.2)$$

公式(3.3.2)称为函数$f(x)$在点x_0处的**带有佩亚诺型余项的n阶泰勒公式**，$o((x-x_0)^n)$称为**佩亚诺型余项**. 把公式(3.3.2)中的多项式$P_n(x)$称为函数$f(x)$在x_0处的n**阶泰勒多项式**，其系数称为函数$f(x)$在点x_0处的**泰勒系数**.

公式(3.3.2)虽然用n阶泰勒多项式来近似函数$f(x)$，但未能给出误差的精确表达式. 下面泰勒中值定理为我们解决了这个问题.

定理 3.3.2(泰勒中值定理) 设函数$f(x)$在点x_0的某邻域$U(x_0)$内具有$n+1$阶导

数,则对 $\forall x \in U(x_0)$,有

$$f(x) = f(x_0) + \frac{f'(x_0)}{1!}(x - x_0) + \frac{f''(x_0)}{2!}(x - x_0)^2 + \cdots$$

$$+ \frac{f^{(n)}(x_0)}{n!}(x - x_0)^n + R_n(x), \tag{3.3.3}$$

其中

$$R_n(x) = \frac{f^{(n+1)}(\xi)}{(n+1)!}(x - x_0)^{n+1}, \tag{3.3.4}$$

其中,ξ 介于 x_0 与 x 之间.

公式(3.3.3)称为函数 $f(x)$ 在点 x_0 处**带有拉格朗日型余项的 n 阶泰勒公式**,$R_n(x)$ 称为**拉格朗日型余项**.

当 $n = 0$ 时,泰勒公式(3.3.3)变成拉格朗日中值公式

$$f(x) = f(x_0) + f'(\xi)(x - x_0)$$

其中,ξ 介于 x_0 与 x 之间.

因此,泰勒中值定理是格朗日中值定理的推广.

如果在泰勒公式中令 $x_0 = 0$ 时,则 ξ 介于 0 与 x 之间,便得到

$$f(x) = f(0) + \frac{f'(0)}{1!}x + \frac{f''(0)}{2!}x^2 + \cdots + \frac{f^{(n)}(0)}{n!}x^n + o(x^n) \tag{3.3.5}$$

和

$$f(x) = f(0) + \frac{f'(0)}{1!}x + \frac{f''(0)}{2!}x^2 + \cdots + \frac{f^{(n)}(0)}{n!}x^n + \frac{f^{(n+1)}(\theta x)}{(n+1)!}x^{n+1} (0 < \theta < 1).$$

$$\tag{3.3.6}$$

这是泰勒公式的一个重要的特殊情形,称为**麦克劳林(Maclaurin)公式**. 公式(3.3.5)称为 $f(x)$ 的**带有佩亚诺型余项的麦克劳林公式**,而公式(3.3.6)称为 $f(x)$ 的**带有拉格朗日型余项的麦克劳林公式**.

例 3.3.1 求 $f(x) = e^x$ 的带有拉格朗日型余项的 n 阶麦克劳林公式,给出函数的近似公式并进行误差估计.

解 因为 $f^{(k)}(x) = e^x (k = 0, 1, 2, \cdots, n)$,所以

$$f^{(k)}(0) = e^0 = 1 \quad (k = 0, 1, 2, \cdots, n), f^{(n+1)}(\theta x) = e^{\theta x}.$$

代入公式(3.3.6),得

$$e^x = 1 + \frac{x}{1!} + \frac{x^2}{2!} + \cdots + \frac{x^n}{n!} + \frac{e^{\theta x}}{(n+1)!}x^{n+1} \quad (0 < \theta < 1).$$

从而,函数 e^x 可用 n 次多项式近似表示为

$$e^x \approx 1 + \frac{x}{1!} + \frac{x^2}{2!} + \cdots + \frac{x^n}{n!},$$

这时所产生的误差为

$$|R_n(x)| = \left| \frac{e^{\theta x}}{(n+1)!} x^{n+1} \right| < \frac{e^{|x|}}{(n+1)!} |x|^{n+1}.$$

例 3.3.2 求 $f(x) = \sin x$ 的带有佩亚诺型余项和带有拉格朗日型余项的 n 阶麦克劳林公式.

解 因为 $f^{(n)}(x) = \sin\left(x + \frac{n\pi}{2}\right)$，所以 $f^{(n)}(0) = \sin\frac{n\pi}{2}$，

$f(0) = 0,\ f'(0) = 1,\ f''(0) = 0,\ f'''(0) = -1,\ \cdots$，它们依次顺序循环地取四个 $0,1,0,-1$，根据公式(3.3.5)和公式(3.3.6)，令 $n = 2m$，有

$$\sin x = x - \frac{x^3}{3!} + \frac{x^5}{5!} + \cdots + (-1)^{m-1} \frac{x^{2m-1}}{(2m-1)!} + o(x^{2m})$$

$$\sin x = x - \frac{x^3}{3!} + \frac{x^5}{5!} + \cdots + (-1)^{m-1} \frac{x^{2m-1}}{(2m-1)!} + R_{2m}(x),$$

其中

$$R_{2m}(x) = \frac{\sin\left(\theta x + \frac{2m+1}{2}\pi\right)}{(2m+1)!} x^{2m+1} \quad (0 < \theta < 1).$$

类似地，还可以得到几个常用的带有拉格朗日型余项的麦克劳林公式：

$$\cos x = 1 - \frac{x^2}{2!} + \frac{x^4}{4!} - \cdots + (-1)^m \frac{x^{2m}}{(2m)!} + R_{2m+1}(x),$$

其中 $R_{2m+1}(x) = \dfrac{\cos[\theta x + (m+1)\pi]}{(2m+2)!} x^{2m+2} (0 < \theta < 1)$，

$$\ln(1+x) = x - \frac{x^2}{2} + \frac{x^3}{3} - \cdots + (-1)^{n-1} \frac{x^n}{n} + R_n(x),$$

其中，$R_n(x) = \dfrac{(-1)^n}{(n+1)(1+\theta x)^{n+1}} x^{n+1} (0 < \theta < 1)$.

$$(1+x)^\alpha = 1 + \alpha x + \frac{\alpha(\alpha-1)}{2!} x^2 + \cdots + \frac{\alpha(\alpha-1)\cdots(\alpha-n+1)}{n!} x^n + R_n(x),$$

其中，$R_n(x) = \dfrac{\alpha(\alpha-1)\cdots(\alpha-n+1)(\alpha-n)}{(n+1)!}(1+\theta x)^{\alpha-n-1} x^{n+1} (0 < \theta < 1)$.

由以上带有拉格朗日型余项的麦克劳林公式，不难得到相应的带有佩亚诺型余项的麦克劳林公式.

例 3.3.3 求极限 $\lim\limits_{x \to 0} \dfrac{e^{x^2} + 2\cos x - 3}{x^4}$.

解 只需将分子中的 e^{x^2} 和 $\cos x$ 分别用带有佩亚诺型余项的四阶麦克劳林公式表示，即

$$e^{x^2} = 1 + x^2 + \frac{1}{2!}x^4 + o(x^4),$$

$$\cos x = 1 - \frac{x^2}{2!} + \frac{x^4}{4!} + o(x^4),$$

于是

$$e^{x^2} + 2\cos x - 3 = \left(\frac{1}{2!} + 2 \times \frac{1}{4!}\right)x^4 + o(x^4),$$

因此

$$\lim_{x \to 0} \frac{e^{x^2} + 2\cos x - 3}{x^4} = \lim_{x \to 0} \frac{\frac{7}{12}x^4 + o(x^4)}{x^4} = \frac{7}{12}.$$

习　题　3-3

1. 设函数 $f(x) = 2x^3 - x^2 + 4x + 1$，求 $f(x)$ 在点 $x_0 = -1$ 处的三阶泰勒公式.

2. 求函数 $f(x) = \dfrac{1}{x}$ 在点 $x_0 = -1$ 处的 n 阶泰勒公式.

3. 求函数 $f(x) = xe^x$ 的带有拉格朗日型余项的 n 阶麦克劳林公式.

4. 将多项式 $P(x) = x^6 - 2x^2 - x + 3$ 分别按 $(x-1)$ 与 $(x+1)$ 的幂展开.

5. 应用三阶泰勒公式近似计算下列各数，并估计误差.

(1) $\sqrt[3]{30}$；

(2) $\sin 18°$.

6. 利用泰勒公式求下列极限.

(1) $\lim\limits_{x \to 0} \dfrac{e^{-\frac{x^2}{2}} - \cos x}{\sin^4 x}$；

(2) $\lim\limits_{x \to 0} \dfrac{e^x \sin x - x(1+x)}{x^3}$.

3.4　函数的单调性与极值

3.4.1　函数单调性的判别法

在第 1 章中我们已经给出了函数单调性的定义. 但从定义出发去研究函数的单调性有时是比较困难的. 下面介绍一种利用导数判定函数单调性的简便方法.

如果函数 $y = f(x)$ 在 $[a, b]$ 上单调增加（或单调减少），则它的图形是一条沿 x 轴正方向上升（下降）的曲线，如图 3-4 所示. 曲线上任意一点处切线的倾斜角是锐角或者钝角，因此曲线上各点处的切线斜率必定非负（或非正），即

$$y' = f'(x) \geqslant 0 \quad (y' = f'(x) \leqslant 0).$$

反过来，如果曲线在任意点处的切线斜率是非负（或非正），那么函数是否一定具有单调性呢？下面我们给出判定可导函数单调性的判别方法.

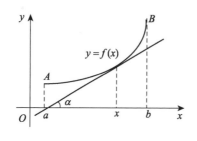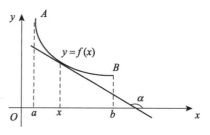

图 3-4

定理 3.4.1 设函数 $y=f(x)$ 在 $[a,b]$ 上连续,在 (a,b) 内可导,

(1) 若在 (a,b) 内 $f'(x)>0$,则 $y=f(x)$ 在 $[a,b]$ 上单调增加;

(2) 若在 (a,b) 内 $f'(x)<0$,则 $y=f(x)$ 在 $[a,b]$ 上单调减少.

证明 在 $[a,b]$ 上任取两点 x_1,x_2,不妨设 $x_1<x_2$,那么 $y=f(x)$ 在 $[x_1,x_2]$ 上满足拉格朗日中值定理的条件,于是有

$$f(x_2)-f(x_1)=f'(\xi)\cdot(x_2-x_1)\quad(x_1<\xi<x_2)$$

(1) 若在 (a,b) 内 $f'(x)>0$,则 $f'(\xi)>0$,于是

$$f(x_2)-f(x_1)=f'(\xi)\cdot(x_2-x_1)>0,$$

从而 $f(x_2)>f(x_1)$,所以函数 $y=f(x)$ 在 $[a,b]$ 上单调增加;

(2) 若在 (a,b) 内 $f'(x)<0$,则 $f'(\xi)<0$,于是

$$f(x_2)-f(x_1)=f'(\xi)\cdot(x_2-x_1)<0,$$

从而 $f(x_2)<f(x_1)$,所以函数 $y=f(x)$ 在 $[a,b]$ 上单调减少.

注：如果在 (a,b) 内 $f'(x)\geqslant0(\leqslant0)$,且等号仅在个别点处成立,则 $y=f(x)$ 在 $[a,b]$ 上单调增加(减少).例如,函数 $y=x^3$,它的一阶导数 $y'=3x^2$,除去点 $x=0$ 外,恒有 $y'>0$,所以 $y=x^3$ 在 $(-\infty,0]$ 和 $[0,+\infty)$ 上都单调增加,从而在整个定义域 $(-\infty,+\infty)$ 内单调增加.

例 3.4.1 讨论函数 $y=x^3-3x$ 的单调性.

解 函数的定义域为 $(-\infty,+\infty)$. 由于

$$y'=3x^2-3=3(x-1)(x+1),$$

令 $y'=0$,解得 $x=-1$ 和 $x=1$.

用这两点将定义域划分为三个子区间,列表讨论如下：

x	$(-\infty,-1)$	-1	$(-1,1)$	1	$(1,+\infty)$
y'	$+$	0	$-$	0	$+$
y	↗		↘		↗

所以,函数 $y=x^3-3x$ 在 $(-\infty,-1]$ 和 $[1,+\infty)$ 上单调增加,在 $[-1,1]$ 上单调减少.

注：判断一阶导数 y' 在每个子区间内的符号，可以将该子区间内某点 x_0 代入 y'，$y'(x_0)$ 的符号就是 y' 在整个子区间内的符号.

例 3.4.2 讨论函数 $y = \sqrt[3]{x^2}$ 的单调性.

解 函数的定义域为 $(-\infty, +\infty)$.

当 $x \neq 0$ 时，$y' = \dfrac{2}{3\sqrt[3]{x}}$；当 $x = 0$ 时，y' 不存在.

用 $x = 0$ 将定义域划分为两个子区间，列表讨论如下：

x	$(-\infty, 0)$	0	$(0, +\infty)$
y'	$-$	不存在	$+$
y	↘		↗

所以，函数 $y = \sqrt[3]{x^2}$ 在 $(-\infty, 0]$ 上单调减少，在 $[0, +\infty)$ 上单调增加（图 3-5）.

一般地，讨论函数 $y = f(x)$ 的单调性可按下列步骤进行：

(1) 确定函数 $y = f(x)$ 的定义域；

(2) 求出 $y = f(x)$ 单调区间所有可能的分界点（包括 $y' = 0$ 的点及 y' 不存在的点），并根据分界点把定义域分成若干开区间；

(3) 判断一阶导数 y' 在每个开区间的符号，确定函数 $y = f(x)$ 的单调性.

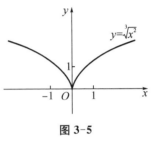

图 3-5

例 3.4.3 确定函数 $f(x) = 2x^3 - 9x^2 + 12x - 3$ 的单调区间.

解 函数的定义域为 $(-\infty, +\infty)$，由于

$$f'(x) = 6x^2 - 18x + 12 = 6(x-1)(x-2),$$

令 $y' = 0$，得 $x_1 = 1$，$x_2 = 2$.

用 x_1，x_2 把定义域 $(-\infty, +\infty)$ 分成三个区间 $(-\infty, 1)$、$(1, 2)$、$(2, +\infty)$，列表讨论如下：

x	$(-\infty, 1)$	$(1, 2)$	$(2, +\infty)$
y'	$+$	$-$	$+$
y	↗	↘	↗

所以，函数 $f(x)$ 在区间 $(-\infty, 1]$ 和 $[2, +\infty)$ 上单调增加，在区间 $[1, 2]$ 上单调减少.

下面举几个利用函数的单调性证明不等式的例子.

例 3.4.4 证明：当 $x > 0$ 时，$\arctan x > x - \dfrac{1}{3}x^3$.

证明 令 $f(x) = \arctan x - x + \dfrac{1}{3}x^3$，则

$$f'(x) = \frac{1}{1+x^2} - 1 + x^2 = \frac{x^4}{1+x^2}.$$

当 $x > 0$ 时，$f'(x) > 0$，所以 $f(x)$ 在 $[0, +\infty)$ 单调增加. 于是，当 $x > 0$ 时，有 $f(x) > f(0) = 0$，即

$$\arctan x > x - \frac{1}{3}x^3.$$

例 3.4.5 证明：当 $0 < x < \frac{\pi}{2}$ 时，$\sin x + \tan x > 2x$.

证明 令 $f(x) = \sin x + \tan x - 2x$，则

$$f'(x) = \cos x + \sec^2 x - 2,$$

$$f''(x) = -\sin x + 2\sec^2 x \tan x = \sin x(2\sec^3 x - 1).$$

因为当 $0 < x < \frac{\pi}{2}$ 时，$f''(x) > 0$，所以 $f'(x)$ 在 $\left[0, \frac{\pi}{2}\right)$ 单调增加，由此得

$$f'(x) > f'(0) = 0,$$

从而 $f(x)$ 在 $\left[0, \frac{\pi}{2}\right)$ 单调增加，于是当 $0 < x < \frac{\pi}{2}$ 时，有 $f(x) > f(0) = 0$，即

$$\sin x + \tan x > 2x.$$

例 3.4.6 证明方程 $x^3 + x^2 + 2x - 1 = 0$ 在 $(0, 1)$ 内有且仅有一个实根.

证明 设 $f(x) = x^3 + x^2 + 2x - 1$，则 $f(x)$ 在 $[0, 1]$ 上连续，且

$$f(0) = -1 < 0, \quad f(1) = 3 > 0,$$

一方面由零点定理可知，在 $(0, 1)$ 内至少存在一点 ξ，使 $f(\xi) = 0$，即方程 $x^3 + x^2 + 2x - 1 = 0$ 在 $(0, 1)$ 内至少有一个实根 $x = \xi$.

另一方面，在 $(0, 1)$ 内有

$$f'(x) = 3x^2 + 2x + 2 > 0,$$

所以，$f(x)$ 在 $(0, 1)$ 内单调增加. 于是，当 $x \in (0, \xi)$ 时，$f(x) < f(\xi) = 0$；当 $x \in (\xi, 3)$ 时，$f(x) > f(\xi) = 0$. 故方程 $x^3 + x^2 + 2x - 1 = 0$ 在 $(0, 1)$ 内最多只有一个根 $x = \xi$.

综上所述，方程 $x^3 + x^2 + 2x - 1 = 0$ 在 $(0, 1)$ 内有且仅有一个实根.

3.4.2 函数的极值

定义 3.4.1 设函数 $f(x)$ 在点 x_0 的某邻域 $U(x_0)$ 内有定义，如果对任意 $x \in \mathring{U}(x_0)$，恒有 $f(x) < f(x_0)$（或 $f(x) > f(x_0)$），则称 $f(x_0)$ 是函数 $f(x)$ 的一个**极大值**（或**极小值**），称 x_0 为函数 $f(x)$ 的**极大值点**（或**极小值点**）.

函数的极大值与极小值统称为**极值**，极大值点与极小值点统称为**极值点**.

在图 3-6 中，$f(x_2)$、$f(x_5)$ 和 $f(x_7)$ 都是函数 $f(x)$ 的极大值，$f(x_1)$、$f(x_4)$ 和

$f(x_6)$ 都是函数 $f(x)$ 的极大值. 函数的极值是一个局部概念, 是与极值点 x_0 附近点的函数值相比较而言, 对局部范围来说 $f(x_0)$ 是 $f(x)$ 的一个最大(小)值, 但在整个函数的定义域来说, $f(x_0)$ 就不一定是最大(小)值了. 极大值不一定比极小值大, 在图 3-6 中, 极大值 $f(x_2)$ 比极小值 $f(x_6)$ 小.

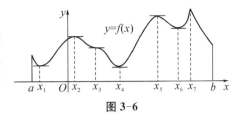

图 3-6

图 3-6 中, 点 x_1, x_2, x_4, x_5, x_6, x_7 都是 $f(x)$ 的极值点, 可以看到 $f(x)$ 在这些点处的切线是水平的(当切线存在时)或者没有切线(如在点 x_7 处), 但有水平切线的点不一定是极值点, 如图 3-6 中的点 x_3 不是极值点, 而曲线在点 x_3 的切线是水平的.

于是我们可得到如下的结论.

定理 3.4.2(极值存在的必要条件) 若函数 $f(x)$ 在点 x_0 处可导, 且 x_0 是 $f(x)$ 的极值点, 则

$$f'(x_0) = 0.$$

证明 不妨设函数 $f(x)$ 在点 x_0 取到极小值, 则对于 x_0 的某邻域内一切异于 x_0 的点 x, 总有 $f(x) > f(x_0)$.

当 $x > x_0$ 时, $\dfrac{f(x) - f(x_0)}{x - x_0} > 0$, 所以 $f'_+(x_0) = \lim\limits_{x \to x_0^+} \dfrac{f(x) - f(x_0)}{x - x_0} \geqslant 0$;

当 $x < x_0$ 时, $\dfrac{f(x) - f(x_0)}{x - x_0} < 0$, 所以 $f'_-(x_0) = \lim\limits_{x \to x_0^-} \dfrac{f(x) - f(x_0)}{x - x_0} \leqslant 0$.

由于 $f(x)$ 在点 x_0 可导, 于是 $f'(x_0) = f'_+(x_0) = f'_-(x_0)$,
故

$$f'(x_0) = 0.$$

定义 3.4.2 若函数 $f(x)$ 在点 x_0 处的导数 $f'(x_0) = 0$, 则称点 x_0 为函数 $f(x)$ 的**驻点**.

定理 3.4.2 表明, 可导函数的极值点一定是驻点. 但其逆命题不成立, 即驻点不一定是极值点. 例如函数 $f(x) = x^3$, $f'(x) = 3x^2$, $f'(0) = 0$, 因此 $x = 0$ 是 $f(x) = x^3$ 的驻点, 但 $x = 0$ 不是该函数的极值点. 因此, 驻点只是函数的可能极值点.

此外, 导数不存在的点也可能是函数的极值点. 例如, 函数 $f(x) = |x|$ 在点 $x = 0$ 处不可导, 但 $x = 0$ 是函数 $f(x) = |x|$ 的极小值点.

可见, 在没有可导性的前提下, 函数的极值点可能是驻点或者导数不存在的点. 但是, 驻点或导数不存在的点究竟是不是函数的极值点还需作进一步的判别. 如何判定驻点或导数不存在的点是否是极值点, 通常可由下面的充分条件来判断.

定理 3.4.3(极值存在的第一充分条件) 设函数 $f(x)$ 在点 x_0 处连续, 在 x_0 的某个去心邻域 $\mathring{U}(x_0, \delta)$ 内可导, 那么

(1) 若当 $x \in (x_0 - \delta, x_0)$ 时, $f'(x) > 0$; 而当 $x \in (x_0, x_0 + \delta)$ 时, $f'(x) < 0$, 则 $f(x)$ 在点 x_0 处取得极大值;

(2) 若当 $x \in (x_0 - \delta, x_0)$ 时, $f'(x) < 0$; 而当 $x \in (x_0, x_0 + \delta)$ 时, $f'(x) > 0$, 则 $f(x)$ 在点 x_0 处取得极小值;

(3) 当 $x \in \mathring{U}(x_0, \delta)$ 时, $f'(x)$ 的符号保持不变,则 $f(x)$ 在点 x_0 处没有极值.

证明 只证明情形(1). 当 $x \in (x_0 - \delta, x_0)$ 时, $f'(x) > 0$, 函数 $f(x)$ 在 $(x_0 - \delta, x_0)$ 上单调增加;当 $x \in (x_0, x_0 + \delta)$ 时, $f'(x) < 0$, $f(x)$ 在 $(x_0, x_0 + \delta)$ 上单调减少. 因此当 $x \in \mathring{U}(x_0, \delta)$ 时,总有 $f(x) < f(x_0)$, 所以 $f(x_0)$ 是 $f(x)$ 的极大值.

类似可以证明情形(2)及情形(3),如图 3-7 所示。

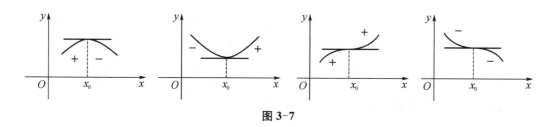

图 3-7

根据定理 3.4.2 和定理 3.4.3,函数的极值可按下列步骤进行求解:

(1) 求出一阶导数 $f'(x)$, 解方程 $f'(x) = 0$ 得到 $f(x)$ 的全部驻点,找出函数 $f(x)$ 的全部不可导点;

(2) 考察在每个驻点或不可导点的左右两侧 $f'(x)$ 符号的变化情况,以确定该点是否为极值点,是极大值点还是极小值点;

(3) 求出各极值点处的函数值,即得函数 $f(x)$ 的全部极值.

例 3.4.7 求函数 $f(x) = x^3 - 3x^2 - 9x + 5$ 的极值.

解 函数的定义域为 $(-\infty, +\infty)$. 由于

$$f'(x) = 3x^2 - 6x - 9 = 3(x+1)(x-3),$$

令 $f'(x) = 0$, 解得驻点 $x_1 = -1, x_2 = 3$.

用 x_1, x_2 划分定义域,列表讨论如下:

x	$(-\infty, -1)$	-1	$(-1, 3)$	3	$(3, +\infty)$
$f'(x)$	$+$	0	$-$	0	$+$
$f(x)$	↗	极大值 10	↘	极小值 -22	↗

所以函数 $f(x)$ 有极大值 $f(-1) = 10$, 有极小值 $f(3) = -22$.

例 3.4.8 求函数 $f(x) = (x^2 - 1)^{\frac{2}{3}}$ 的极值.

解 函数的定义域为 $(-\infty, +\infty)$. 由于

$$f'(x) = \frac{4}{3} \frac{x}{\sqrt[3]{x^2 - 1}},$$

令 $f'(x) = 0$, 得驻点 $x = 0$.

当 $x = -1$ 或 $x = 1$ 时, $f'(x)$ 不存在.

用这三个点划分定义域,列表讨论如下:

x	$(-\infty,-1)$	-1	$(-1,0)$	0	$(0,1)$	1	$(1,+\infty)$
$f'(x)$	$-$	不存在	$+$	0	$-$	不存在	$+$
$f(x)$	↘	极小值 0	↗	极大值 1	↘	极小值 0	↗

所以函数 $f(x)$ 有极小值 $f(0)=f(2)=0$，有极大值 $f(1)=1$.

如果函数 $f(x)$ 在驻点 x_0 处二阶导数存在且不为零时，可用下面的充分条件来判断该驻点处取得极大值还是极小值.

定理 3.4.4(极值存在的第二充分条件)　设函数 $f(x)$ 在点 x_0 处具有二阶导数，且 $f'(x_0)=0,f''(x_0)\neq 0$，那么

(1) 若 $f''(x_0)<0$，则函数 $f(x)$ 在点 x_0 处取得极大值；

(2) 若 $f''(x_0)>0$，则函数 $f(x)$ 在点 x_0 处取得极小值.

证明　根据二阶导数的定义及 $f'(x_0)=0$，有

$$f''(x_0)=\lim_{x\to x_0}\frac{f'(x)-f'(x_0)}{x-x_0}=\lim_{x\to x_0}\frac{f'(x)}{x-x_0},$$

(1) 若 $f''(x_0)<0$，由函数极限的局部保号性，在点 x_0 的一个足够小的去心邻域 $\mathring{U}(x_0,\delta)$ 内，有

$$\frac{f'(x)}{x-x_0}<0,$$

所以当 $x\in(x_0-\delta,x_0)$ 时，$f'(x)>0$；当 $x\in(x_0,x_0+\delta)$ 时，$f'(x)<0$. 根据极值的第一充分条件可知，函数 $f(x)$ 在点 x_0 处取得极大值.

同理可证情形(2).

注：当 $f'(x_0)=f''(x_0)=0$ 时，$f(x)$ 在点 x_0 处可能有极大值，也可能有极小值，也可能没有极值，不能用极值存在的第二充分条件判定，这时可用极值存在的第一充分条件来判定. 例如，$f(x)=-x^4,g(x)=x^4,h(x)=x^3$，这三个函数在点 $x=0$ 处的一阶导数和二阶导数均为零，但容易用定义验证 $x=0$ 是 $f(x)=-x^4$ 的极大值点，$x=0$ 是 $g(x)=x^4$ 的极小值点，$x=0$ 不是 $h(x)=x^3$ 的极值点.

例 3.4.9　求函数 $f(x)=x^3-x^2-x+1$ 的极值.

解　函数 $f(x)$ 的定义域为 $(-\infty,+\infty)$. 由于

$$f'(x)=3x^2-2x-1=(3x+1)(x-1),$$
$$f''(x)=6x-2,$$

令 $f'(x)=0$，得驻点 $x_1=1,x_2=-\dfrac{1}{3}$.

因为 $f''(1)=4>0,f''\left(-\dfrac{1}{3}\right)=-4<0$，

所以 $f\left(-\dfrac{1}{3}\right)=\dfrac{32}{27}$ 是函数的极大值，$f(1)=0$ 是函数的极小值.

例 3.4.10　求函数 $f(x)=(x^2-1)^3+1$ 的极值.

解 函数 $f(x)$ 的定义域为 $(-\infty, +\infty)$. 由于

$$f'(x) = 6x(x^2-1)^2,$$
$$f''(x) = 6(x^2-1)(5x^2-1),$$

令 $f'(x)=0$，得驻点 $x_1=-1$，$x_2=0$，$x_2=1$.

因为 $f''(0)=6>0$，所以 $f(0)=0$ 是函数的极小值. 但因 $f''(-1)=f''(1)=0$，极值存在的第二充分条件失效，改用第一充分条件来判断.

当 $x<0$ 时，$f'(x)<0$，$f(x)$ 单调减少；当 $x>0$ 时，$f'(x)>0$，$f(x)$ 单调增加. 所以，$x_1=-1$，$x_2=1$ 都不是函数的极值点.

习 题 3-4

1. 确定下列函数的单调区间.

(1) $y = \dfrac{3}{4}x^{\frac{4}{3}} - 3x^{\frac{1}{3}}$；

(2) $y = (x-1)(x+1)^3$；

(3) $y = \dfrac{1}{2}x^2 - \ln x$；

(4) $y = \dfrac{x}{1+x^2}$.

2. 利用函数的单调性证明：

(1) 当 $x>1$ 时，$\ln x > \dfrac{2(x-1)}{x+1}$；

(2) 当 $x>0$ 时，$1 + \dfrac{1}{2}x > \sqrt{1+x}$；

(3) 当 $x>1$ 时，$e^x > ex$；

(4) 当 $x>0$ 时，$x - \dfrac{x^3}{3} < \arctan x < x$.

3. 证明方程 $e^x - x - 3 = 0$ 在 $(0, 3)$ 内有且仅有一个实根.

4. 求下列函数的极值.

(1) $f(x) = 2x^2 - x^4$；

(2) $f(x) = (x+2)^2(x-1)^3$；

(3) $f(x) = x + \dfrac{1}{x}$；

(4) $f(x) = \sqrt[3]{(2x-x^2)^2}$；

(5) $f(x) = 2 - (x-1)^{\frac{2}{3}}$；

(6) $f(x) = x^3 - 9x^2 + 15x + 3$.

5. 设函数 $f(x) = a\ln x + bx^2 + x$ 在 $x=1, x=2$ 处取得极值，试确定 a, b 的值，并指出该极值是极大值还是极小值.

6. 当 a 为何值时，函数 $f(x) = a\sin x + \dfrac{1}{3}\sin 3x$ 在 $x = \dfrac{\pi}{3}$ 处取得极值？它是极大值还是极小值？并求出该极值.

3.5 函数的最值及其在经济学中的应用

3.5.1 函数的最值

在很多实际问题中，经常提出诸如用料最省、成本最低、效益最高、用时最短等问题，这类问题称为最优化问题. 在数学上，这类问题常归结为求一个函数（称为目标函数）的最大值或最小值问题.

1. 目标函数在闭区间上连续

如果函数 $f(x)$ 在闭区间 $[a, b]$ 上连续,根据闭区间上连续函数的性质,$f(x)$ 在 $[a, b]$ 上一定有最大值和最小值.连续函数的最大值和最小值只可能在下列几种点处取得:

(1) 驻点;

(2) 不可导点;

(3) 区间端点 $x = a$ 或 $x = b$.

所以只需分别求出函数在 (a, b) 内所有驻点、不可导点和区间端点,比较这些点处函数值的大小,就可以得到函数在闭区间上 $[a, b]$ 的最大值和最小值.

于是可以得到求连续函数 $f(x)$ 在 $[a, b]$ 上的最大值与最小值的基本步骤:

(1) 求出 $f(x)$ 在 (a, b) 内的所有驻点、不可导点以及区间端点;

(2) 求出驻点、不可导点以及端点处的函数值,再进行比较,最大者即为 $f(x)$ 在 $[a, b]$ 上的最大值,最小者即为 $f(x)$ 在 $[a, b]$ 上的最小值.

例 3.5.1　求函数 $f(x) = x^3 - 3x^2 + 2$ 在 $[-3, 4]$ 上的最大值和最小值.

解　显然,函数 $f(x)$ 在闭区间 $[-3, 4]$ 上连续,且

$$f'(x) = 3x^2 - 6x = 3x(x - 2).$$

令 $f'(x) = 0$,得驻点 $x_1 = 0$,$x_2 = 2$. 因为

$$f(0) = 2, \quad f(2) = -2, \quad f(-3) = -52, \quad f(4) = 18,$$

所以函数 $f(x)$ 在 $[-3, 4]$ 上的最大值为 $f(4) = 18$,最小值为 $f(-3) = -52$.

例 3.5.2　求函数 $f(x) = x\sqrt[3]{x-1}$ 在 $[-1, 2]$ 上的最大值和最小值.

解　显然,函数 $f(x)$ 在闭区间上 $[-1, 2]$ 连续,且

$$f'(x) = \sqrt[3]{x-1} + \frac{1}{3} \cdot \frac{x}{\sqrt[3]{(x-1)^2}} = \frac{1}{3} \cdot \frac{4x - 3}{\sqrt[3]{(x-1)^2}}.$$

令 $f'(x) = 0$,得驻点 $x = \dfrac{3}{4}$. 函数 $f(x)$ 在点 $x = 1$ 处不可导. 因为

$$f(-1) = \sqrt[3]{2}, \quad f\left(\frac{3}{4}\right) = -\frac{3\sqrt[3]{2}}{8}, \quad f(1) = 0, \quad f(2) = 2,$$

所以函数 $f(x)$ 在 $[-1, 2]$ 上的最大值为 $f(2) = 2$,最小值为 $f\left(\dfrac{3}{4}\right) = -\dfrac{3\sqrt[3]{2}}{8}$.

2. 目标函数在开区间内连续

如果函数 $f(x)$ 在开区间 (a, b) 内连续,那么 $f(x)$ 在 (a, b) 内不一定存在最大值与最小值. 但是在下面两种特殊情况下,都能够比较简单地确定函数的最大值与最小值:

(1) 在实际问题中,往往可以根据问题的实际意义,断定函数 $f(x)$ 在开区间 (a, b) 内一定有最大值或最小值. 如果函数 $f(x)$ 在开区间 (a, b) 内可导且只有唯一的驻点 x_0,那么 $f(x_0)$ 就是 $f(x)$ 在该区间内的最大值或最小值.

(2) 如果函数 $f(x)$ 在开区间 (a, b) 内可导且只有唯一的驻点 x_0. 如果 x_0 是函数

$f(x)$ 的极大(小)值点,那么 $f(x_0)$ 就是 $f(x)$ 在该区间内的最大(小)值(图 3-8).

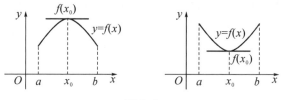

图 3-8

例 3.5.3 将边长为 a 的一块正方形铁皮,四角各截去一个大小相同的小正方形,然后将四边折起做成一个无盖的方盒.问截掉的小正方形边长为多大时,所得方盒的容积最大?

解 设小正方形的边长为 x,则方盒的底边长为 $a-2x$,高为 x,则容积为

$$V(x) = (a-2x)^2 \cdot x, \ 0 < x < \frac{a}{2}.$$

由

$$V'(x) = (a-2x)(a-6x),$$

令 $V'(x) = 0$,得驻点 $x_1 = \frac{a}{6}$ 和 $x_2 = \frac{a}{2}$(舍去).

根据问题的实际意义,容积 $V(x)$ 一定有最大值,且在 $\left(0, \frac{a}{2}\right)$ 内部取得.函数 $V(x)$ 在区间 $\left(0, \frac{a}{2}\right)$ 内只有唯一驻点 $x_1 = \frac{a}{6}$,所以 $V(x)$ 在点 $x_1 = \frac{a}{6}$ 处取得最大值.因此,当截掉的小正方形边长为 $\frac{a}{6}$ 时,所得方盒的容积最大,最大值为 $V\left(\frac{a}{6}\right) = \frac{2}{27}a^3$.

例 3.5.4 要做一个容积为 V 的有盖圆柱形罐头筒,问桶的底半径 r 和高 h 为何值时,所用材料最省?

解 所用材料最省,就是要使筒的表面积最小.设筒的底半径为 r,高为 h,则

$$\pi r^2 h = V,$$

表面积为

$$S = 2\pi r^2 + 2\pi rh = 2\pi r^2 + \frac{2V}{r}, \ r > 0.$$

由

$$S' = 4\pi r - \frac{2V}{r^2} = \frac{4\pi r^3 - 2V}{r^2},$$

令 $S' = 0$,得唯一驻点 $r_0 = \sqrt[3]{\frac{V}{2\pi}}$.

根据问题的实际意义,表面积 S 一定有最小值,且在 $(0, +\infty)$ 内部取得.函数 S 在区间

$(0，+\infty)$ 内只有唯一驻点 r_0，所以 S 在点 r_0 处取得最小值. 因此，当底半径为 $r_0 = \sqrt[3]{\dfrac{V}{2\pi}}$，

高为 $h_0 = \dfrac{V}{\pi r_0^{2}} = 2\sqrt[3]{\dfrac{V}{2\pi}} = 2r_0$ 时，所用材料最省.

3.5.2　经济应用问题举例

1. 最大利润问题

例 3.5.5　某工厂在一个月内生产某产品 Q 万件时，总成本函数为 $C(Q)=8Q+Q^2$（万元），得到的收益为 $R(Q)=26Q-2Q^2-4Q^3$（万元），问一个月生产多少万件产品时，所获得的利润最大？最大利润为多少？

解　利润函数为

$$L(Q)=R(Q)-C(Q)=-4Q^3-3Q^2+18Q，Q>0.$$

由

$$L'(Q)=-12Q^2-6Q+18=-6(2Q+3)(Q-1)，$$

令 $L'(Q)=0$，得驻点

$$Q_1=1 \quad 和 \quad Q_2=-1.5（舍去）.$$

又

$$L''(Q)=-24Q-6，L''(1)=(-24Q-6)\big|_{Q=1}=-30<0，$$

所以当 $Q=1$ 时，$L(Q)$ 取得唯一的极大值，也是最大值. 因此，当一个月生产 1 万件产品时，所获得的利润最大，最大利润为 $L(1)=(-4Q^3-3Q^2+18Q)\big|_{Q=1}=11$（万元）.

2. 最小成本问题

例 3.5.6　已知某厂生产 Q 件产品的成本（单位：元）为

$$C(Q)=25\,000+200Q+\dfrac{Q^2}{40}，$$

问要使平均成本最小，应生产多少产品？

解　平均成本函数为

$$\overline{C}(Q)=\dfrac{25\,000}{Q}+200+\dfrac{Q}{40}，\quad Q>0.$$

由

$$\overline{C}'(Q)=-\dfrac{25\,000}{Q^2}+\dfrac{1}{40}，$$

令 $\overline{C}'(Q)=0$，得驻点

$$Q=1\,000 \quad 和 \quad Q=-1\,000（舍去）.$$

又

$$C''(Q) = \frac{50\,000}{Q^3}, \quad C''(1\,000) = \frac{50\,000}{Q^3}\bigg|_{Q=1\,000} = 5 \times 10^{-5} > 0,$$

所以当 $Q = 1\,000$ 时，$\bar{C}'(Q)$ 取得唯一的极小值，也是最小值。因此，要使平均成本最小，应生产 $1\,000$ 件产品。

3. 最大税收问题

例 3.5.7 设某企业在生产一种商品 Q 件时的总收益函数为 $R(Q) = 100Q - Q^2$，总成本函数为 $C(Q) = 200 + 50Q + Q^2$，政府对每件商品征收货物税为 t。问

（1）生产多少件商品时，利润最大？

（2）在企业获得最大利润的情况下，t 为何值时才能使总税收最大？

解 （1）总税收函数为 $T(Q) = tQ$，利润函数为

$$L(Q) = R(Q) - C(Q) - tQ = -2Q^2 + (50-t)Q - 200, \quad Q > 0.$$

由

$$L'(Q) = -4Q + (50-t),$$

令 $L'(Q) = 0$，得驻点

$$Q = \frac{50-t}{4}.$$

又

$$L''(Q) = -4, \quad L''\left(\frac{50-t}{4}\right) = -4 < 0,$$

所以当 $Q = \dfrac{50-t}{4}$ 时，$L(Q)$ 取得唯一的极大值，也是最大值。因此，生产 $Q = \dfrac{50-t}{4}$ 件商品时，利润最大。

（2）获得最大利润时的总税收函数为

$$T = tQ = t \cdot \frac{50-t}{4} = \frac{50t - t^2}{4}, \quad t > 0.$$

令 $T' = \dfrac{25-t}{2} = 0$，得驻点

$$t = 25.$$

又

$$T'' = -\frac{1}{2} < 0, \quad T''(25) = -\frac{1}{2} < 0,$$

所以当 $t = 25$ 时，总税收函数 T 取得唯一的极大值，也是最大值。

习　题　3-5

1. 求下列函数在给定区间的最大值与最小值.

(1) $f(x) = x^3 - 3x + 3$, $[-3, 4]$;

(2) $y = x + \sqrt{1-x}$, $[-5, 1]$;

(3) $f(x) = \sin 2x - x$, $\left[-\dfrac{\pi}{2}, \dfrac{\pi}{2}\right]$;

(4) $f(x) = -3x^2 + 18x + 12$, $[0, 4]$;

(5) $f(x) = x^4 - 8x^2 + 2$, $[-1, 3]$.

2. 某车间靠墙壁要盖一间长方形小屋,现有存砖只够砌 20 cm 长的墙壁,问应围成怎样的长方形才能使这间小屋的面积最大?

3. 一艘轮船在航行中的燃料费和它的速度的立方成正比. 已知当速度为每小时 10 千米,燃料费为每小时 6 元,而其他与速度无关的费用为每小时 96 元,问轮船的速度为多少时,每航行 1 千米所消耗的费用最少?

4. 要造一个长方体无盖蓄水池,其容积为 500 立方米,底面为正方形。设底面与四壁所使用材料的单位造价相同,问底边和高为多少米时,才能使所用材料费最省?

5. 假设某种商品的需求量 Q 是单价 p (单位:元)的函数: $Q = 12\,000 - 80p$, 商品的总成本 C 是需求量 Q 的函数 $C = 25\,000 - 50Q$, 每单位商品需要纳税 2 元,求使得销售利润最大的商品单价和最大利润.

6. 某工厂生产某种产品,年产量为 x (单位:百台),总成本为 c (单位:万元),其中固定成本为 2 万元,每生产 1 百台成本增加 1 万元.若市场上每年可销售 4 百台,其销售总收益 R 是 x 的函数

$$R = R(x) = \begin{cases} 4x - \dfrac{1}{2}x^2, & 0 \leqslant x \leqslant 4, \\ 8, & x > 4. \end{cases}$$

问每年生产多少台,总利润最大?

7. 设某产品的成本函数为

$$c(x) = 100 + \dfrac{x^2}{4},$$

问产量为多少时,平均成本最小?

8. 某企业生产某种商品的平均成本为 $\bar{C}(Q) = 2$, 价格函数为 $P(Q) = 20 - 4Q$ (Q 为商品数),总政府对每件商品征收货物税为 t. 问

(1) 生产多少商品时,利润最大?

(2) 在企业获得最大利润的情况下,t 为何值时才能使总税收最大?

3.6　曲线的凹凸性与拐点

前面我们研究了函数的单调性和极值,但是这些还不能完全反映出函数的特性和函数的变化规律. 例如,函数 $y = x^2$ 与 $y = \sqrt{x}$ 在闭区间 $[0, 1]$ 上,它们都是单调增加的,但它们的图形却有明显的不同,如图 3-9 所示,两条曲线的弯曲方向完全不同. 函数 $y = x^2$ 在区间

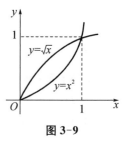

图 3-9

$[0,1]$ 上的图形是向上凹的,函数 $y=\sqrt{x}$ 在区间 $[0,1]$ 上的图形是向上凸的.

从几何上看,在向上凹的曲线上任取两个点 x_1 和 x_2,联结这两点的弦总在曲线的上方(图 3-10(a)),在向上凸的曲线上任取两个点 x_1 和 x_2,联结这两点的弦总在曲线的下方(图 3-10(b)),于是我们可以给出曲线凹凸性的定义.

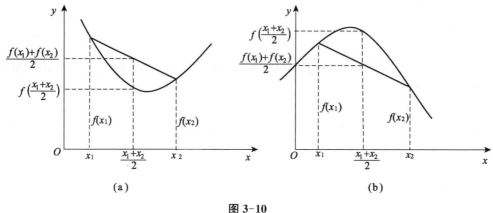

图 3-10

定义 3.6.1 设函数 $f(x)$ 在区间 I 上连续,如果对区间 I 任意两点 x_1、x_2,恒有

$$f\left(\frac{x_1+x_2}{2}\right)<\frac{f(x_1)+f(x_2)}{2},$$

那么称 $y=f(x)$ 在 I 上的图形是**(向上)凹的**(或**凹弧**). 如果恒有

$$f\left(\frac{x_1+x_2}{2}\right)>\frac{f(x_1)+f(x_2)}{2},$$

则称 $y=f(x)$ 在 I 上的图形是**(向上)凸的**(或**凸弧**).

下面讨论凹凸性的判别方法.

从图 3-11(a)可以看出,凹弧上任意一点的切线位于弧的下方,任意一点处的切线斜率 $f'(x)=\tan\alpha$(其中 α 为切线的倾斜角)随着 x 增大而增大,即函数 $f'(x)$ 单调增加;类似地,图 3-11(b)中,凸弧上任意一点的切线位于弧的上方,任意一点处的切线斜率 $f'(x)=\tan\alpha$ 随着 x 增大而减小,即函数 $f'(x)$ 单调减少. 于是有下面的曲线凹凸性的判定定理.

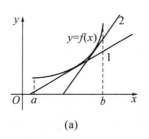
(a)

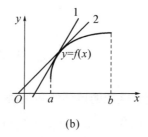
(b)

图 3-11

定理 3.6.1　设函数 $f(x)$ 在 $[a,b]$ 上连续,在 (a,b) 内具有一阶和二阶导数,那么

(1) 如果在 (a,b) 内 $f''(x)>0$,则曲线 $y=f(x)$ 在 $[a,b]$ 上是凹的;

(2) 如果在 (a,b) 内 $f''(x)<0$,则曲线 $y=f(x)$ 在 $[a,b]$ 上是凸的.

证明　先证情形(1). 设 x_1 和 x_2 为 (a,b) 内任意两点,且 $x_1<x_2$,记 $\dfrac{x_1+x_2}{2}=x_0$,

并记 $x_2-x_0=x_0-x_1=h$,则 $x_1=x_0-h,x_2=x_0+h$,在 $[x_1,x_0]$ 与 $[x_0,x_2]$ 上分别应用拉格朗日中值定理,可得

$$f(x_0)-f(x_1)=f'(\xi_1)(x_0-x_1)=f'(\xi_1)h,\ \xi_1\in(x_1,x_0),$$
$$f(x_2)-f(x_0)=f'(\xi_2)(x_2-x_0)=f'(\xi_2)h,\ \xi_2\in(x_0,x_2).$$

两式相减,得

$$f(x_2)+f(x_1)-2f(x_0)=[f'(\xi_2)-f'(\xi_1)]h.$$

对 $f'(x)$ 在 $[\xi_1,\xi_2]$ 上再用拉格朗日中值定理,可得

$$f'(\xi_2)-f'(\xi_1)=f''(\xi)(\xi_2-\xi_1),\quad \xi\in(\xi_1,\xi_2).$$

因为在 (a,b) 内 $f''(x)>0$,所以有

$$f(x_2)+f(x_1)-2f(x_0)=f(x_2)+f(x_1)-2f\left(\frac{x_1+x_2}{2}\right)>0,$$

即

$$f\left(\frac{x_1+x_2}{2}\right)<\frac{f(x_1)+f(x_2)}{2},$$

根据定义,曲线 $y=f(x)$ 在 $[a,b]$ 上是凹的.

类似可证明情形(2).

例 3.6.1　讨论曲线 $y=\ln x$ 的凹凸性.

解　函数 $y=\ln x$ 的定义域是 $(0,+\infty)$. 因为

$$y'=\frac{1}{x},\quad y''=-\frac{1}{x^2}<0,$$

所以,曲线 $y=\ln x$ 在 $(0,+\infty)$ 内是凸的.

例 3.6.2　讨论曲线 $y=x^3$ 的凹凸性.

解　函数 $y=x^3$ 的定义域是 $(-\infty,+\infty)$. 由于

$$y'=3x^2,$$
$$y''=6x,$$

令 $y''=0$,得 $x=0$. 列表讨论如下:

x	$(-\infty,0)$	0	$(0,+\infty)$
y''	$-$	0	$+$
y	凸		凹

因此，曲线在 $(-\infty,0]$ 上是凸的，在区间 $[0,+\infty)$ 内是凹的．

上例中，点 $(0,0)$ 是使曲线由凸变凹的分界点，此类分界点称为曲线的拐点。

定义 3.6.2 连续曲线上凹弧与凸弧的分界点称为曲线的**拐点**．

那么怎么寻找曲线上的拐点呢？由拐点的定义可知，拐点左右两侧的凹凸性相反，由于曲线 $y=f(x)$ 的凹凸性可由 $f''(x)$ 的符号来判断，因此，要寻找拐点，只要找出 $f''(x)$ 符号发生变化的分界点即可．如果 $y=f(x)$ 具有二阶连续导数，那么在这样的分界点处必有 $f''(x)=0$．此外，$f''(x)$ 不存在的点，也有可能是 $f''(x)$ 的符号发生变化的分界点．

一般地，判定曲线 $y=f(x)$ 的凹凸性及拐点，可按下列步骤进行：

(1) 求出 $f(x)$ 的定义域以及 $f'(x)$、$f''(x)$；

(2) 求出 $f''(x)=0$ 的点和 $f''(x)$ 不存在的点；

(3) 用步骤(2)得到的点把定义域分成若干个小区间，检查 $f''(x)$ 在各个小区间内的符号，判定曲线的凹凸性，如果在点 $(x_0,f(x_0))$ 两侧 $f''(x)$ 符号相反，点 $(x_0,f(x_0))$ 是曲线的拐点．

例 3.6.3 求曲线 $y=\ln(1+x^2)$ 的凹凸区间及拐点．

解 函数 $y=\ln(1+x^2)$ 的定义域为 $(-\infty,+\infty)$．由于

$$y'=\frac{2x}{1+x^2},$$

$$y''=\frac{2(1-x^2)}{(1+x^2)^2},$$

令 $y''=0$，得 $x_1=-1$，$x_2=1$．

用 x_1，x_2 把定义域 $(-\infty,+\infty)$ 分成三个区间，列表讨论如下：

x	$(-\infty,-1)$	-1	$(-1,1)$	1	$(1,+\infty)$
y''	$-$	0	$+$	0	$-$
y	凸	拐点 $(-1,\ln 2)$	凹	拐点 $(1,\ln 2)$	凸

因此，曲线 $y=\ln(1+x^2)$ 在区间 $(-\infty,-1]$ 和 $[1,+\infty)$ 上是凸的，在区间 $(-1,1)$ 上是凹的．拐点为 $(-1,\ln 2)$ 和 $(1,\ln 2)$．

例 3.6.4 求曲线 $y=x\sqrt[3]{(x-1)^2}$ 的凹凸区间及拐点．

解 函数 $y=x\sqrt[3]{(x-1)^2}$ 的定义域为 $(-\infty,+\infty)$．

$$y'=(x-1)^{\frac{2}{3}}+\frac{2}{3}x(x-1)^{-\frac{1}{3}},$$

$$y''=\frac{2(5x-6)}{9\sqrt[3]{(x-1)^4}},$$

令 $y''=0$，得 $x=\frac{6}{5}$；当 $x=1$ 时，y'' 不存在．

列表讨论如下：

x	$(-\infty,1)$	1	$\left(1,\dfrac{6}{5}\right)$	$\dfrac{6}{5}$	$\left(\dfrac{6}{5},+\infty\right)$
y''	$-$	不存在	$-$	0	$+$
y	凸	非拐点	凸	拐点 $\left(\dfrac{6}{5},\dfrac{6}{25}\sqrt[3]{5}\right)$	凹

由于曲线 $y=x\sqrt[3]{(x-1)^2}$ 在点 $x=1$ 处连续,故曲线在 $\left(-\infty,\dfrac{6}{5}\right]$ 上是凸的,在 $\left(\dfrac{6}{5},+\infty\right)$ 上是凹的,拐点为 $\left(\dfrac{6}{5},\dfrac{6}{25}\sqrt[3]{5}\right)$.

习　题　3-6

1. 求下列曲线的凹凸区间及拐点.

(1) $y=3x^4-4x^3+1$；　　　　　　　(2) $y=x-\ln x$；

(3) $y=\dfrac{(x-3)^2}{x-1}$；　　　　　　　(4) $y=x\mathrm{e}^x$；

(5) $y=(x-1)\sqrt[3]{x^2}$.

2. 问当 a,b 为何值时,点 $(1,\ln2)$ 为曲线 $y=\ln(ax^2+b)$ 的拐点.

3. 试确定 $y=k(x^2-3)^2$ 中 k 的值,使曲线在拐点处的法线通过原点 $(0,0)$.

4. 试确定曲线 $y=ax^3+bx^2+cx+d$ 中 a,b,c,d 的值,使得点 $x=-2$ 处曲线的切线是水平的,点 $(1,-10)$ 为拐点,且点 $(-2,44)$ 在曲线上.

3.7　函数图形的描绘

前面几节我们利用函数一阶、二阶导数讨论了函数的单调性与极值、最值和曲线的凹凸性与拐点.为了更加准确地描绘出函数图形,在画图之前,我们需要研究自变量充分大时函数曲线的变化趋势,为此有必要对曲线的渐近线进行讨论.

3.7.1　渐近线

有些函数的定义域和值域是有限区间,此时函数的图形局限在一定的范围内,如圆、椭圆等;而有些函数的定义域或值域是无限区间,函数的图形向无穷远处延伸,如双曲线、抛物线等.向无穷远处延伸的曲线,有时会呈现出越来越接近某一直线的性态,这种直线就称为曲线的渐近线.

定义 3.7.1　若曲线上的一动点沿曲线趋于无穷远时,该点与某条直线的距离趋于零,则称此直线为该曲线的渐近线.渐近线有水平**渐近线**、铅直渐近线和斜渐近线,下面分别给出求这三种渐近线的方法.

1. 水平渐近线

若

$$\lim_{x\to+\infty}f(x)=A \quad \text{或} \quad \lim_{x\to-\infty}f(x)=A,$$

则直线 $y=A$ 为曲线 $y=f(x)$ 的一条水平渐近线.

例如,对曲线 $y=\arctan x$,因为

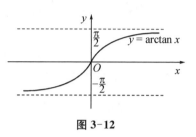

图 3-12

$$\lim_{x\to+\infty}\arctan x=\frac{\pi}{2}, \quad \lim_{x\to-\infty}\arctan x=-\frac{\pi}{2},$$

所以曲线 $y=\arctan x$ 有两条水平渐近线 $y=\frac{\pi}{2}$ 和 $y=-\frac{\pi}{2}$(图 3-12).

2. 铅直渐近线

若

$$\lim_{x\to x_0^+}f(x)=\infty \quad \text{或} \quad \lim_{x\to x_0^-}f(x)=\infty,$$

则直线 $x=x_0$ 为曲线 $y=f(x)$ 的一条铅直渐近线.

例如,对曲线 $y=\dfrac{1}{x^2-x-6}=\dfrac{1}{(x+2)(x-3)}$,

因为

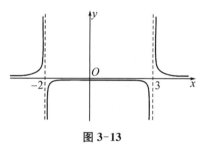

图 3-13

$$\lim_{x\to3}y=\infty, \quad \lim_{x\to-2}y=\infty,$$

所以曲线 $y=\dfrac{1}{x^2-x-6}$ 有两条铅直渐近线 $x=3$ 和 $x=-2$(图 3-13).

3. 斜渐近线

对曲线 $y=f(x)$,如果存在常数 $k,b(k\neq 0)$ 使

$$\lim_{x\to+\infty}\big[f(x)-(kx+b)\big]=0 \quad \text{或} \quad \lim_{x\to-\infty}\big[f(x)-(kx+b)\big]=0,$$

则直线 $y=kx+b$ 是曲线 $y=f(x)$ 的斜渐近线.

下面推导计算 k,b 的公式.

由渐近线的定义,直线 $y=kx+b$ 是曲线 $y=f(x)$ 当 $x\to+\infty$ 时的斜渐近线的充要条件为 $\lim\limits_{x\to+\infty}\big[f(x)-(kx+b)\big]=0$.

由函数极限与无穷小的关系得

$$f(x)=kx+b+\partial(x), \quad \text{其中} \lim_{x\to+\infty}\partial(x)=0.$$

因此

$$k=\lim_{x\to+\infty}\frac{f(x)-b-\partial(x)}{x}=\lim_{x\to+\infty}\frac{f(x)}{x},$$
$$b=\lim_{x\to+\infty}\big[f(x)-kx-\partial(x)\big]=\lim_{x\to+\infty}\big[f(x)-kx\big].$$

注：如果 (1) $\lim\limits_{x \to +\infty} \dfrac{f(x)}{x}$ 不存在；(2) $k = \lim\limits_{x \to +\infty} \dfrac{f(x)}{x}$ 存在，但 $\lim\limits_{x \to +\infty} [f(x) - kx]$ 不存在；那么可以断定曲线 $y = f(x)$ 不存在斜渐近线.

同理可得，直线 $y = kx + b$ 是曲线 $y = f(x)$ 当 $x \to -\infty$ 时的斜渐近线的充要条件为

$$k = \lim_{x \to -\infty} \frac{f(x)}{x}, \quad b = \lim_{x \to -\infty} [f(x) - kx].$$

例 3.7.1 求曲线 $y = \dfrac{c}{1 + b\mathrm{e}^{-ax}}$（$a$，$b$，$c$ 均为大于 0 的常数）的渐近线.

解 因为

$$\lim_{x \to +\infty} y = \lim_{x \to +\infty} \frac{c}{1 + b\mathrm{e}^{-ax}} = c,$$

$$\lim_{x \to -\infty} y = \lim_{x \to -\infty} \frac{c}{1 + b\mathrm{e}^{-ax}} = 0,$$

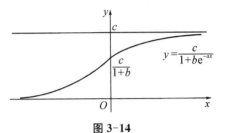

图 3-14

所以直线 $y = c$ 和 $y = 0$ 为曲线的两条水平渐近线（图 3-14）.

例 3.7.2 求曲线 $y = \dfrac{(x+3)^2}{4(x-2)}$ 的渐近线.

解 因为 $\lim\limits_{x \to 2} y = \lim\limits_{x \to 2} \dfrac{(x+3)^2}{4(x-2)} = \infty$，所以 $x = 2$ 是曲线的铅直渐近线. 又

$$k = \lim_{x \to \infty} \frac{f(x)}{x} = \lim_{x \to \infty} \frac{(x+3)^2}{4x(x-2)} = \frac{1}{4},$$

$$b = \lim_{x \to \infty} [f(x) - kx] = \lim_{x \to \infty} \left[\frac{(x+3)^2}{4(x-2)} - \frac{1}{4}x \right] = \lim_{x \to \infty} \frac{8x + 9}{4(x-2)} = 2,$$

所以，直线 $y = \dfrac{1}{4}x + 2$ 是曲线的斜渐近线.

3.7.2 函数图形的描绘

通过对函数的单调性与极值、凹凸性与拐点以及曲线的渐近线进行讨论，我们可以较为准确地描绘出函数的图形，具体步骤如下：

(1) 确定函数 $y = f(x)$ 的定义域、奇偶性和周期性等；

(2) 求 $f'(x)$ 与 $f''(x)$，求出使 $f'(x) = 0$，$f''(x) = 0$ 的点及 $f'(x)$，$f''(x)$ 不存在的点以及函数的间断点，用这些点把函数的定义域分成几个部分区间；

(3) 列表，确定每个部分区间内 $f'(x)$ 和 $f''(x)$ 的符号，以此确定函数的单调性与极值、凹凸性与拐点；

(4) 确定曲线的渐近线及其他变化趋势；

(5) 描出一些特殊点（极值点、拐点，曲线与坐标轴的交点），增添一些关键性的辅助点，逐段连线作图.

例 3.7.3 描绘函数 $y = e^{-\frac{x^2}{2}}$ 的图形.

解 （1）函数的定义域为 $(-\infty, +\infty)$，是偶函数，图形关于 y 轴对称，只需讨论 $[0, +\infty)$ 上函数的图形.

（2）$y' = -x e^{-\frac{x^2}{2}}$，$y'' = (x^2 - 1) e^{-\frac{x^2}{2}}$，

令 $f'(x) = 0$，得驻点为 $x = 0$；令 $f''(x) = 0$，得 $x = 1$.

（3）列表讨论：

x	0	$(0, 1)$	1	$(1, +\infty)$
y'	0	$-$		$-$
y''	$-$	$-$	0	$+$
y	极大值 $(0, 1)$	↘	拐点 $(1, e^{-\frac{1}{2}})$	↗

（4）因为 $\lim\limits_{x \to +\infty} y = \lim\limits_{x \to +\infty} e^{-\frac{x^2}{2}} = 0$，所以 $y = 0$ 为曲线的水平渐近线.

（5）描出极大值点 $(0, 1)$，拐点 $(1, e^{-\frac{1}{2}})$，补充点 $(2, e^{-2})$. 作出函数的图形，如图 3-17 所示.

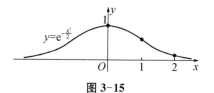

图 3-15

例 3.7.4 描绘函数 $y = \dfrac{4(x+1)}{x^2} - 2$ 的图形.

解 （1）函数的定义域为 $(-\infty, 0) \cup (0, +\infty)$.

（2）$y' = -\dfrac{4(x+2)}{x^3}$，$y'' = \dfrac{8(x+3)}{x^4}$，

令 $y' = 0$，得 $x = -2$. 令 $y'' = 0$，得 $x = -3$.

（3）列表讨论：

x	$(-\infty, -3)$	-3	$(-3, -2)$	-2	$(-2, 0)$	$(0, +\infty)$
y'	$-$		$-$	0	$+$	$-$
y''	$-$	0	$+$		$+$	$+$
y	↘	拐点 $\left(-3, -\dfrac{26}{9}\right)$	↘	极小值 -3	↗	↘

（4）因为 $\lim\limits_{x \to 0} y = \lim\limits_{x \to 0} \left[\dfrac{4(x+1)}{x^2} - 2 \right] = +\infty$，所以 $x = 0$ 为曲线的铅直渐近线；

因为 $\lim\limits_{x \to \infty} y = \lim\limits_{x \to \infty} \left[\dfrac{4(x+1)}{x^2} - 2 \right] = -2$，所以 $y = -2$ 为曲线的水平渐近线.

(5) 描出拐点 $\left(-3,-\dfrac{26}{9}\right)$，极小值点 $(-2,-3)$，补充点 $(-1,-2)$，$(1\pm\sqrt{3},0)$，$(2,1)$. 作出函数的图形，如图 3-16 所示.

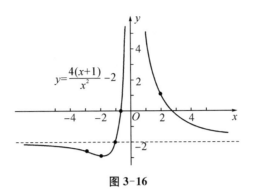

$$y=\frac{4(x+1)}{x^2}-2$$

图 3-16

例 3.7.5 描绘函数 $y=x^{\frac{2}{3}}(6-x)^{\frac{1}{3}}$ 的图形.

解 (1) 函数的定义域为 $(-\infty,+\infty)$.

(2) $y'=\dfrac{4-x}{x^{\frac{1}{3}}(6-x)^{\frac{2}{3}}}$，$y''=-\dfrac{8}{x^{\frac{4}{3}}(6-x)^{\frac{5}{3}}}$，

令 $y'=0$，得驻点 $x=4$，$f'(x)$ 不存在的点为 $x=0$，$x=6$.

$f''(x)$ 无零点，$f''(x)$ 不存在的点为 $x=0$，$x=6$.

(3) 列表讨论：

x	$(-\infty,0)$	0	$(0,4)$	4	$(4,6)$	6	$(6,+\infty)$
y'	$-$	不存在	$+$		$-$	不存在	$-$
y''	$-$	不存在	$-$	0	$-$	不存在	$+$
y	$\searrow$	极小值 0	$\curvearrowright$	极小值 $2\sqrt[3]{4}$	$\searrow$	拐点 $(6,0)$	$\nearrow$

(4) $k=\lim\limits_{x\to\infty}\dfrac{f(x)}{x}=\lim\limits_{x\to\infty}\left(\dfrac{6}{x}-1\right)^{\frac{1}{3}}=-1$，

$b=\lim\limits_{x\to\infty}\left[f(x)-kx\right]=\lim\limits_{x\to\infty}\left[x^{\frac{2}{3}}(6-x)^{\frac{1}{3}}+x\right]$

$\xlongequal{t=\frac{1}{x}}\lim\limits_{t\to\infty}\dfrac{(6t-1)^{\frac{1}{3}}+1}{t}=\lim\limits_{t\to\infty}2(6t-1)^{-\frac{2}{3}}=2$，

故有斜渐近线 $y=-x+2$.

(5) 描出拐点 $(6,0)$，极小值点 $(4,2\sqrt[3]{4})$，补充点 $(-2,2\sqrt[3]{4})$，$(8,-4\sqrt[3]{2})$. 作出函数的图形，如图 3-17 所示.

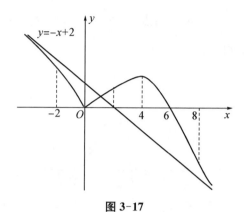

图 3-17

习 题 3-7

1. 求下列曲线的渐近线.

(1) $y = \dfrac{3x+2}{x-1} e^{\frac{1}{x}}$；

(2) $y = x \ln\left(e + \dfrac{1}{x}\right)$；

(3) $y = \dfrac{5(x-2)(x+3)}{x-1}$；

(4) $y = \dfrac{1}{x^2 - 4x - 5}$.

2. 描绘下列函数的图形.

(1) $y = x^4 - 2x^3 + 1$；

(2) $y = \dfrac{2x-1}{(x-1)^2}$；

(3) $y = \dfrac{x}{1+x^2}$；

(4) $y = 4x^2 + \dfrac{1}{x}$；

(5) $y = \dfrac{x^2}{x+1}$；

(6) $y = 1 - e^{-x^2}$.

3.8 用 Python 作图

本节使用 Python 中的 matplotlib. pyplot 模块进行函数图形的绘制.

例 3.8.1 作出 $y = x^4 - 2x^3 + 1$ 的图形.

代码：

```
from matplotlib import pyplot as plt
import numpy as np

plt.rcParams['font.sans-serif'] = 'Simhei'
plt.rcParams['axes.unicode_minus'] = False

plt.figure(figsize=[6,6])
```

```
plt.title('y=x**4-2*x**3+1 的图形')
plt.xlabel('x 轴')
plt.ylabel('y 轴')
x = np.arange(-1,2,0.001)
y = x**4-2*x**3+1
plt.plot(x,y,color='k')
plt.show()
```

输出结果：

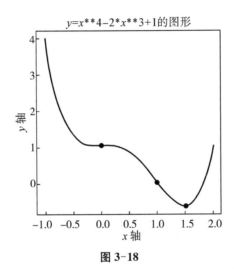

图 3-18

例 3.8.2　作出 $y=\dfrac{(x+3)^2}{4(x-2)}$ 的图形.

代码：

```
from matplotlib import pyplot as plt
import numpy as np

plt.rcParams['font.sans-serif'] = 'Simhei'
plt.rcParams['axes.unicode_minus'] = False

plt.figure(figsize=[6,6])
plt.title('$y=\\frac{(x+3)^2}{4(x-2)}$ 的图形')
plt.xlabel('x 轴')
plt.ylabel('y 轴')
x = np.arange(-5,1.9,0.001)
y = (x+3)**2/(x-2)/4
plt.plot(x,y,color='k')
```

```
x1 = np.arange(2.1,8,0.001)
y1 = (x1+3)**2/(x1-2)/4
plt.plot(x1,y1)
plt.show()
```

输出结果：

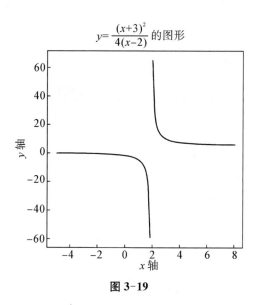

$y=\dfrac{(x+3)^2}{4(x-2)}$ 的图形

图 3-19

综合练习 3

一、单项选择题

1. 罗尔定理中的三个条件：$f(x)$ 在 $[a,b]$ 上连续，在 (a,b) 内可导，且 $f(a)=f(b)$，是 $f(x)$ 在 (a,b) 内至少存在一点 ξ，使得 $f'(\xi)=0$ 成立的（　　）.

A. 必要条件　　　　　　　　　　　　B. 充分条件

C. 充要条件　　　　　　　　　　　　D. 既非充分也非必要条件

2. 下列函数在 $[-1,1]$ 上满足罗尔定理条件的是（　　）.

A. e^x　　　　　　B. $\ln|x|$　　　　　　C. $1-x^2$　　　　　　D. $\dfrac{1}{1-x^2}$

3. 下列各式中正确运用洛必达法则求极限的是（　　）.

A. $\lim\limits_{x\to 0}\dfrac{\sin x}{e^x-1}=\lim\limits_{x\to 0}\dfrac{\cos x}{e^x}=\lim\limits_{x\to 0}\dfrac{-\sin x}{e^x}=0$

B. $\lim\limits_{x\to\infty}\dfrac{x+\sin x}{x}=\lim\limits_{x\to\infty}(1+\cos x)$ 不存在

C. $\lim\limits_{x\to\infty}\dfrac{e^x-e^{-x}}{e^x+e^{-x}}=\lim\limits_{x\to\infty}\dfrac{e^{-x}(e^{2x}-1)}{e^{-x}(e^{2x}+1)}=\lim\limits_{x\to\infty}\dfrac{e^{2x}-1}{e^{2x}+1}=\lim\limits_{x\to\infty}\dfrac{2e^{2x}}{2e^{2x}}=1$

D. $\lim\limits_{x\to 0}\dfrac{x}{e^x}=\lim\limits_{x\to 0}\dfrac{1}{e^x}=1$

4. $f(x)=x\ln x$，则（　　）.

A. 在 $\left(0, \dfrac{1}{e}\right)$ 内单调减少   B. 在 $\left(\dfrac{1}{e}, +\infty\right)$ 内单调减少

C. 在 $(0, +\infty)$ 内单调减少   D. 在 $(0, +\infty)$ 内单调增加

5. 设曲线 $y = \dfrac{1 + e^{-x^2}}{1 - e^{-x^2}}$，则该曲线（   ）.

A. 没有渐近线   B. 仅有水平渐近线

C. 仅有垂直渐近线   D. 既有垂直渐近线又有水平渐近线

6. 设 $f(x)$ 在 $(-\infty, +\infty)$ 内有定义，$x_0 (x_0 \neq 0)$ 是 $f(x)$ 的极大值点，则（   ）.

A. x_0 必是 $f(x)$ 的驻点   B. $-x_0$ 必是 $-f(-x)$ 的极小值点

C. $-x_0$ 必是 $-f(x)$ 的极小值点   D. 对一切 x 都有 $f(x) \leqslant f(x_0)$

7. 设 $f(x) = x(x-1)(x-2)(x-3)(x-4)$，则 $f'(x) = 0$ 有（   ）个实根。

A. 1   B. 2   C. 3   D. 4

8. $f(x)$ 在 $(-\infty, +\infty)$ 内可导，且 $\forall x_1, x_2$，当 $x_1 > x_2$ 时，$f(x_1) > f(x_2)$，则（   ）.

A. 任意 x，$f'(x) > 0$ B. 任意 x，$f'(-x) \leqslant 0$

C. $f(-x)$ 单调增   D. $-f(-x)$ 单调增

9. 设函数 $f(x)$ 在 $[0, 1]$ 上二阶导数大于 0，则下列关系式成立的时（   ）.

$f'(1) > f'(0) > f(1) - f(0)$ B. $f'(1) > f(1) - f(0) > f'(0)$

C. $f(1) - f(0) > f'(1) > f'(0)$ D. $f'(1) > f(0) - f(1) > f'(0)$

10. 函数 $f(x)$ 的定义域为开区间 (a, b)，导函数 $f'(x)$ 在 (a, b) 内的图像如下图所示，则函数 $f(x)$ 在开区间 (a, b) 内有极小值点（   ）.

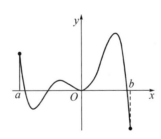

A. 1 个   B. 2 个   C. 3 个   D. 4 个

二、填空题

1. $\lim\limits_{x \to \frac{\pi}{2}} \dfrac{\cos 5x}{\cos 3x} = $ _____.

2. $\lim\limits_{x \to 0^+} (\sin x)^x = $ _____.

3. 函数 $y = 4x^2 - \ln(x^2)$ 的单调增区间是 _____，单调减少区间是 _____.

4. 若点 $(1, 3)$ 为曲线 $y = ax^3 + bx^2$ 的拐点，则 $a = $ _____，$b = $ _____，曲线的凹区间为 _____，凸区间为 _____.

5. 当 $x = \pm 1$ 时，函数 $y = x^3 + 3px + q$ 有极值，那么 $p = $ _____.

6. 当 $x \to \infty$ 时，有 $f(x) \to +\infty$，$g(x) \to +\infty$，且 $\lim\limits_{x \to \infty} \dfrac{f'(x)}{g'(x)} = l \quad (0 < l < +\infty)$，则 $\lim\limits_{x \to \infty} \dfrac{\ln f(x)}{\ln g(x)} = $ _____.

7. $e^x = x + 3$ 在 $(-\infty, +\infty)$ 内实根的个数为 _____.

8. 若 $\lim\limits_{x \to 0} \dfrac{\sin^2 x}{1 - \cos kx} = \dfrac{1}{2}$，则 $k = $ _____.

9. 函数 $f(x) = x^4$ 在区间 $[1, 2]$ 上满足拉格朗日中值定理的 $\xi =$ _____.

三、用洛必达法则求下面极限.

1. $\lim\limits_{x \to a} \dfrac{x^m - a^m}{x^n - a^n}$；

2. $\lim\limits_{x \to 0} \dfrac{2^x + 2^{-x} - 2}{x^2}$；

3. $\lim\limits_{x \to 0} \dfrac{\sin x - \tan x}{x^3}$；

4. $\lim\limits_{x \to 0} \dfrac{x - \sin x}{(\arcsin x)^3}$；

5. $\lim\limits_{x \to 0} \left(\dfrac{1}{x} - \dfrac{1}{e^x - 1} \right)$；

6. $\lim\limits_{x \to 0^+} \left(\dfrac{1}{x} \right)^{\tan x}$；

7. $\lim\limits_{x \to +\infty} \ln(1 + 2^x) \ln \left(1 + \dfrac{3}{x} \right)$；

8. $\lim\limits_{x \to +\infty} \sqrt[x]{x}$；

9. $\lim\limits_{x \to 0} \dfrac{1 - x^2 - e^{-x^2}}{\sin^4 x}$；

10. $\lim\limits_{x \to 0} (1 + x^2)^{\frac{1}{x}}$.

四、解答题

1. 已知函数 $y = \dfrac{x}{x^2 + 1}$，试求其单调区间，极值点，拐点，凹凸区间和渐近线。

2. 已知某企业的总收益函数为 $R = 33x - 4x^2$，总成本函数为 $C = x^3 - 7x^2 + 24x + 6$，其中 x 表示产品的产量，求利润函数以及企业获得最大利润时的产量和最大利润.

五、证明题

1. 若 $f(x)$ 在 $[0, 1]$ 上连续，在 $(0, 1)$ 内可导，且 $f(0) = f(1) = 0$，$f\left(\dfrac{1}{2} \right) = 1$，证明：在 $(0, 1)$ 内至少有一点 ξ，使 $f'(\xi) = 1$.

2. 证明不等式：$\ln \left(1 + \dfrac{1}{x} \right) > \dfrac{1}{1 + x}$，$0 < x < +\infty$.

第 4 章　不 定 积 分

前面介绍了一元函数微分学的知识,现在我们来讨论一元函数积分学. 不定积分和定积分是一元函数积分学的两个基本部分. 本章主要内容是原函数和不定积分的概念、性质及其计算方法.

4.1　不定积分的概念与性质

4.1.1　原函数与不定积分的概念

在前面章节中,我们讨论了如何求一个函数的导函数(或微分)的问题. 但是,在实际问题中,我们常常需要讨论它的反问题,即已知一个函数的导函数(或微分),求该函数. 这是积分学的基本问题之一.

定义 4.1.1　设函数 $f(x)$ 在区间 I 上有定义,若存在区间 I 上的可导函数 $F(x)$,使得对于该区间上的每一点 x 都有

$$F'(x) = f(x) \quad \text{或} \quad \mathrm{d}F(x) = f(x)\mathrm{d}x,$$

则称函数 $f(x)$ 是 $F(x)$ 在区间 I 上的导函数,函数 $F(x)$ 是 $f(x)$ 在区间 I 上的一个**原函数**.

可见,求函数 $F(x)$ 的导函数和求函数 $f(x)$ 原函数是互逆(反)运算.

例如,由 $(\sin x)' = \cos x$,可知 $\sin x$ 是 $\cos x$ 的一个原函数. 如果 C 为任意常数,则 $(\sin x + C)' = \cos x$,所以 $\sin x + C$ 也是 $\cos x$ 的原函数.

一般地,若 $F(x)$ 是 $f(x)$ 的一个原函数,对任意常数 C,由 $[F(x)+C]' = f(x)$ 可知,$F(x)+C$ 也是 $f(x)$ 的原函数. 可见,一个函数的原函数如果存在,必有无穷多个原函数.

下面,我们进一步考虑两个问题:

(1) 函数的原函数存在的条件是什么?

(2) 如果某函数有原函数,那么它的原函数之间有什么联系?

首先,给出原函数存在的条件.

定理 4.1.1(原函数存在定理)　如果函数 $f(x)$ 在区间 I 上连续,那么在区间 I 上存在可导函数 $F(x)$,使得对该区间上的每一点 x 都有

$$F'(x) = f(x),$$

即连续函数必定存在原函数.

其次,设 $F(x)$ 和 $\Phi(x)$ 是 $f(x)$ 的两个原函数,则有

$$[\Phi(x) - F(x)]' = \Phi'(x) - F'(x) = f(x) - f(x) = 0.$$

由于导数恒为零的函数必为常数,所以

$$\Phi(x) - F(x) = C \quad (C \text{ 为某个常数}).$$

因此, $\Phi(x) = F(x) + C$, 这说明 $f(x)$ 的任意两个原函数之间只相差一个常数. 所以, 当 C 为任意常数时, 表达式 $F(x) + C$ 就可以表示 $f(x)$ 的全体原函数.

由此, 我们引入定义:

定义 4.1.2 函数 $f(x)$ 的全体原函数, 称为 $f(x)$ 的**不定积分**, 记作

$$\int f(x) \mathrm{d}x.$$

其中, 记号 $\int$ 称为**积分号**, $f(x)$ 称为**被积函数**, $f(x)\mathrm{d}x$ 称为**被积表达式**, x 称为**积分变量**.

由定义可知, 如果 $F(x)$ 是 $f(x)$ 的一个原函数, 那么

$$\int f(x)\mathrm{d}x = F(x) + C \quad (C \text{ 为任意常数}),$$

即 $F(x) + C$ 是 $f(x)$ 的不定积分. 这表明, 要计算函数 $f(x)$ 的不定积分, 只需求出它的一个原函数 $F(x)$, 再加上任意常数 C 即可.

例 4.1.1 求 $\int k \mathrm{d}x$.

解 因为 $(kx)' = k$, 所以 kx 是 k 的一个原函数, 因此

$$\int kx \mathrm{d}x = k + C.$$

例 4.1.2 求 $\int x^2 \mathrm{d}x$.

解 因为 $\left(\dfrac{1}{3}x^3\right)' = x^2$, 所以 $\dfrac{1}{3}x^3$ 是 x^2 的一个原函数, 因此

$$\int x^2 \mathrm{d}x = \frac{1}{3}x^3 + C.$$

例 4.1.3 求 $\int \dfrac{1}{x}\mathrm{d}x$.

解 当 $x > 0$ 时, $(\ln x)' = \dfrac{1}{x}$, 所以

$$\int \frac{1}{x}\mathrm{d}x = \ln x + C \quad (x > 0).$$

当 $x < 0$ 时, $-x > 0$, $[\ln(-x)]' = \dfrac{1}{-x} \cdot (-1) = \dfrac{1}{x}$, 所以

$$\int \frac{1}{x}\mathrm{d}x = \ln(-x) + C \quad (x < 0).$$

综合以上, 可得到

$$\int \frac{1}{x} \mathrm{d}x = \ln |x| + C.$$

设 $F(x)$ 是 $f(x)$ 的一个原函数,那么方程 $y = F(x)$ 的图形是平面直角坐上的一条曲线,称为 $y = f(x)$ 的一条积分曲线. 将这条曲线沿着 y 轴方向任意平行移动,就可以得到 $f(x)$ 的无穷多条积分曲线,它们构成一个积分曲线族,称为 $f(x)$ 的积分曲线族. 不定积分 $\int f(x)\mathrm{d}x$ 的几何意义就是一个积分曲线族. 它的特点是:在横坐标相同的点处,各积分曲线的斜率相等,都是 $f(x)$,即各切线相互平行.

4.1.2 不定积分的性质

由不定积分的定义,可以推出如下性质:

性质 1 $\dfrac{\mathrm{d}}{\mathrm{d}x}\left(\int f(x)\mathrm{d}x\right) = f(x)$ 或 $\mathrm{d}\left(\int f(x)\mathrm{d}x\right) = f(x)\mathrm{d}x.$

性质 2 $\int F'(x)\mathrm{d}x = F(x) + C$ 或 $\int \mathrm{d}F(x) = F(x) + C.$

由此可见,若对 $f(x)$ 先积分后微分,则两者相互抵消;若对 $f(x)$ 先微分后积分,则结果只相差一个常数 C. 所以,在不计常数时微分运算(以记号" d "表示)与不定积分运算(以记号" $\int$ "表示)是互逆的.

性质 3 两个函数的和的不定积分等于各个函数不定积分的和,即

$$\int [f(x) + g(x)]\mathrm{d}x = \int f(x)\mathrm{d}x + \int g(x)\mathrm{d}x.$$

证明 将上式右端求导,得到

$$\left[\int f(x)\mathrm{d}x + \int g(x)\mathrm{d}x\right]' = \left[\int f(x)\mathrm{d}x\right]' + \left[\int g(x)\mathrm{d}x\right]'$$
$$= f(x) + g(x),$$

这说明 $\int f(x)\mathrm{d}x + \int g(x)\mathrm{d}x$ 是 $f(x) + g(x)$ 的原函数.

又 $\int f(x)\mathrm{d}x + \int g(x)\mathrm{d}x$ 形式上含两个任意常数,但是由于两个任意常数之和仍然是任意常数,所以实际只含一个任意常数. 因此, $\int f(x)\mathrm{d}x + \int g(x)\mathrm{d}x$ 是 $f(x) + g(x)$ 的不定积分.

类似性质 3,不难证明下面性质:

性质 4 求不定积分时,被积函数中不为零的常数因子可以提到积分号外. 即

$$\int kf(x)\mathrm{d}x = k\int f(x)\mathrm{d}x \quad (k \text{ 为常数}, k \neq 0).$$

由性质 3 和性质 4 可得到一个更一般的结论: n 个函数的代数和的不定积分等于这 n 个函数不定积分的代数和.

4.1.3 基本积分公式

由不定积分的定义可知,求积分运算是求导运算的逆运算. 因此,可以由基本导数公式对应地得到基本积分公式:

(1) $\int k \, dx = kx + C$ （k 为常数），

(2) $\int x^{\mu} \, dx = \dfrac{x^{\mu+1}}{\mu+1} + C$ （$\mu \neq -1$），

(3) $\int \dfrac{1}{x} \, dx = \ln |x| + C$ （$x \neq 0$），

(4) $\int a^x \, dx = \dfrac{1}{\ln a} a^x + C$ （$a > 0,\ a \neq 1$），

(5) $\int e^x \, dx = e^x + C$，

(6) $\int \cos x \, dx = \sin x + C$，

(7) $\int \sin x \, dx = -\cos x + C$，

(8) $\int \sec^2 x \, dx = \tan x + C$，

(9) $\int \csc^2 x \, dx = -\cot x + C$，

(10) $\int \sec x \tan x \, dx = \sec x + C$，

(11) $\int \csc x \cot x \, dx = -\csc x + C$，

(12) $\int \dfrac{1}{\sqrt{1-x^2}} \, dx = \arcsin x + C$，

(13) $\int \dfrac{1}{1+x^2} \, dx = \arctan x + C$.

利用不定积分的性质和基本积分公式,我们可以求解一些简单函数的不定积分.

例 4.1.4 求 $\int \dfrac{dx}{x \sqrt[3]{x}}$.

解 $\int \dfrac{dx}{x \sqrt[3]{x}} = \int x^{-\frac{4}{3}} \, dx$

$\qquad = \dfrac{x^{-\frac{4}{3}+1}}{-\dfrac{4}{3}+1} + C$

$\qquad = -3x^{-\frac{1}{3}} + C.$

例 4.1.5 求 $\int \dfrac{(x-2)^2}{x^5} \, dx$.

解　$\int \dfrac{(x-2)^2}{x^5}dx = \int \left(\dfrac{1}{x^3} - \dfrac{4}{x^4} + \dfrac{4}{x^5}\right)dx$

$\qquad\qquad\qquad = \int \dfrac{1}{x^3}dx - \int \dfrac{4}{x^4}dx + \int \dfrac{4}{x^5}dx$

$\qquad\qquad\qquad = -\dfrac{1}{2x^2} + \dfrac{4}{3x^3} - \dfrac{1}{x^4} + C.$

例 4.1.6　求 $\int \dfrac{x^2}{1+x^2}dx$.

解　$\int \dfrac{x^2}{1+x^2}dx = \int \dfrac{x^2+1-1}{1+x^2}dx$

$\qquad\qquad\qquad = \int \left(1 - \dfrac{1}{1+x^2}\right)dx$

$\qquad\qquad = x - \arctan x + C.$

例 4.1.7　求 $\int 2^x e^x dx$.

解　$\int 2^x e^x dx = \int (2e)^x dx$

$\qquad\qquad = \dfrac{(2e)^x}{\ln(2e)} + C$

$\qquad\qquad = \dfrac{2^x e^x}{1+\ln 2} + C.$

例 4.1.8　求 $\int \tan^2 x\, dx$.

解　$\int \tan^2 x\, dx = \int (\sec^2 x - 1)dx$

$\qquad\qquad = \tan x - x + C.$

例 4.1.9　求 $\int \cos^2 \dfrac{x}{2}dx$.

解　$\int \cos^2 \dfrac{x}{2}dx = \int \dfrac{1+\cos x}{2}dx$

$\qquad\qquad = \dfrac{x}{2} + \dfrac{\sin x}{2} + C.$

例 4.1.10　求 $\int \dfrac{1}{\sin^2 \dfrac{x}{2} \cdot \cos^2 \dfrac{x}{2}}dx$.

解　$\int \dfrac{1}{\sin^2 \dfrac{x}{2} \cdot \cos^2 \dfrac{x}{2}}dx = \int \dfrac{1}{\left(\dfrac{\sin x}{2}\right)^2}dx$

$\qquad\qquad\qquad = 4\int \csc^2 x\, dx$

$\qquad\qquad\qquad = -4\cot x + C.$

例 4.1.11　求 $\int \dfrac{\cos 2x}{\cos^2 x \cdot \sin^2 x}dx$.

解 $\displaystyle\int\frac{\cos 2x}{\cos^2 x\cdot\sin^2 x}\mathrm{d}x=\int\frac{\cos^2 x-\sin^2 x}{\cos^2 x\cdot\sin^2 x}\mathrm{d}x$

$\displaystyle=\int\left(\frac{1}{\sin^2 x}-\frac{1}{\cos^2 x}\right)\mathrm{d}x$

$\displaystyle=\int(\csc^2 x-\sec^2 x)\mathrm{d}x$

$\displaystyle=-\cot x-\tan x+C.$

从上面的几个例子看，求不定积分有时需要先对被积函数进行变形，再利用不定积分的基本公式和性质计算. 这种积分方法叫做不定积分的基本积分法.

习 题 4-1

1. 求下列不定积分.

(1) $\displaystyle\int(1-3x^2)\mathrm{d}x$；

(2) $\displaystyle\int\frac{\mathrm{d}x}{x^2}$；

(3) $\displaystyle\int x\sqrt{x}\,\mathrm{d}x$；

(4) $\displaystyle\int\sqrt[m]{x^n}\,\mathrm{d}x$；

(5) $\displaystyle\int(2^x+x^2)\mathrm{d}x$；

(6) $\displaystyle\int(x^2-3x+2)\mathrm{d}x$；

(7) $\displaystyle\int(x^2+1)^2\mathrm{d}x$；

(8) $\displaystyle\int\frac{(x+3)^3}{x^2}\mathrm{d}x$；

(9) $\displaystyle\int\frac{x^2+\sqrt{x^3}+3}{\sqrt{x}}\mathrm{d}x$；

(10) $\displaystyle\int\frac{x^4}{x^2+1}\mathrm{d}x$；

(11) $\displaystyle\int\frac{(t+1)^2}{\sqrt{t}}\mathrm{d}t$；

(12) $\displaystyle\int\sqrt{x\sqrt{x\sqrt{x}}}\,\mathrm{d}x$；

(13) $\displaystyle\int\frac{\mathrm{d}h}{\sqrt{2gh}}\ (g,h>0)$；

(14) $\displaystyle\int 5^{x+1}\mathrm{e}^x\mathrm{d}x$；

(15) $\displaystyle\int \mathrm{e}^{x-4}\mathrm{d}x$；

(16) $\displaystyle\int\frac{\mathrm{e}^{2t}-1}{\mathrm{e}^t+1}\mathrm{d}t$；

(17) $\displaystyle\int\frac{2\cdot 3^x-5\cdot 2^x}{3^x}\mathrm{d}x$；

(18) $\displaystyle\int\frac{2x^2+1}{x^2(1+x^2)}\mathrm{d}x$；

(19) $\displaystyle\int\frac{\mathrm{d}x}{x^2(1+x^2)}$；

(20) $\displaystyle\int\frac{x^4+3x^2+1}{x^2+1}\mathrm{d}x$；

(21) $\displaystyle\int \mathrm{e}^x\left(1-\frac{\mathrm{e}^{-x}}{\sqrt{x}}\right)\mathrm{d}x$；

(22) $\displaystyle\int\frac{\cos 2x}{\cos x+\sin x}\mathrm{d}x$；

(23) $\displaystyle\int\sin^2\frac{u}{2}\mathrm{d}u$；

(24) $\displaystyle\int\cot^2 x\,\mathrm{d}x$；

(25) $\displaystyle\int\frac{1+\sin^2 x}{1+\cos 2x}\mathrm{d}x$；

(26) $\displaystyle\int\frac{\mathrm{d}x}{1+\cos 2x}$；

(27) $\displaystyle\int\frac{1}{\cos^2 x\sin^2 x}\mathrm{d}x$；

(28) $\displaystyle\int\frac{2\sin^3 x-1}{\sin^2 x}\mathrm{d}x$；

(29) $\displaystyle\int\sec x(\sec x-\tan x)\mathrm{d}x$；

(30) $\displaystyle\int\left(\sin\frac{x}{2}+\cos\frac{x}{2}\right)^2\mathrm{d}x$.

2. 曲线 $y=f(x)$ 经过点 $(\mathrm{e},-1)$，且在任一点处的切线斜率为该点横坐标的倒数，求该曲线的方程.

4.2 换元积分法

利用不定积分的基本积分法所能计算的不定积分是十分有限的,为了更进一步解决积分计算问题,本节我们将把复合函数的微分法反过来用于求不定积分.即利用中间变量代换,得到复合函数的积分法,称为换元积分法,通常分为两类:第一类换元积分法(凑微分法)和第二类换元积分法.

4.2.1 第一类换元积分法

设 $F(u)$ 是 $f(u)$ 的原函数,$u=\varphi(x)$ 为可导函数,由复合函数求导法则,有

$$\frac{\mathrm{d}}{\mathrm{d}x}F[\varphi(x)]=f[\varphi(x)]\varphi'(x).$$

由不定积分定义,

$$\int f[\varphi(x)]\varphi'(x)\mathrm{d}x=F[\varphi(x)]+C.$$

于是有如下定理:

定理 4.2.1 设 $f(u)$ 具有原函数 $F(u)$,$u=\varphi(x)$ 为可导函数,则有换元公式

$$\int f[\varphi(x)]\varphi'(x)\mathrm{d}x=F[\varphi(x)]+C.$$

该定理告诉我们,求解不定积分 $\int g(x)\mathrm{d}x$ 时,如果能将被积函数 $g(x)$ 变成 $f[\varphi(x)]\varphi'(x)$ 的形式,且 $f(u)$ 有原函数 $F(u)$,那么,可以利用公式计算.即:

$$\int g(x)\mathrm{d}x=\int f[\varphi(x)]\varphi'(x)\mathrm{d}x=\left[\int f(u)\mathrm{d}u\right]_{u=\varphi(x)}$$
$$=[F(u)]_{u=\varphi(x)}+C=F[\varphi(x)]+C.$$

由于 $\int f[\varphi(x)]\varphi'(x)\mathrm{d}x=\left[\int f(u)\mathrm{d}u\right]_{u=\varphi(x)}$,这步是凑微分的过程,所以第一换元积分法也称为**"凑微分"**法.

例 4.2.1 求 $\int\frac{1}{3-x}\mathrm{d}x$.

解 令 $u=3-x$,则 $\mathrm{d}u=-\mathrm{d}x$,于是

$$\int\frac{1}{3-x}\mathrm{d}x=-\int\frac{1}{u}\mathrm{d}u$$
$$=-\ln|u|+C$$
$$=-\ln|3-x|+C.$$

例 4.2.2 求 $\int\frac{x}{\sqrt{1-x^2}}\mathrm{d}x$.

解 令 $u=1-x^2$,则 $\mathrm{d}u=-2x\mathrm{d}x$,于是

$$\int \frac{x}{\sqrt{1-x^2}} \mathrm{d}x = \int u^{-\frac{1}{2}} \cdot \left(-\frac{1}{2}\right) \mathrm{d}u$$

$$= \left(-\frac{1}{2}\right) \cdot \frac{u^{\frac{1}{2}}}{\frac{1}{2}} + C$$

$$= -u^{\frac{1}{2}} + C$$

$$= -\sqrt{1-x^2} + C.$$

例 4.2.3 求 $\int \cot x \, \mathrm{d}x$.

解　$\int \cot x \, \mathrm{d}x = \int \frac{\cos x}{\sin x} \mathrm{d}x$，令 $u = \sin x$，则 $\mathrm{d}u = \cos x \, \mathrm{d}x$，于是

$$\int \cot x \, \mathrm{d}x = \int \frac{\cos x}{\sin x} \mathrm{d}x$$

$$= \int \frac{1}{u} \mathrm{d}u$$

$$= \ln|u| + C$$

$$= \ln|\sin x| + C.$$

同理可得，$\int \tan x \, \mathrm{d}x = -\ln|\cos x| + C.$

注： 凑微分的目的是为了便于利用公式，当变量替换使用熟练后，可以不用写出中间变量 u.

例 4.2.4 求 $\int 3x^2 \mathrm{e}^{x^3} \mathrm{d}x$.

解　$\int 3x^2 \mathrm{e}^{x^3} \mathrm{d}x = \int \mathrm{e}^{x^3} \mathrm{d}(x^3)$

$$= \mathrm{e}^{x^3} + C.$$

例 4.2.5 求 $\int \frac{\cos\sqrt{x}}{\sqrt{x}} \mathrm{d}x$.

解　$\int \frac{\cos\sqrt{x}}{\sqrt{x}} \mathrm{d}x = 2\int \cos\sqrt{x} \, \mathrm{d}(\sqrt{x})$

$$= 2\sin\sqrt{x} + C.$$

例 4.2.6 求 $\int \frac{1}{a^2 + x^2} \mathrm{d}x$.

解　$\int \frac{1}{a^2 + x^2} \mathrm{d}x = \int \frac{1}{a^2} \cdot \frac{1}{1 + \left(\frac{x}{a}\right)^2} \mathrm{d}x$

$$= \frac{1}{a} \int \frac{1}{1 + \left(\frac{x}{a}\right)^2} \mathrm{d}\left(\frac{x}{a}\right)$$

$$= \frac{1}{a} \arctan\frac{x}{a} + C.$$

例 4.2.7　求 $\int \dfrac{1}{a^2 - x^2} \mathrm{d}x$.

解
$$\int \frac{1}{a^2 - x^2} \mathrm{d}x = \frac{1}{2a} \int \left(\frac{1}{a+x} + \frac{1}{a-x} \right) \mathrm{d}x$$
$$= \frac{1}{2a} \int \frac{1}{a+x} \mathrm{d}x + \frac{1}{2a} \int \frac{1}{a-x} \mathrm{d}x$$
$$= \frac{1}{2a} \int \frac{1}{a+x} \mathrm{d}(a+x) - \frac{1}{2a} \int \frac{1}{a-x} \mathrm{d}(a-x)$$
$$= \frac{1}{2a} \ln | a+x | - \frac{1}{2a} \ln | a-x | + C$$
$$= \frac{1}{2a} \ln \left| \frac{a+x}{a-x} \right| + C.$$

同理可得，$\int \dfrac{1}{x^2 - a^2} \mathrm{d}x = \dfrac{1}{2a} \ln \left| \dfrac{a-x}{a+x} \right| + C$.

例 4.2.8　求 $\int \dfrac{1}{\sqrt{a^2 - x^2}} \mathrm{d}x \ (a > 0)$.

解
$$\int \frac{1}{\sqrt{a^2 - x^2}} \mathrm{d}x = \int \frac{1}{a} \frac{1}{\sqrt{1 - \left(\dfrac{x}{a} \right)^2}} \mathrm{d}x = \int \frac{1}{\sqrt{1 - \left(\dfrac{x}{a} \right)^2}} \mathrm{d}\left(\frac{x}{a} \right)$$
$$= \arcsin \frac{x}{a} + C.$$

例 4.2.9　求 $\int \cos^2 x \, \mathrm{d}x$.

解
$$\int \cos^2 x \, \mathrm{d}x = \int \frac{1 + \cos 2x}{2} \mathrm{d}x$$
$$= \frac{1}{2} \left[\int \mathrm{d}x + \int \cos 2x \, \mathrm{d}x \right]$$
$$= \frac{1}{2} \left[\int \mathrm{d}x + \frac{1}{2} \int \cos 2x \, \mathrm{d}(2x) \right]$$
$$= \frac{1}{2} x + \frac{\sin 2x}{4} + C.$$

例 4.2.10　求 $\int \csc x \, \mathrm{d}x$.

解
$$\int \csc x \, \mathrm{d}x = \int \frac{1}{\sin x} \mathrm{d}x = \int \frac{1}{2 \sin \dfrac{x}{2} \cos \dfrac{x}{2}} \mathrm{d}x$$
$$= \int \frac{1}{2 \tan \dfrac{x}{2} \cos^2 \dfrac{x}{2}} \mathrm{d}x = \int \frac{\sec^2 \dfrac{x}{2}}{\tan \dfrac{x}{2}} \mathrm{d}\left(\frac{x}{2} \right)$$
$$= \int \frac{1}{\tan \dfrac{x}{2}} \mathrm{d}\left(\tan \frac{x}{2} \right) = \ln \left| \tan \frac{x}{2} \right| + C.$$

由于

$$\tan \frac{x}{2} = \frac{\sin \dfrac{x}{2}}{\cos \dfrac{x}{2}} = \frac{2\sin^2 \dfrac{x}{2}}{\sin x}$$

$$= \frac{1 - \cos x}{\sin x} = \csc x - \cot x,$$

所以,上面的结论又可表示为

$$\int \csc x \, \mathrm{d}x = \ln |\csc x - \cot x| + C.$$

例 4. 2. 11 求 $\displaystyle\int \sec x \, \mathrm{d}x$.

解 $\displaystyle\int \sec x \, \mathrm{d}x = \int \frac{1}{\cos x} \mathrm{d}x$

$$= \int \frac{\cos x}{\cos^2 x} \mathrm{d}x$$

$$= \int \frac{1}{1 - \sin^2 x} \mathrm{d}(\sin x)$$

$$= \frac{1}{2} \ln \left| \frac{1 + \sin x}{1 - \sin x} \right| + C$$

由于

$$\frac{1}{2} \ln \left| \frac{1 + \sin x}{1 - \sin x} \right| = \ln \sqrt{\left| \frac{1 + \sin x}{1 - \sin x} \right|}$$

$$= \ln \sqrt{\frac{(1 + \sin x)^2}{1 - \sin^2 x}}$$

$$= \ln \left| \frac{1 + \sin x}{\cos x} \right|$$

$$= \ln |\sec x + \tan x|,$$

所以,上面的结论又可表示为

$$\int \sec x \, \mathrm{d}x = \ln |\sec x + \tan x| + C.$$

例 4. 2. 12 求 $\displaystyle\int \frac{1}{1 + \mathrm{e}^x} \mathrm{d}x$.

解 $\displaystyle\int \frac{1}{1 + \mathrm{e}^x} \mathrm{d}x = \int \frac{1 + \mathrm{e}^x - \mathrm{e}^x}{1 + \mathrm{e}^x} \mathrm{d}x = \int \mathrm{d}x - \int \frac{\mathrm{e}^x}{1 + \mathrm{e}^x} \mathrm{d}x$

$$= x - \int \frac{1}{1 + \mathrm{e}^x} \mathrm{d}(1 + \mathrm{e}^x)$$

$$= x - \ln(1 + \mathrm{e}^x) + C.$$

例 4.2.13 求 $\displaystyle\int \frac{1}{x(2+\ln x)}\mathrm{d}x$.

解
$$\int \frac{1}{x(2+\ln x)}\mathrm{d}x = \int \frac{1}{2+\ln x}\mathrm{d}(\ln x)$$
$$= \int \frac{1}{2+\ln x}\mathrm{d}(2+\ln x)$$
$$= \ln|2+\ln x|+C.$$

由以上例题可以看出,在运用第一换元积分法时,技巧性很强,无一般规律可循. 下面给出几种常见的凑微分形式:

(1) $\displaystyle\int f(ax+b)\mathrm{d}x = \frac{1}{a}\int f(ax+b)\mathrm{d}(ax+b)$,

(2) $\displaystyle\int f(ax^n+b)x^{n-1}\mathrm{d}x = \frac{1}{na}\int f(ax^n+b)\mathrm{d}(ax^n+b)$,

(3) $\displaystyle\int f(\ln x)\frac{1}{x}\mathrm{d}x = \int f(\ln x)\mathrm{d}(\ln x)$,

(4) $\displaystyle\int f\left(\frac{1}{x}\right)\frac{1}{x^2}\mathrm{d}x = -\int f\left(\frac{1}{x}\right)\mathrm{d}\left(\frac{1}{x}\right)$,

(5) $\displaystyle\int f(\mathrm{e}^x)\mathrm{e}^x\mathrm{d}x = \int f(\mathrm{e}^x)\mathrm{d}(\mathrm{e}^x)$,

(6) $\displaystyle\int f(\sin x)\cos x\,\mathrm{d}x = \int f(\sin x)\mathrm{d}(\sin x)$,

(7) $\displaystyle\int f(\cos x)\sin x\,\mathrm{d}x = -\int f(\cos x)\mathrm{d}(\cos x)$,

(8) $\displaystyle\int f(\tan x)\sec^2 x\,\mathrm{d}x = \int f(\tan x)\mathrm{d}(\tan x)$,

(9) $\displaystyle\int f(\cot x)\csc^2 x\,\mathrm{d}x = -\int f(\cot x)\mathrm{d}(\cot x)$,

(10) $\displaystyle\int f(\arcsin x)\frac{1}{\sqrt{1-x^2}}\mathrm{d}x = \int f(\arcsin x)\mathrm{d}(\arcsin x)$,

(11) $\displaystyle\int f(\arctan x)\frac{1}{1+x^2}\mathrm{d}x = \int f(\arctan x)\mathrm{d}(\arctan x)$.

例 4.2.14 求 $\displaystyle\int \cos 3x\cos 2x\,\mathrm{d}x$.

解 利用三角函数的积化和差公式,有
$$\int \cos 3x\cos 2x\,\mathrm{d}x = \int \frac{1}{2}(\cos 5x+\cos x)\mathrm{d}x$$
$$= \frac{1}{10}\int \cos 5x\,\mathrm{d}(5x) + \frac{1}{2}\int \cos x\,\mathrm{d}x$$
$$= \frac{1}{10}\sin 5x + \frac{1}{2}\sin x + C.$$

例 4.2.15 求 $\displaystyle\int \sec^4 x\,\mathrm{d}x$.

解 $\displaystyle\int \sec^4 x \, \mathrm{d}x = \int \sec^2 x \cdot \sec^2 x \, \mathrm{d}x$

$$= \int (1 + \tan^2 x) \mathrm{d}(\tan x)$$

$$= \tan x + \frac{1}{3} \tan^3 x + C.$$

例 4.2.16 求 $\displaystyle\int \sin^2 x \cdot \cos^2 x \, \mathrm{d}x$.

解 $\displaystyle\int \sin^2 x \cdot \cos^2 x \, \mathrm{d}x = \int (\sin x \cdot \cos x)^2 \mathrm{d}x$

$$= \int \frac{\sin^2 2x}{4} \mathrm{d}x$$

$$= \frac{1}{4} \int \frac{1 - \cos 4x}{2} \mathrm{d}x$$

$$= \frac{1}{8} x - \frac{1}{32} \sin 4x + C.$$

4.2.2 第二类换元积分法

第二类换元积分法是选取适当变量替换 $x = \psi(t)$，将积分 $\displaystyle\int f(x)\mathrm{d}x$ 化为相对容易求解的积分 $\displaystyle\int f[\psi(t)]\psi'(t)\mathrm{d}t$，求出后一个积分后，以 $x = \psi(t)$ 的反函数 $t = \psi^{-1}(x)$ 代回. 因此，必须保证反函数存在且单值可导. 于是，有如下定理：

定理 4.2.2 设 $x = \psi(t)$ 是单调可导的函数，且 $\psi'(t) \neq 0$，又设 $f[\psi(t)]\psi'(t)$ 有原函数，则有换元公式

$$\int f(x)\mathrm{d}x = \left[\int f[\psi(t)]\psi'(t)\mathrm{d}t\right]_{t = \psi^{-1}(x)}$$

证明 由条件设 $x = \psi(t)$，$f[\psi(t)]\psi'(t)$ 的一个原函数为 $\Phi(t)$，记 $F(x) = \Phi[\psi^{-1}(x)]$，由复合函数求导法则及反函数的导数公式有

$$F'(x) = \frac{\mathrm{d}\Phi}{\mathrm{d}t} \cdot \frac{\mathrm{d}t}{\mathrm{d}x} = f[\psi(t)]\psi'(t) \cdot \frac{1}{\psi'(t)} = f[\psi(t)] = f(x)$$

即 $F(x)$ 是 $f(x)$ 的一个原函数，所以

$$\int f(x)\mathrm{d}x = F(x) + C = \Phi[\psi^{-1}(x)] + C$$

$$= \left[\int f[\psi(t)]\psi'(t)\mathrm{d}t\right]_{t = \psi^{-1}(x)}.$$

下面介绍两种常见的代换.

1. 三角代换

例 4.2.17 求 $\displaystyle\int \sqrt{a^2 - x^2} \, \mathrm{d}x \quad (a > 0)$.

解 该积分的难以处理的地方是被积函数中含有根式 $\sqrt{a^2 - x^2}$. 计算的一般想法是将

该被积函数变化成为不带根号的形式,我们可以利用三角公式 $\sin^2 t + \cos^2 t = 1$,作变量代换 $x = a\sin t$,就可以化去根式了.

设 $x = a\sin t$ $t \in \left(-\dfrac{\pi}{2}, \dfrac{\pi}{2}\right)$,则 $\sqrt{a^2 - x^2} = a\cos t$,$\mathrm{d}x = a\cos t\,\mathrm{d}t$,于是

$$\int \sqrt{a^2 - x^2}\,\mathrm{d}x = \int a\cos t \cdot a\cos t\,\mathrm{d}t = a^2 \int \cos^2 t\,\mathrm{d}t$$

$$= \frac{a^2}{2} \int (1 + \cos 2t)\,\mathrm{d}t = \frac{a^2}{2}\left[t + \frac{\sin 2t}{2}\right] + C$$

$$= \frac{a^2}{2} t + \frac{a^2}{2}\sin t \cos t + C.$$

为将变量 t 还原回原来的积分变量 x,由于 $x = a\sin t$,$t \in \left(-\dfrac{\pi}{2},\right.$

$\left.\dfrac{\pi}{2}\right)$,作辅助直角三角形如图 4-1 所示,可知

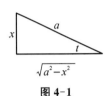

图 4-1

$$\cos t = \frac{\sqrt{a^2 - x^2}}{a}.$$

因此

$$\int \sqrt{a^2 - x^2}\,\mathrm{d}x = \frac{a^2}{2}\arcsin \frac{x}{a} + \frac{x}{2}\sqrt{a^2 - x^2} + C.$$

例 4.2.18 求 $\displaystyle\int \frac{\mathrm{d}x}{\sqrt{x^2 + a^2}}$ $(a > 0)$.

解 类似上面的例子,被积函数中含有根式 $\sqrt{a^2 + x^2}$,考虑利用三角公式 $1 + \tan^2 t = \sec^2 t$ 来化去根式.

设 $x = a\tan t$,$t \in \left(-\dfrac{\pi}{2}, \dfrac{\pi}{2}\right)$,则 $\sqrt{x^2 + a^2} = a\sec t$,$\mathrm{d}x = a\sec^2 t\,\mathrm{d}t$,于是

$$\int \frac{\mathrm{d}x}{\sqrt{x^2 + a^2}} = \int \frac{a\sec^2 t}{a\sec t}\,\mathrm{d}t = \int \sec t\,\mathrm{d}t$$

$$= \ln|\sec t + \tan t| + C_1.$$

为了把 $\sec t$、及 $\tan t$ 化成 x 的函数,可根据 $\tan t = \dfrac{x}{a}$ 作辅助直角三角形,如图 4-2 所示可知

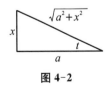

图 4-2

$$\sec t = \frac{\sqrt{x^2 + a^2}}{a}.$$

因此

$$\int \frac{\mathrm{d}x}{\sqrt{x^2 + a^2}} = \ln\left|\frac{x}{a} + \frac{\sqrt{x^2 + a^2}}{a}\right| + C_1$$

$$= \ln\left|x + \sqrt{x^2 + a^2}\right| + C,$$

其中，$C = C_1 - \ln a$.

例 4.2.19 求 $\displaystyle\int \frac{\mathrm{d}x}{\sqrt{x^2 - a^2}}$ $(a > 0)$.

解 被积函数中含有根式 $\sqrt{x^2 - a^2}$，考虑利用三角公式 $\sec^2 t - 1 = \tan^2 t$ 来化去根式. 注意到被积函数的定义域为 $(-\infty, -a) \bigcup (a, +\infty)$，我们要在这两个区间上分别来求不定积分.

当 $x > a$ 时，设 $x = a\sec t$，$t \in \left(0, \dfrac{\pi}{2}\right)$，则 $\sqrt{x^2 - a^2} = a\tan t$，$\mathrm{d}x = a\sec t\tan t\,\mathrm{d}t$，于是

$$
\begin{aligned}
\int \frac{\mathrm{d}x}{\sqrt{x^2 - a^2}} &= \int \frac{a\sec t\tan t}{a\tan t}\mathrm{d}t \\
&= \int \sec t\,\mathrm{d}t \\
&= \ln|\sec t + \tan t| + C_1.
\end{aligned}
$$

为了把 $\sec t$、及 $\tan t$ 化成 x 的函数，可根据 $\sec t = \dfrac{x}{a}$ 作辅助直角三角形，如图 4-3 所示，可知

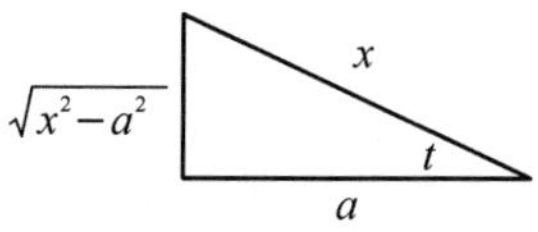

$$
\tan t = \frac{\sqrt{x^2 - a^2}}{a}.
$$

图 4-3

因此

$$
\begin{aligned}
\int \frac{\mathrm{d}x}{\sqrt{x^2 - a^2}} &= \ln\left|\frac{x}{a} + \frac{\sqrt{x^2 - a^2}}{a}\right| + C_1 \\
&= \ln\left|x + \sqrt{x^2 - a^2}\right| + C,
\end{aligned}
$$

其中，$C = C_1 - \ln a$.

当 $x < -a$ 时，令 $x = -u$，那么当 $u > a$，则由上面的结果有：

$$
\begin{aligned}
\int \frac{\mathrm{d}x}{\sqrt{x^2 - a^2}} &= -\int \frac{\mathrm{d}u}{\sqrt{u^2 - a^2}} \\
&= -\ln|u + \sqrt{u^2 - a^2}| + C_1 \\
&= -\ln|-x + \sqrt{x^2 - a^2}| + C_1 \\
&= -\ln\left|\frac{a^2}{x + \sqrt{x^2 - a^2}}\right| + C_1 \\
&= \ln\left|\frac{x + \sqrt{x^2 - a^2}}{a^2}\right| + C_1 \\
&= \ln\left|x + \sqrt{x^2 - a^2}\right| + C,
\end{aligned}
$$

其中，$C = C_1 - 2\ln a$.

综合上述讨论,把 $x > a$ 和 $x < -a$ 情况下的结果结合起来,我们可以得出:

$$\int \frac{\mathrm{d}x}{\sqrt{x^2 - a^2}} = \ln \left| x + \sqrt{x^2 - a^2} \right| + C.$$

以上三个例子使用的均为三角代换,三角代换的目的是化掉根式,其一般规律如下:

(1) 如果被积函数中含有 $\sqrt{a^2 - x^2}$ 时,可令 $x = a \sin t, \quad t \in \left(-\frac{\pi}{2}, \frac{\pi}{2} \right)$;

(2) 如果被积函数中含有 $\sqrt{a^2 + x^2}$ 时,可令 $x = a \tan t, \quad t \in \left(-\frac{\pi}{2}, \frac{\pi}{2} \right)$;

(3) 如果被积函数中含有 $\sqrt{x^2 - a^2}$ 时,可令 $x = a \sec t, \ t \in \left(-\frac{\pi}{2}, 0 \right) \cup \left(0, \frac{\pi}{2} \right)$.

但具体解题时要分析被积函数的具体情况,选取尽可能简捷的代换,不要拘泥于上述的变量代换.

例 4.2.20 求 $\int \dfrac{x^5}{\sqrt{1 + x^2}} \mathrm{d}x$.

解 本例如果用三角代换将相当繁琐. 现在我们采用根式有理化代换,令

$$t = \sqrt{1 + x^2},\ \text{则}\ x^2 = t^2 - 1,\ x \, \mathrm{d}x = t \, \mathrm{d}t,$$

于是

$$\begin{aligned}
\int \frac{x^5}{\sqrt{1 + x^2}} \mathrm{d}x &= \int \frac{(t^2 - 1)^2}{t} t \, \mathrm{d}t \\
&= \int (t^4 - 2t^2 + 1) \mathrm{d}t \\
&= \frac{1}{5} t^5 - \frac{2}{3} t^3 + t + C \\
&= \frac{1}{15} (8 - 4x^2 + 3x^4) \sqrt{1 + x^2} + C.
\end{aligned}$$

在上面例子中,有几个积分是以后常常会遇到的,通常也被当作公式使用. 因此,在基本积分公式的基础上,再添加以下几个(其中常数 $a > 0$):

(14) $\displaystyle\int \sec x \, \mathrm{d}x = \ln | \sec x + \tan x | + C$,

(15) $\displaystyle\int \csc x \, \mathrm{d}x = \ln | \csc x - \cot x | + C$,

(16) $\displaystyle\int \frac{\mathrm{d}x}{a^2 + x^2} = \frac{1}{a} \arctan \frac{x}{a} + C$,

(17) $\displaystyle\int \frac{\mathrm{d}x}{x^2 - a^2} = \frac{1}{2a} \ln \left| \frac{x - a}{x + a} \right| + C$,

(18) $\displaystyle\int \frac{\mathrm{d}x}{\sqrt{a^2 - x^2}} = \arcsin \frac{x}{a} + C$,

(19) $\displaystyle\int \frac{\mathrm{d}x}{\sqrt{x^2 \pm a^2}} = \ln \left| x + \sqrt{x^2 \pm a^2} \right| + C$.

例 4. 2. 21 求 $\displaystyle\int \frac{\mathrm{d}x}{x^2+2x+5}$.

解 $\displaystyle\int \frac{\mathrm{d}x}{x^2+2x+5} = \int \frac{\mathrm{d}(x+1)}{(x+1)^2+2^2}$,

利用公式(16),得到

$$\int \frac{\mathrm{d}x}{x^2+2x+5} = \frac{1}{2}\arctan\frac{x+1}{2} + C.$$

例 4. 2. 22 求 $\displaystyle\int \frac{1}{\sqrt{1+x-x^2}}\mathrm{d}x$.

解 $\displaystyle\int \frac{1}{\sqrt{1+x-x^2}}\mathrm{d}x = \int \frac{\mathrm{d}\left(x-\dfrac{1}{2}\right)}{\sqrt{\left(\dfrac{\sqrt{5}}{2}\right)^2-\left(x-\dfrac{1}{2}\right)^2}}$,

利用公式(18),得到

$$\int \frac{1}{\sqrt{1+x-x^2}}\mathrm{d}x = \arcsin\frac{2x-1}{\sqrt{5}} + C.$$

2. 根式代换

例 4. 2. 23 求 $\displaystyle\int x\sqrt{x+3}\,\mathrm{d}x$.

解 设 $t=\sqrt{x+3}$,则 $x=t^2-3$ $(t>0)$,$\mathrm{d}x=2t\,\mathrm{d}t$,于是

$$
\begin{aligned}
\int x\sqrt{x+3}\,\mathrm{d}x &= \int (t^2-3)\cdot t\cdot 2t\,\mathrm{d}t \\
&= 2\int (t^4-3t^2)\,\mathrm{d}t \\
&= 2\left(\frac{t^5}{5}-t^3\right)+C \\
&= \frac{2}{5}(x+3)^{\frac{5}{2}}-2(x+3)^{\frac{3}{2}}+C.
\end{aligned}
$$

例 4. 2. 24 求 $\displaystyle\int \frac{\mathrm{d}x}{\sqrt{x}\,(1+\sqrt[3]{x}\,)}$.

解 令 $\sqrt[6]{x}=t$,则 $x=t^6$,$\mathrm{d}x=6t^5\,\mathrm{d}t$,于是

$$
\begin{aligned}
\int \frac{\mathrm{d}x}{\sqrt{x}\,(1+\sqrt[3]{x}\,)} &= \int \frac{6t^5\,\mathrm{d}t}{t^3(1+t^2)} \\
&= \int \frac{6t^2\,\mathrm{d}t}{1+t^2} \\
&= 6\int \left(1-\frac{1}{1+t^2}\right)\mathrm{d}t \\
&= 6(t-\arctan t)+C \\
&= 6(\sqrt[6]{x}-\arctan\sqrt[6]{x}\,)+C.
\end{aligned}
$$

例 4.2.25 求 $\displaystyle\int \frac{1}{\sqrt{1+\mathrm{e}^x}}\mathrm{d}x$.

解 设 $t=\sqrt{1+\mathrm{e}^x}$，则 $\mathrm{e}^x=t^2-1$，$x=\ln(t^2-1)$，$\mathrm{d}x=\dfrac{2t}{t^2-1}\mathrm{d}t$，于是

$$\int \frac{1}{\sqrt{1+\mathrm{e}^x}}\mathrm{d}x=\int \frac{1}{t}\cdot\frac{2t}{t^2-1}\mathrm{d}t$$

$$=\int \frac{2}{t^2-1}\mathrm{d}t$$

$$=\int\left(\frac{1}{t-1}-\frac{1}{t+1}\right)\mathrm{d}t$$

$$=\ln\left|\frac{t-1}{t+1}\right|+C$$

$$=2\ln\left(\sqrt{\mathrm{e}^x+1}-1\right)-x+C.$$

三角代换和根式代换是第二换元积分法中的常用方法，其主要目的是化掉被积函数中的根式，但这并不是绝对的，需要根据被积函数的具体情况来定.

例 4.2.26 求 $\displaystyle\int \frac{1}{x(x^7+1)}\mathrm{d}x$.

解 设 $t=\dfrac{1}{x}$，则 $x=\dfrac{1}{t}$，$\mathrm{d}x=-\dfrac{1}{t^2}\mathrm{d}t$，于是

$$\int \frac{1}{x(x^7+1)}\mathrm{d}x=\int \frac{1}{\frac{1}{t}\left[\left(\frac{1}{t}\right)^7+1\right]}\cdot\left(-\frac{1}{t^2}\right)\mathrm{d}t$$

$$=-\int \frac{t^6}{1+t^7}\mathrm{d}t$$

$$=-\frac{1}{7}\int \frac{1}{1+t^7}\mathrm{d}(1+t^7)$$

$$=-\frac{1}{7}\ln|1+t^7|+C$$

$$=-\frac{1}{7}\ln|1+x^7|+\ln|x|+C.$$

习　题　4-2

1. 求下列不定积分.

(1) $\displaystyle\int \mathrm{e}^{ax+b}\mathrm{d}x$；

(2) $\displaystyle\int \frac{1}{\sqrt{(2-x)^5}}\mathrm{d}x$；

(3) $\displaystyle\int \frac{1}{2y-3}\mathrm{d}y$；

(4) $\displaystyle\int x(2x^2-5)^5\mathrm{d}x$；

(5) $\displaystyle\int 2\sqrt{2x+1}\mathrm{d}x$；

(6) $\displaystyle\int \frac{3x^3}{1-x^4}\mathrm{d}x$；

(7) $\int \dfrac{1}{x^2} \sin \dfrac{1}{x} \mathrm{d}x$;

(8) $\int \cos \left(3x - \dfrac{\pi}{4}\right) \mathrm{d}x$;

(9) $\int \left(1 - \dfrac{1}{x^2}\right) \mathrm{e}^{x+\frac{1}{x}} \mathrm{d}x$;

(10) $\int \dfrac{1}{\sqrt{x}} \cos \sqrt{x}\, \mathrm{d}x$;

(11) $\int \dfrac{(\ln x)^2}{x} \mathrm{d}x$;

(12) $\int \mathrm{e}^{x+\mathrm{e}^x} \mathrm{d}x$;

(13) $\int \dfrac{\mathrm{e}^x}{\mathrm{e}^x + 1} \mathrm{d}x$;

(14) $\int \dfrac{1}{\mathrm{e}^x + \mathrm{e}^{-x}} \mathrm{d}x$;

(15) $\int \dfrac{1}{x \ln x \ln(\ln x)} \mathrm{d}x$;

(16) $\int \dfrac{1}{1 + \mathrm{e}^{2x}} \mathrm{d}x$;

(17) $\int \dfrac{1 + \ln x}{(x \ln x)^2} \mathrm{d}x$;

(18) $\int \mathrm{e}^{\cos x} \sin x \, \mathrm{d}x$;

(19) $\int \dfrac{x}{\sqrt{2 - 3x^2}} \mathrm{d}x$;

(20) $\int \tan^4 x \, \mathrm{d}x$;

(21) $\int \dfrac{\sin x + \cos x}{\sqrt[3]{\sin x - \cos x}} \mathrm{d}x$;

(22) $\int \sin^3 x \, \mathrm{d}x$;

(23) $\int \sin^2 x \cos^5 x \, \mathrm{d}x$;

(24) $\int \tan^5 x \sec^3 x \, \mathrm{d}x$;

(25) $\int \dfrac{\sin x \cos x}{1 + \sin^4 x} \mathrm{d}x$;

(26) $\int \sin 3x \cos 2x \, \mathrm{d}x$;

(27) $\int \tan^{10} x \sec^2 x \, \mathrm{d}x$;

(28) $\int \dfrac{1}{(\arcsin x)^2 \sqrt{1 - x^2}} \mathrm{d}x$;

(29) $\int \dfrac{1}{4 + 9x^2} \mathrm{d}x$;

(30) $\int \dfrac{1}{4 - 9x^2} \mathrm{d}x$;

(31) $\int \dfrac{1}{\sqrt{4 - 9x^2}} \mathrm{d}x$;

(32) $\int \dfrac{1}{2x^2 - 1} \mathrm{d}x$;

(33) $\int \dfrac{1}{\sqrt{5 - 2x - x^2}} \mathrm{d}x$;

(34) $\int \dfrac{1}{x^2 + x + 1} \mathrm{d}x$;

(35) $\int \dfrac{\arctan \sqrt{x}}{\sqrt{x}\,(1 + x)} \mathrm{d}x$;

(36) $\int \dfrac{1}{x \sqrt{x^2 - 4}} \mathrm{d}x$;

(37) $\int \dfrac{1}{\sqrt{(2 - x^2)^3}} \mathrm{d}x$;

(38) $\int \dfrac{\sqrt{x^2 - 9}}{x} \mathrm{d}x$;

(39) $\int \dfrac{\mathrm{e}^{2x}}{\sqrt{\mathrm{e}^x + 1}} \mathrm{d}x$;

(40) $\int \dfrac{1}{x^2 \sqrt{x^2 + 3}} \mathrm{d}x$;

2. 设 $f'(x^2) = \dfrac{1}{x}$ $(x > 0)$，求 $f(x)$.

4.3 分部积分法

前面，我们在复合函数求导法则的基础上，得到了换元积分法，现在我们利用两个函数乘积的求导法则，来推得另一个求积分的基本方法——分部积分法.

设函数 $u = u(x)$ 和 $v = v(x)$ 具有连续导数，则由两个函数乘积的导数公式 $(uv)' =$

$u'v + uv'$ 移项得到

$$uv' = (uv)' - u'v,$$

两边求不定积分,有

$$\int uv' \mathrm{d}x = uv - \int u'v \mathrm{d}x.$$

这个公式称为**分部积分公式**. 如果 $\int u\mathrm{d}v$ 不易求出,而 $\int v\mathrm{d}u$ 易求时,就可以使用这个公式. 为简便起见,也可以把分部积分公式写成:

$$\int u\mathrm{d}v = uv - \int v\mathrm{d}u.$$

例 4.3.1 求 $\int \ln x \mathrm{d}x$.

解 设 $u = \ln x$,$v = x$,代入公式,有

$$\begin{aligned}
\int \ln x \mathrm{d}x &= x\ln x - \int x \mathrm{d}(\ln x)\\
&= x\ln x - \int x \cdot \frac{1}{x}\mathrm{d}x\\
&= x\ln x - x + C.
\end{aligned}$$

例 4.3.2 求 $\int x\cos x \mathrm{d}x$.

解 设 $u = x$,$\mathrm{d}v = \cos x \mathrm{d}x$,则 $v = \sin x$,代入公式有

$$\begin{aligned}
\int x\cos x \mathrm{d}x &= \int x \mathrm{d}(\sin x)\\
&= x\sin x - \int \sin x \mathrm{d}x\\
&= x\sin x + \cos x + C
\end{aligned}$$

上例如果选 $u = \cos x$,$\mathrm{d}v = x\mathrm{d}x$ 将难以计算. 所以,应用分部积分法时,适当选取 u 和 $\mathrm{d}v$ 是关键,选取 u 和 $\mathrm{d}v$ 一般要考虑两个方面:

(1) v 要容易求得;

(2) $\int v\mathrm{d}u$ 应比 $\int u\mathrm{d}v$ 容易求得.

一般我们可按反三角函数、对数函数、幂函数、三角函数、指数函数的顺序,把排序靠前的函数选为 u,排序靠后的函数选为 v'.

例 4.3.3 求 $\int x\mathrm{e}^x \mathrm{d}x$.

解
$$\begin{aligned}
\int x\mathrm{e}^x \mathrm{d}x &= \int x \mathrm{d}(\mathrm{e}^x)\\
&= x\mathrm{e}^x - \int \mathrm{e}^x \mathrm{d}x\\
&= x\mathrm{e}^x - \mathrm{e}^x + C.
\end{aligned}$$

例 4. 3. 4　求 $\int x \arctan x \, \mathrm{d}x$.

解　$\displaystyle \int x \arctan x \, \mathrm{d}x = \int \arctan x \, \mathrm{d}\left(\frac{x^2}{2}\right)$

$$= \frac{x^2}{2}\arctan x - \int \frac{x^2}{2}\mathrm{d}(\arctan x)$$

$$= \frac{x^2}{2}\arctan x - \frac{1}{2}\int \frac{x^2}{1+x^2}\mathrm{d}x$$

$$= \frac{x^2}{2}\arctan x - \frac{1}{2}\int \left(1 - \frac{1}{1+x^2}\right)\mathrm{d}x$$

$$= \frac{x^2}{2}\arctan x - \frac{1}{2}(x - \arctan x) + C.$$

例 4. 3. 5　求 $\int x^2 \ln x \, \mathrm{d}x$.

解　$\displaystyle \int x^2 \ln x \, \mathrm{d}x = \frac{1}{3}\int \ln x \, \mathrm{d}(x^3)$

$$= \frac{1}{3}\left[x^3 \ln x - \int x^3 \mathrm{d}(\ln x)\right]$$

$$= \frac{1}{3}\left[x^3 \ln x - \int x^2 \mathrm{d}x\right]$$

$$= \frac{1}{3}x^3 \ln x - \frac{1}{9}x^3 + C.$$

在计算过程中，我们可以多次使用分部积分公式.

例 4. 3. 6　求 $\int x^2 \mathrm{e}^x \, \mathrm{d}x$.

解　$\displaystyle \int x^2 \mathrm{e}^x \, \mathrm{d}x = \int x^2 \mathrm{d}(\mathrm{e}^x)$

$$= x^2 \mathrm{e}^x - \int \mathrm{e}^x \mathrm{d}(x^2)$$

$$= x^2 \mathrm{e}^x - 2\int x \mathrm{e}^x \mathrm{d}x$$

$$= x^2 \mathrm{e}^x - 2\int x \mathrm{d}(\mathrm{e}^x)$$

$$= x^2 \mathrm{e}^x - 2x \mathrm{e}^x + 2\mathrm{e}^x + C.$$

由上面几个例子我们可以看出，如果被积函数是幂函数和正（余）弦函数、幂函数和反三角函数、幂函数和指数函数、幂函数和对数函数的乘积时，就可以考虑采用分部积分法.

下面例子中用的方法也是分部积分中常用的典型方法.

例 4. 3. 7　求 $\int \mathrm{e}^x \sin x \, \mathrm{d}x$.

解　$\displaystyle \int \mathrm{e}^x \sin x \, \mathrm{d}x = \int \sin x \, \mathrm{d}(\mathrm{e}^x)$

$$= \mathrm{e}^x \sin x - \int \mathrm{e}^x \mathrm{d}(\sin x)$$

$$= e^x \sin x - \int e^x \cos x \, dx$$

$$= e^x \sin x - \int \cos x \, d(e^x)$$

$$= e^x \sin x - e^x \cos x + \int e^x \, d(\cos x)$$

$$= e^x \sin x - e^x \cos x - \int e^x \sin x \, dx.$$

由于上式右端中有所求的积分,把它移动到等号的左端,两端再同时除以 2,可以得到

$$\int e^x \sin x \, dx = \frac{1}{2} e^x (\sin x - \cos x) + C.$$

一般地,当被积函数为指数函数和正(余)弦函数的乘积时,可用分部积分法,并且可选取其中任一个函数为 u. 但要特别注意的是:同一个积分中,选取 u 时,要始终选取同一种函数.

例 4.3.8 求 $\int \sec^3 x \, dx$.

解 $\int \sec^3 x \, dx = \int \sec x \, d\tan x$

$$= \sec x \tan x - \int \sec x \tan^2 x \, dx$$

$$= \sec x \tan x - \int \sec x (\sec^2 x - 1) \, dx$$

$$= \sec x \tan x - \int \sec^3 x \, dx + \int \sec x \, dx$$

$$= \sec x \tan x + \ln |\sec x + \tan x| - \int \sec^3 x \, dx.$$

由于上式右端有所求积分,将它移动到等号左端,两端除以 2,可以得到

$$\int \sec^3 x \, dx = \frac{1}{2} \sec x \tan x + \frac{1}{2} \ln |\sec x + \tan x| + C.$$

例 4.3.9 求 $I_n = \int \dfrac{dx}{(x^2 + a^2)^n}$,其中 n 为正整数.

解 当 $n = 1$ 时,$I_1 = \int \dfrac{dx}{x^2 + a^2} = \dfrac{1}{a} \arctan \dfrac{x}{a} + C$;

当 $n > 1$ 时,利用分部积分法,有

$$\int \frac{dx}{(x^2 + a^2)^{n-1}} = \frac{x}{(x^2 + a^2)^{n-1}} + 2(n-1) \int \frac{x^2}{(x^2 + a^2)^n} \, dx$$

$$= \frac{x}{(x^2 + a^2)^{n-1}} + 2(n-1) \int \left[\frac{1}{(x^2 + a^2)^{n-1}} - \frac{a^2}{(x^2 + a^2)^n} \right] dx,$$

即

$$I_{n-1} = \frac{x}{(x^2 + a^2)^{n-1}} + 2(n-1)(I_{n-1} - a^2 I_n).$$

于是

$$I_n = \frac{x}{2a^2(n-1)(x^2+a^2)^{n-1}} + \frac{2n-3}{2a^2(n-1)}I_{n-1}.$$

以此做递推公式,则由 I_1 开始可计算出 $I_n(n > 1)$.

在积分过程中往往同时用换元和分部积分法,在熟悉单个方法之后,要灵活运用各种方法处理不同积分.

例 4.3.10 求 $\int \cos \sqrt{x} \, dx$.

解 设 $\sqrt{x} = t$,则 $x = t^2$,$dx = 2t \, dt$,有

$$\int \cos \sqrt{x} \, dx = \int 2t \cos t \, dt = \int 2t \, d(\sin t)$$

$$= 2t \sin t - 2\int \sin t \, dt$$

$$= 2t \sin t + 2\cos t + C$$

$$= 2\sqrt{x} \sin \sqrt{x} + 2\cos \sqrt{x} + C.$$

习 题 4-3

1. 填空题.

(1) $\int x f''(x) \, dx = $ _____;

(2) 设 $f(x)$ 的一个原函数为 $\dfrac{\tan x}{x}$,则 $\int x f'(x) \, dx = $ _____;

(3) $\int [x \arcsin x] \, dx = $ _____;

(4) $\int x \tan^2 x \, dx = $ _____;

2. 求下列不定积分:

(1) $\int x e^{-x} \, dx$;

(2) $\int \arcsin x \, dx$;

(3) $\int x \sin x \, dx$;

(4) $\int \ln(x^2+1) \, dx$;

(5) $\int \arctan x \, dx$;

(6) $\int (\ln x)^2 \, dx$;

(7) $\int e^x \cos x \, dx$;

(8) $\int x^2 \sin^2 x \, dx$;

(9) $\int (x^2-2x+5)e^{-x} \, dx$;

(10) $\int e^{-2x} \sin \dfrac{x}{2} \, dx$;

(11) $\int \sin \ln x \, dx$;

(12) $\int x^3 (\ln x)^2 \, dx$;

(13) $\int x^2 e^{-x} \, dx$;

(14) $\int e^{\sqrt{x}} \, dx$;

(15) $\int \ln(x+\sqrt{1+x^2}) \, dx$.

4.4　几种特殊类型函数的不定积分

4.4.1　有理函数的不定积分

有理函数是指由两个多项式的商所表示的函数,即形如:

$$\frac{P(x)}{Q(x)}=\frac{a_0 x^n + a_1 x^{n-1} + \cdots + a_{n-1}x + a_n}{b_0 x^m + b_1 x^{m-1} + \cdots b_{m-1}x + b_m},$$

其中,m 为正整数,n 为非负整数,$a_0 , a_1 , a_2 , \cdots , a_n$ 及 $b_0 , b_1 , b_2 , \cdots , b_m$ 都是实数,并且 $a_0 \neq 0 , b_0 \neq 0$. 假定分子分母间没有公因式,当 $m > n$ 时,称该有理函数为**真分式**;当 $m \leqslant n$ 时,称有理函数为**假分式**.

我们知道,利用多项式的除法,总是可以将假分式化为一个多项式与一个真分式之和. 多项式的不定积分容易求得,逐项积分即可. 因此,这里我们只需要讨论真分式的不定积分.

由代数学可知,真分式的分母 $Q(x)$ 总可以分解为一些实系数的一次因式与二次因式的乘积,即

$$Q(x)=b_0(x-a)^\alpha \cdots (x-b)^\beta (x^2 + px + q)^\lambda \cdots (x^2 + rx + s)^\mu,$$

其中,$a , \cdots , b , p , q , \cdots , r , s$ 为常数;$p^2 - 4q < 0 , \cdots , r^2 - 4s < 0$;$\alpha , \cdots , \beta , \lambda , \cdots , \mu$ 为正整数.

那么,真分式 $\dfrac{P(x)}{Q(x)}$ 可以分解为如下形式的部分分式:

$$\frac{P(x)}{Q(x)}=\frac{A_1}{x-a}+\frac{A_2}{(x-a)^2}+\cdots+\frac{A_\alpha}{(x-a)^\alpha}+\cdots+\frac{B_1}{x-b}+\frac{B_2}{(x-b)^2}+\cdots+\frac{B_\beta}{(x-b)^\beta}+$$

$$\frac{C_1 x + D_1}{x^2 + px + q}+\frac{C_2 x + D_2}{(x^2 + px + q)^2}+\cdots+\frac{C_\lambda x + D_\lambda}{(x^2 + px + q)^\lambda}+\cdots+\frac{E_1 x + F_1}{x^2 + rx + s}+$$

$$\frac{E_2 x + F_2}{(x^2 + rx + s)^2}+\cdots+\frac{E_\mu x + F_\mu}{(x^2 + rx + s)^\mu},$$

其中,$A_i(i=1, 2, \cdots, \alpha) , \cdots , B_j(j=1, 2, \cdots, \beta) , C_l , D_l(l=1, 2, \cdots, \lambda) , \cdots , E_k ,$ $F_k(k=1, 2, \cdots, \mu)$ 为待定常数,可以用待定系数法或者赋值法求出.

因此,真分式的不定积分就转化为部分分式的不定积分,求解难度降低. 以下我们用例子说明.

例 4.4.1　求 $\displaystyle\int \frac{1}{x^2 - 3x - 10}\mathrm{d}x$.

解　设 $\dfrac{1}{x^2 - 3x - 10}=\dfrac{A}{x-5}+\dfrac{B}{x+2}$,

将等式两边通分,得

$$1=A(x+2)+B(x-5),$$

即

$$1 = (A + B)x + (2A - 5B).$$

比较两端同次项系数,得

$$\begin{cases} A + B = 0, \\ 2A - 5B = 1, \end{cases}$$

解得 $A = \dfrac{1}{7}$,$B = -\dfrac{1}{7}$,于是

$$\begin{aligned} \int \frac{1}{x^2 - 3x - 10} \mathrm{d}x &= \frac{1}{7} \int \left(\frac{1}{x - 5} - \frac{1}{x + 2} \right) \mathrm{d}x \\ &= \frac{1}{7} \ln \left| \frac{x - 5}{x + 2} \right| + C. \end{aligned}$$

例 4.4.2 求 $\displaystyle\int \frac{2}{(1 + x)(1 + x^2)} \mathrm{d}x$.

解 设 $\dfrac{2}{(1 + x)(1 + x^2)} = \dfrac{A}{1 + x} + \dfrac{Bx + C}{1 + x^2}$,

将等式两边通分,得

$$2 = A(1 + x^2) + (Bx + C)(x + 1),$$

即

$$2 = (A + B)x^2 + (B + C)x + (A + C).$$

比较两端同次项系数,得

$$\begin{cases} A + B = 0, \\ B + C = 0, \\ A + C = 2, \end{cases}$$

解得 $A = 1$,$B = -1$,$C = 1$,于是

$$\begin{aligned} \int \frac{2}{(1 + x)(1 + x^2)} \mathrm{d}x &= \int \left(\frac{1}{1 + x} + \frac{-x + 1}{1 + x^2} \right) \mathrm{d}x \\ &= \int \frac{1}{1 + x} \mathrm{d}x - \int \frac{x}{1 + x^2} \mathrm{d}x + \int \frac{1}{1 + x^2} \mathrm{d}x \\ &= \ln |1 + x| - \frac{1}{2} \ln(1 + x^2) + \arctan x + C. \end{aligned}$$

例 4.4.3 求 $\displaystyle\int \frac{x^2 + x - 1}{x^3 - x^2 + x} \mathrm{d}x$.

解 设 $\dfrac{x^2 + x - 1}{x^3 - x^2 + x} = \dfrac{x^2 + x - 1}{x(x^2 - x + 1)} = \dfrac{A}{x} + \dfrac{Bx + C}{x^2 - x + 1}$,

将等式两边通分,得

$$x^2 + x - 1 = A(x^2 - x + 1) + (Bx + C)x,$$

即

$$x^2 + x - 1 = (A + B)x^2 + (C - A)x + A.$$

比较两端同次项系数,得

$$\begin{cases} A + B = 1, \\ C - A = 1, \\ A = -1, \end{cases}$$

解得 $A = -1$, $B = 2$, $C = 0$, 于是

$$\begin{aligned}
\int \frac{x^2 + x - 1}{x^3 - x^2 + x} \mathrm{d}x &= -\int \frac{1}{x} \mathrm{d}x + \int \frac{2x}{x^2 - x + 1} \mathrm{d}x \\
&= -\ln|x| + \int \frac{2x - 1 + 1}{x^2 - x + 1} \mathrm{d}x \\
&= -\ln|x| + \ln|x^2 - x + 1| + \int \frac{\mathrm{d}\left(x - \frac{1}{2}\right)}{\left(x - \frac{1}{2}\right)^2 + \left(\frac{\sqrt{3}}{2}\right)^2} \\
&= -\ln|x| + \ln(x^2 - x + 1) + \frac{2}{\sqrt{3}} \arctan \frac{2x - 1}{\sqrt{3}} + C.
\end{aligned}$$

4.4.2 三角函数有理式的不定积分

三角函数有理式是指由三角函数和常数经过有限次的四则运算所构成的式子。由于三角函数都可以用含有 $\sin x$ 和 $\cos x$ 的有理式表示,故三角函数有理式也就是含有 $\sin x$ 和 $\cos x$ 的有理式.

由三角学可知 $\sin x$ 和 $\cos x$ 都可以用 $\tan \frac{x}{2}$ 表示,即

$$\sin x = 2\sin \frac{x}{2} \cos \frac{x}{2} = \frac{2\tan \frac{x}{2}}{\sec^2 \frac{x}{2}} = \frac{2\tan \frac{x}{2}}{1 + \tan^2 \frac{x}{2}},$$

$$\cos x = \cos^2 \frac{x}{2} - \sin^2 \frac{x}{2} = \frac{1 - \tan^2 \frac{x}{2}}{\sec^2 \frac{x}{2}} = \frac{1 - \tan^2 \frac{x}{2}}{1 + \tan^2 \frac{x}{2}}.$$

因此,在计算中,我们可以用代换 $t = \tan \frac{x}{2}$ 将积分化为 t 的有理函数的积分,那么

$$\sin x = \frac{2t}{1 + t^2},$$

$$\cos x = \frac{1 - t^2}{1 + t^2}.$$

例 4.4.4 求 $\int \dfrac{1+\sin x}{\sin x(1+\cos x)}\mathrm{d}x$.

解 令 $t=\tan\dfrac{x}{2}$，则 $x=2\arctan t$，$\mathrm{d}x=\dfrac{2}{1+t^2}\mathrm{d}t$，于是

$$\int \frac{1+\sin x}{\sin x(1+\cos x)}\mathrm{d}x=\int \frac{1+\dfrac{2t}{1+t^2}}{\dfrac{2t}{1+t^2}\left(1+\dfrac{1-t^2}{1+t^2}\right)}\cdot\frac{2}{1+t^2}\mathrm{d}t$$

$$=\frac{1}{2}\int\left(t+2+\frac{1}{t}\right)\mathrm{d}t$$

$$=\frac{1}{2}\left(\frac{t^2}{2}+2t+\ln|t|\right)+C$$

$$=\frac{1}{4}\tan^2\frac{x}{2}+\tan\frac{x}{2}+\frac{1}{2}\ln\left|\tan\frac{x}{2}\right|+C.$$

4.4.3　简单无理函数的不定积分

对于被积函数中含有 $\sqrt[n]{ax+b}$ 及 $\sqrt[n]{\dfrac{ax+b}{cx+d}}$ 的不定积分，一般是通过选择变量代换去掉根号，将其转化为有理函数的不定积分.

例 4.4.5 求 $\int \dfrac{\sqrt{x-1}}{x}\mathrm{d}x$.

解 设 $\sqrt{x-1}=t$，即 $x=t^2+1$，则 $\mathrm{d}x=2t\,\mathrm{d}t$，于是

$$\int \frac{\sqrt{x-1}}{x}\mathrm{d}x=\int \frac{t}{t^2+1}\cdot 2t\,\mathrm{d}t=2\int \frac{t^2}{t^2+1}\mathrm{d}t$$

$$=2\int\left(1-\frac{1}{t^2+1}\right)\mathrm{d}t=2(t-\arctan t)+C$$

$$=2(\sqrt{x-1}-\arctan\sqrt{x-1})+C.$$

例 4.4.6 求 $\int \dfrac{1}{x}\sqrt{\dfrac{1+x}{x}}\mathrm{d}x$.

解 令 $\sqrt{\dfrac{1+x}{x}}=t$，则 $x=\dfrac{1}{t^2-1}$，$\mathrm{d}x=-\dfrac{2t}{(t^2-1)^2}\mathrm{d}t$，于是

$$\int \frac{1}{x}\sqrt{\frac{1+x}{x}}\mathrm{d}x=-\int(t^2-1)\cdot t\cdot\frac{2t}{(t^2-1)^2}\mathrm{d}t$$

$$=-2\int \frac{t^2}{t^2-1}\mathrm{d}t=-2\int\left(1+\frac{1}{t^2-1}\right)\mathrm{d}t$$

$$=-2t-\ln\left|\frac{t-1}{t+1}\right|+C$$

$$=-2\sqrt{\frac{1+x}{x}}-\ln\left|x\left(\sqrt{\frac{1+x}{x}}-1\right)^2\right|+C.$$

最后,虽然上述求解的步骤普遍适用,但是在具体求解时,某些特殊函数的积分可以采用其他方法灵活处理.

例 4. 4. 7　求 $\int \dfrac{\mathrm{d}x}{x(x^6+4)}$.

解

$$
\begin{aligned}
\int \frac{\mathrm{d}x}{x(x^6+4)} &= \frac{1}{4}\int \frac{4+x^6-x^6}{x(x^6+4)}\mathrm{d}x \\
&= \frac{1}{4}\int \frac{1}{x}\mathrm{d}x - \frac{1}{4}\int \frac{x^5}{x^6+4}\mathrm{d}x \\
&= \frac{1}{4}\ln|x| - \frac{1}{24}\int \frac{1}{x^6+4}\mathrm{d}(x^6+4) \\
&= \frac{1}{4}\ln|x| - \frac{1}{24}\ln(x^6+4) + C.
\end{aligned}
$$

例 4. 4. 8　求 $\int \dfrac{x^2+2}{(x-1)^4}\mathrm{d}x$.

解　令 $t=x-1$,有

$$
\begin{aligned}
\int \frac{x^2+2}{(x-1)^4}\mathrm{d}x &= \int \frac{(t+1)^2+2}{t^4}\mathrm{d}t \\
&= \int \left(\frac{1}{t^2}+\frac{2}{t^3}+\frac{3}{t^4}\right)\mathrm{d}t \\
&= -\frac{1}{t} - \frac{1}{t^2} - \frac{1}{t^3} + C \\
&= -\frac{1}{x-1} - \frac{1}{(x-1)^2} - \frac{1}{(x-1)^3} + C.
\end{aligned}
$$

习　题　4-4

求下列不定积分.

(1) $\int \dfrac{x+1}{(x-1)^3}\mathrm{d}x$;

(2) $\int \dfrac{2x-1}{x^2-5x+6}\mathrm{d}x$;

(3) $\int \dfrac{x^3}{x+3}\mathrm{d}x$;

(4) $\int \dfrac{x^2+1}{(x^2-1)(x+1)}\mathrm{d}x$;

(5) $\int \dfrac{3x+2}{x(x+1)^3}\mathrm{d}x$;

(6) $\int \dfrac{x}{x^3-x^2+x-1}\mathrm{d}x$;

(7) $\int \dfrac{1}{3+5\cos x}\mathrm{d}x$;

(8) $\int \dfrac{1}{\sin x-\tan x}\mathrm{d}x$;

(9) $\int \dfrac{\sqrt{1-x}}{x}\mathrm{d}x$;

(10) $\int \dfrac{\sqrt{x}}{1+\sqrt[4]{x^3}}\mathrm{d}x$.

4.5　用 Python 求不定积分

本节使用 SymPy 中的 integrate 函数进行不定积分的求解.

例 4.5.1 求 $\int \dfrac{1}{x(2+\ln x)}dx$.

代码：

```
from sympy import *
x = symbols('x')
f = 1/(x*(2+ln(x)))
print(integrate(f, x))
```

输出结果：

log(log(x) + 2)   ♯ 需要加入积分常数 C，结果为 $\ln(2+\ln x)+C$.

例 4.5.2 求 $\int \sin^2 x \cdot \cos^2 x \, dx$.

代码：

```
from sympy import *
x = symbols('x')
f = (sin(x)**2)*(cos(x)**2)
print(integrate(f, x))
```

输出结果：

x/8 − sin(2*x)*cos(2*x)/16   ♯ 需要加入积分常数 C，结果为 $\dfrac{1}{8}x -$

$\dfrac{1}{16}\sin 2x \cos 2x + C$.

例 4.5.3 求 $\int \dfrac{dx}{x^2+2x+5}$.

代码：

```
from sympy import *
x = symbols('x')
f = 1/(x**2+2*x+5)
print(integrate(f, x))
```

输出结果：

atan(x/2 + 1/2)/2   ♯ 需要加入积分常数 C，结果为 $\dfrac{1}{2}\arctan\left(\dfrac{x}{2}+\dfrac{1}{2}\right)+C$.

综合练习 4

一、填空题

1. 已知函数 $f(x)$ 的一个原函数为 e^{-x^2}，则 $\int x f'(x)\mathrm{d}x = $ _____.

2. $\int f(x)\mathrm{d}x = \ln(x + \sqrt{x^2 - a^2})$，则 $f'(x) = $ _____.

3. $\mathrm{d}\left(\int \dfrac{\sin x}{x}\mathrm{d}x\right) = $ _____；$\int \mathrm{d}\left(\dfrac{\sin x}{x}\right) = $ _____.

4. 若 $f'(\sin x) = \cos^2 x$（$|x| < 1$），则 $f(x) = $ _____.

5. $\int \dfrac{\ln \sin x}{\sin^2 x}\mathrm{d}x = $ _____.

6. $\int \dfrac{1 + \cos x}{x + \sin x}\mathrm{d}x = $ _____.

7. $\int \mathrm{e}^{x^2 + \ln x}\mathrm{d}x = $ _____.

8. $\int (1 + x^2 - x^4)\mathrm{d}(x^2) = $ _____.

9. $\int [f(x) + x f'(x)]\mathrm{d}x = $ _____.

10. $\int x f(x^2) f'(x^2)\mathrm{d}x = $ _____.

二、选择题

1. 设 $F(x)$，$G(x)$ 是函数 $f(x)$ 在区间 (a, b) 内不同的原函数，若 $F(x) = x^3$，则 $G(x) = $（　　）.

   A. x^3 B. $f(x)$ C. $x^3 + C$ D. $f(x) + C$

2. 若 $F'(x) = f(x)$，则 $\int \mathrm{d}F(x) = $（　　）.

   A. $f(x)$ B. $F(x)$ C. $f(x) + C$ D. $F(x) + C$

3. 设 $\int f(x)\mathrm{d}x = F(x) + C$（$a, b$ 为常数，且 $a \neq 0$），则 $\int f(ax + b)\mathrm{d}x = $（　　）.

   A. $F(ax + b) + C$ B. $aF(ax + b) + C$

   C. $\dfrac{1}{a}F(ax + b) + C$ D. 以上全不对

4. 若 $\int f(x)\mathrm{d}x = x\ln(x + 1)$，则 $\lim\limits_{x \to 0} \dfrac{f(x)}{x} = $（　　）.

   A. 2 B. -2 C. -1 D. 1

5. 若 $\int f(x)\mathrm{d}x = x^2 + C$，则 $\int f(1 - x^2)\mathrm{d}x = $（　　）.

   A. $x - \dfrac{1}{3}x^2 + C$ B. $2x - \dfrac{2}{3}x^2 + C$

   C. $x - \dfrac{1}{3}x^3 + C$ D. $2x - \dfrac{2}{3}x^3 + C$

6. C 为任意常数，且 $F'(x) = f(x)$，下列等式成立的有（　　）.

   A. $\int F'(x)\mathrm{d}x = f(x) + C$ B. $\int f(x)\mathrm{d}x = F(x) + C$

C. $\int F(x)\mathrm{d}x = F'(x) + C$　　　　　　　　　　D. $\int f'(x)\mathrm{d}x = F(x) + C$

7. $F'(x) = f(x)$，$f(x)$ 为可导函数，且 $f(0) = 1$ 又 $F(x) = xf(x) + x^2$，则 $f(x) = ($　　$)$.

A. $-2x - 1$　　　　　B. $-x^2 + 1$　　　　　C. $-2x + 1$　　　　　D. $-x^2 - 1$

8. 设 $f(x)$ 是可导函数，则 $\left(\int f(x)\mathrm{d}x\right)' = ($　　$)$.

A. $f(x)$　　　　　　B. $f(x) + C$　　　　　　C. $f'(x)$　　　　　　D. $f'(x) + C$.

9. $\int\left(\dfrac{1}{\sin^2 x} + 1\right)\mathrm{d}(\sin x) = ($　　$)$.

A. $-\dfrac{1}{\sin x} + \sin x + C$　　　　　　　　　B. $\dfrac{1}{\sin x} + \sin x + C$

C. $-\cot x + \sin x + C$　　　　　　　　　　D. $\cot x + \sin x + C$

10. $\int xf''(x)\mathrm{d}x = ($　　$)$.

A. $xf'(x) - f(x) + C$　　　　　　　　　B. $xf'(x) - f'(x) + C$

C. $xf'(x) + f(x) + C$　　　　　　　　　D. $xf'(x) - \int f(x)\mathrm{d}x + C$

11. $\int\dfrac{x^3}{x^8 + 3}\mathrm{d}x = ($　　$)$.

A. $\dfrac{1}{4\sqrt{3}}\arctan\dfrac{x^2}{\sqrt{3}} + C$　　　　　　　B. $\dfrac{1}{4\sqrt{3}}\arctan\dfrac{x^4}{\sqrt{3}} + C$

C. $\dfrac{1}{2\sqrt{3}}\arctan\dfrac{x^2}{\sqrt{3}} + C$　　　　　　　D. $\dfrac{1}{2\sqrt{3}}\arctan\dfrac{x^4}{\sqrt{3}} + C$

12. $\int\dfrac{\sin x}{1 - \sin x}\mathrm{d}x = ($　　$)$.

A. $x\sec x + C$　　　　　　　　　　B. $-\sec x + C$

C. $\tan x + C$　　　　　　　　　　D. $\sec x + \tan x - x + C$

三、求下列不定积分.

1. $\int\dfrac{\sqrt{x\sqrt{x\sqrt{x}}}}{\sqrt{x}}\mathrm{d}x$.

2. $\int\dfrac{1}{\tan^2 x}\mathrm{d}x$.

3. $\int\dfrac{2^x \cdot 3^x}{9^x + 4^x}\mathrm{d}x$.

4. $\int e^t\left(2 - \dfrac{e^{-t}}{\sqrt{t}}\right)\mathrm{d}t$.

5. $\int\dfrac{2x^4 + 2x^2 + 1}{1 + x^2}\mathrm{d}x$.

6. $\int\dfrac{(1 + x)^2}{\sqrt{x\sqrt{x}}}\mathrm{d}x$.

7. $\int\cos^4 x\,\mathrm{d}x$.

8. $\int\dfrac{2 + \sin^2 x}{\cos^2 x}\mathrm{d}x$.

9. $\int\left(\sin 2x - e^{\frac{x}{3}}\right)\mathrm{d}x$.

10. $\int(2x + 3)^{99}\mathrm{d}x$.

11. $\int\dfrac{1 - x}{\sqrt{9 - x^2}}\mathrm{d}x$.

12. $\int e^{-x}\cos(e^{-x})\mathrm{d}x$.

13. $\int\dfrac{x}{\sqrt[3]{2x^2 + 1}}\mathrm{d}x$.

14. $\int x^2 e^{-3x^3 + 5}\mathrm{d}x$.

15. $\int\dfrac{\tan\sqrt{x}}{\sqrt{x}}\mathrm{d}x$.

16. $\int\dfrac{1}{\sqrt{x}\sqrt{1 - \sqrt{x}}}\mathrm{d}x$.

17. $\int \dfrac{\ln x}{x(\ln^2 x - 1)}\mathrm{d}x.$

18. $\int \dfrac{x}{\sin^2(x^2+1)}\mathrm{d}x.$

19. $\int \dfrac{1}{1+\mathrm{e}^{-x}}\mathrm{d}x.$

20. $\int \dfrac{1}{\mathrm{e}^x - \mathrm{e}^{-x}}\mathrm{d}x.$

21. $\int \dfrac{1}{1+\sin x}\mathrm{d}x.$

22. $\int \dfrac{1}{x^2+2x+3}\mathrm{d}x.$

23. $\int \dfrac{1}{\sqrt{1+x-x^2}}\mathrm{d}x.$

24. $\int \dfrac{1}{1+\sqrt{2x+1}}\mathrm{d}x.$

25. $\int \dfrac{1}{\sqrt{x}+\sqrt[4]{x}}\mathrm{d}x.$

26. $\int \sqrt{\dfrac{1-x}{1+x}}\mathrm{d}x.$

27. $\int \dfrac{x^2}{\sqrt{a^2-x^2}}\mathrm{d}x \quad (a>0).$

28. $\int x(2x+1)^{100}\mathrm{d}x.$

29. $\int x^2 \sin x\, \mathrm{d}x.$

30. $\int x\ln^2 x\, \mathrm{d}x.$

31. $\int x\sin x\cos x\, \mathrm{d}x.$

32. $\int \dfrac{x\sin^2 x}{\cos^2 x}\mathrm{d}x.$

33. $\int \dfrac{\arctan\sqrt{x}}{\sqrt{x}}\mathrm{d}x.$

四、应用题

1. 一曲线过点 $(\mathrm{e}^2, 3)$，且在任一点处的切线斜率等于该点横坐标的倒数的相反数，求该曲线的方程.

2. 已知曲线上任一点的二阶导数是 $y''=6x$，且在曲线上点 $(0,-2)$ 处的切线方程为 $2x-3y=6$，求该曲线的方程.

3. 经研究发现，某一小伤口表面积修复的速率为 $\dfrac{\mathrm{d}A}{\mathrm{d}t}=-5t^{-2}$（$t$ 的单位：天，$1\leqslant t\leqslant 5$），其中 A 表示伤口的面积（单位：cm^2），假设 $A(1)=5$. 问病人受伤 5 天后伤口的表面积有多大？

五、解答题

1. 设 $f(x)$ 的原函数为 $\arctan x$，求 $\int xf''(x)\mathrm{d}x.$

2. 设 $f'(\sin^2 x)=\cos 2x+\tan^2 x$，当 $0<x<1$ 时，求 $f(x).$

3. 设 $f(x^2-1)=\ln\dfrac{x^2}{x^2-2}$，且 $f[\varphi(x)]=\ln x$，试求 $\int \varphi(x)\mathrm{d}x.$

4. 设 $F(x)$ 为 $f(x)$ 的原函数，当 $x\geqslant 0$ 时，有 $f(x)F(x)=\sin^2 2x$，且 $F(0)=1$，$F(x)\geqslant 0$，试求 $f(x).$

第 5 章　定积分及其应用

本章将讨论积分学的另一个基本问题——定积分.通过对曲边梯形面积、变速直线运动的路程以及经济学中的收益问题的讨论,引出定积分的概念,进而讨论定积分的性质、计算方法以及定积分在几何学与经济学中的一些应用.

5.1　定积分的概念与性质

5.1.1　定积分问题引例

1. 曲边梯形的面积

设函数 $y=f(x)$ 在区间 $[a,b]$ 上连续,且当 $x \in [a,b]$ 时, $f(x) \geqslant 0$. 由曲线 $y=f(x)$,直线 $x=a$, $x=b$ 与 x 轴围成的平面图形(图 5-1),我们称这个平面图形为**曲边梯形**,其中 x 轴上的区间 $[a,b]$ 称为**底边**,曲线弧 $y=f(x)$ 称为**曲边**.

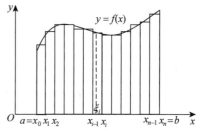

图 5-1

我们知道,矩形面积＝底×高.曲边梯形的高度不断变化,曲边梯形的面积不能直接用矩形面积公式计算.但是,我们可以考虑将曲边梯形分割成许多垂直于 x 轴的窄曲边梯形,在这些窄曲边梯形上,高度变化不大,此时,窄曲边梯形的面积近似于一个小矩形的面积. 用小矩形的面积近似代替窄曲边梯形的面积,再把所有近似值相加,就得到整个曲边梯形的面积的近似值.分割越细,近似的程度就越高.当无限细分时,就可得到曲边梯形的面积的精确值.具体方法如下:

（1）**分割**　在区间 $[a,b]$ 中任意插入 $n-1$ 个分点

$$a=x_0 < x_1 < x_2 < \cdots < x_{n-1} < x_n = b,$$

将区间 $[a,b]$ 分成 n 个小区间:

$$[x_0,x_1], [x_1,x_2], \cdots, [x_{i-1},x_i], \cdots, [x_{n-1},x_n],$$

小区间长度分别记为

$$\Delta x_i = x_i - x_{i-1} \quad (i=1,2,\cdots,n).$$

用直线 $x=x_i (i=1,2,\cdots,n-1)$ 把曲边梯形分为 n 个窄曲边梯形.

（2）**近似**　在第 i 个小区间 $[x_{i-1},x_i] (i=1,2,\cdots,n)$ 上任取一点 ξ_i,用以 $f(\xi_i)$ 为高, Δx_i 为底的窄矩形的面积 $f(\xi_i)\Delta x_i$ 近似代替第 i 个窄曲边梯形的面积 ΔA_i,即

$$\Delta A_i \approx f(\xi_i)\Delta x_i \quad (i=1,2,\cdots,n).$$

(3) **求和**　把窄矩形的面积加起来,得到的和作为曲边梯形面积 A 的近似值,即

$$A \approx \sum_{i=1}^{n} f(\xi_i) \Delta x_i.$$

(4) **取极限**　记 $\lambda = \max_{1 \leqslant i \leqslant n} \{\Delta x_i\}$,当 n 无限增大且 $\lambda \to 0$ 时,$\sum_{i=1}^{n} f(\xi_i) \Delta x_i$ 的极限就是曲边梯形的面积,即

$$A = \lim_{\lambda \to 0} \sum_{i=1}^{n} f(\xi_i) \Delta x_i.$$

2. 变速直线运动的路程

当物体作匀速直线运动时,路程＝速度×时间.如果物体作变速直线运动,路程如何计算? 设物体运动速度 $v = v(t)$ 是时间区间 $[a, b]$ 上的连续函数,且 $v(t) \geqslant 0$. 对路程的计算考虑类似曲边梯形面积的求法.

(1) **分割**　在区间 $[a, b]$ 中任意插入 $n-1$ 个分点

$$a = t_0 < t_1 < t_2 < \cdots < t_{n-1} < t_n = b,$$

将区间 $[a, b]$ 分成 n 个小区间:

$$[t_0, t_1], [t_1, t_2], \cdots, [t_{i-1}, t_i], \cdots, [t_{n-1}, t_n],$$

小区间长度分别记为 $\Delta t_i = t_i - t_{i-1}(i = 1, 2, \cdots, n)$.

(2) **近似**　在第 i 个小区间 $[t_{i-1}, t_i]$ $(i = 1, 2, \cdots, n)$ 上任取一点 ξ_i,以 $v(\xi_i)$ 为速度,Δt_i 为时间,用 $v(\xi_i) \Delta t_i$ 近似代替第 i 个小区间上物体运动的距离 Δs_i. 即

$$\Delta s_i \approx v(\xi_i) \Delta t_i (i = 1, 2, \cdots, n).$$

(3) **求和**　把小区间上物体运动的距离加起来,得到的和作为区间 $[a, b]$ 上物体运动的距离 s 的近似值. 即

$$s \approx \sum_{i=1}^{n} v(\xi_i) \Delta t_i.$$

(4) **取极限**　记 $\lambda = \max_{1 \leqslant i \leqslant n} \{\Delta x_i\}$,当 n 无限增大且 $\lambda \to 0$ 时,$\sum_{i=1}^{n} v(\xi_i) \Delta t_i$ 的极限就是物体在区间 $[a, b]$ 内运动的路程,即

$$s = \lim_{\lambda \to 0} \sum_{i=1}^{n} v(\xi_i) \Delta t_i.$$

3. 收益问题

当销售价格不变时,收益＝销售量×价格.在实际的经济问题中,价格一般都不是一成不变的,它是随着销售量的变动而变动的,此时收益该如何计算?

设某商品的价格 P 是销售量 x 的函数 $P = P(x)$. 设 x 为连续变量,我们要计算:当销售量从 a 增长到 b 时的收益 R 为多少?

由于价格随着销售量的变动而变动的,所以不能直接用销售量×价格的公式计算收益,我们可以仿照曲边梯形面积和变速直线运动路程的计算方法来求收益问题.

(1) **分割**　在销售区间 $[a,b]$ 中任意插入 $n-1$ 个分点

$$a=x_0<x_1<x_2<\cdots<x_{n-1}<x_n=b,$$

将销售区间 $[a,b]$ 分成 n 个销售段:

$$[x_0,x_1],[x_1,x_2],\cdots,[x_{i-1},x_i],\cdots,[x_{n-1},x_n],$$

每个销售段 $[x_{i-1},x_i]$ $(i=1,2,\cdots,n)$ 的销售量为 $\Delta x_i=x_i-x_{i-1}(i=1,2,\cdots,n)$.

(2) **近似**　在每个销售段 $[x_{i-1},x_i]$ $(i=1,2,\cdots,n)$ 上任取一点 ξ_i,以 $P(\xi_i)$ 为该销售段的近似价格,Δx_i 为该段的销售量,则该销售段的收益近似为

$$\Delta R_i\approx P(\xi_i)\Delta x_i(i=1,2,\cdots,n).$$

(3) **求和**　把 n 个销售段的收益相加,得到销售区间 $[a,b]$ 上收益的近似值,即

$$R\approx\sum_{i=1}^{n}P(\xi_i)\Delta x_i.$$

(4) **取极限**　记 $\lambda=\max_{1\leqslant i\leqslant n}\{\Delta x_i\}$,当 n 无限增大且 $\lambda\to0$ 时,$\sum_{i=1}^{n}P(\xi_i)\Delta x_i$ 的极限就是此商品在销售区间 $[a,b]$ 上的收益,即

$$R=\lim_{\lambda\to0}\sum_{i=1}^{n}P(\xi_i)\Delta x_i.$$

从上面的三个例子可以看出:虽然问题不一样,但是解决的方法却相同,都是利用"分割,近似,求和,取极限"四步骤,把所要求的对象都归结为求相同结构的特定和式的极限.

例如:

曲边梯形的面积 $\qquad A=\lim\limits_{\lambda\to0}\sum\limits_{i=1}^{n}f(\xi_i)\Delta x_i;$

变速直线运动的路程 $\qquad s=\lim\limits_{\lambda\to0}\sum\limits_{i=1}^{n}v(\xi_i)\Delta t_i;$

收益 $\qquad R=\lim\limits_{\lambda\to0}\sum\limits_{i=1}^{n}P(\xi_i)\Delta x_i.$

我们把这种相同结构的特定和式的极限抽象为一个数学概念——定积分,而且使 $f(x)$ 不再局限于非负连续函数,而是更一般的有界函数.

5.1.2　定积分的定义

定义 5.1.1　设函数 $f(x)$ 在区间 $[a,b]$ 上有界,在 $[a,b]$ 中任意插入 $n-1$ 个分点

$$a=x_0<x_1<x_2<\cdots<x_{n-1}<x_n=b,$$

将区间 $[a,b]$ 分成 n 个小区间

$$[x_0,x_1],[x_1,x_2],\cdots,[x_{i-1},x_i],\cdots,[x_{n-1},x_n],$$

小区间长度分别记为 $\Delta x_i = x_i - x_{i-1}(i=1, 2, \cdots, n)$.

在每个小区间 $[x_{i-1}, x_i](i=1, 2, \cdots, n)$ 上任取一点 ξ_i, 作乘积 $f(\xi_i)\Delta x_i(i=1, 2, \cdots, n)$, 并求和

$$\sum_{i=1}^{n} f(\xi_i)\Delta x_i \tag{5.1.1}$$

如果不论对区间 $[a, b]$ 怎样分法, 也不论在小区间 $[x_{i-1}, x_i]$ 上 ξ_i 怎样取法, 只要当 $\lambda \to 0$(记 $\lambda = \max\limits_{1 \leqslant i \leqslant n}\{\Delta x_i\}$)时, 和 $\sum\limits_{i=1}^{n} f(\xi_i)\Delta x_i$ 趋于确定的极限 I, 则称 $f(x)$ 在区间 $[a, b]$ 上可积, 将此极限 I 称为函数 $f(x)$ 在 $[a, b]$ 上的定积分, 记为 $\int_a^b f(x)\mathrm{d}x$, 即

$$\int_a^b f(x)\mathrm{d}x = I = \lim_{\lambda \to 0}\sum_{i=1}^{n} f(\xi_i)\Delta x_i, \tag{5.1.2}$$

其中, $f(x)$ 称为**被积函数**, $f(x)\mathrm{d}x$ 称为**被积表达式**, x 称为**积分变量**, $[a, b]$ 称为**积分区间**, a 称为**积分下限**, b 称为**积分上限**. $\sum\limits_{i=1}^{n} f(\xi_i)\Delta x_i$ 称为 $f(x)$ 的一个积分和.

根据定积分的定义, 前面三个问题可以表述如下:

由连续曲线 $y=f(x)(f(x)\geqslant 0)$, 直线 $x=a$, $x=b$ 和 x 轴所围成的曲边梯形的面积等于函数 $f(x)$ 在区间 $[a, b]$ 上的定积分. 即

$$A = \int_a^b f(x)\mathrm{d}x,$$

物体以变速 $v=v(t)(v(t)\geqslant 0)$ 做变速直线运动, 从时刻 a 到时刻 b, 物体经过的路程 s 等于速度函数 $v(t)$ 在区间 $[a, b]$ 上的定积分, 即

$$s = \int_a^b v(t)\mathrm{d}t.$$

某商品的价格 P 是销售量 x 的函数 $P=P(x)$, 当销售量从 a 增长到 b 时的收益 R 等于函数 $P(x)$ 在区间 $[a, b]$ 上的定积分, 即

$$R = \int_a^b P(x)\mathrm{d}x.$$

注: 定积分 I 是积分和 $\sum\limits_{i=1}^{n} f(\xi_i)\Delta x_i$ 的极限, 只与被积函数和积分区间有关, 与所用的积分变量的符号无关. 如果不改变被积函数 $f(x)$, 也不改变积分区间 $[a, b]$, 而只是把积分变量 x 改写成其他字母, 那么, 定积分的值不变. 即有

$$\int_a^b f(x)\mathrm{d}x = \int_a^b f(t)\mathrm{d}t.$$

对于可积性问题: 也就是被积函数满足什么条件才可积, 这个问题比较复杂, 我们不作深入讨论, 这里不加证明直接给出函数 $f(x)$ 在区间 $[a, b]$ 上可积的两个充分条件:

定理 5.1.1　设 $f(x)$ 在区间 $[a, b]$ 上连续, 则 $f(x)$ 在 $[a, b]$ 上可积.

定理 5.1.2 设 $f(x)$ 在区间 $[a, b]$ 上有界，且只有有限个间断点，则 $f(x)$ 在 $[a, b]$ 上可积.

例 5.1.1 利用定义计算定积分 $\int_1^5 2\mathrm{d}x$.

解 当 $f(x) \equiv 2$ 时，由定积分的定义，得到

$$I = \lim_{\lambda \to 0} \sum_{i=1}^n f(\xi_i) \Delta x_i = \lim_{\lambda \to 0} \sum_{i=1}^n 2 \Delta x_i = 2(5-1) = 8,$$

故 $f(x) \equiv 2$ 在区间 $[1, 5]$ 可积，且 $\int_1^5 2\mathrm{d}x = 8$.

一般地，$f(x) \equiv 2$ 在区间 $[a, b]$ 上可积，且 $\int_a^b 2\mathrm{d}x = 2(b-a)$.

例 5.1.2 利用定义计算定积分 $\int_0^1 x^2 \mathrm{d}x$.

解 (1) **分割** 由于被积函数 $f(x) = x^2$ 在区间 $[0, 1]$ 上是连续的，因此，该函数在 $[0, 1]$ 上可积，所以积分与区间 $[0, 1]$ 的分法及点 ξ_i 的取法无关. 为了计算的方便，我们可以用特殊的分点 $x_i = \dfrac{i}{n}(i = 1, 2, \cdots, n-1)$ 将区间 $[0, 1]$ n 等分. 每个小区间 $[x_{i-1}, x_i]$ 的长度都是 $\dfrac{1}{n}$，同时取 $\xi_i = \dfrac{i}{n}$.

(2) **近似** $f(\xi_i) \Delta x_i = \xi_i^2 \Delta x_i = \left(\dfrac{i}{n}\right)^2 \cdot \dfrac{1}{n}$.

(3) **求和** 于是得到积分和式

$$\sum_{i=1}^n f(\xi_i) \Delta x_i = \sum_{i=1}^n \xi_i^2 \Delta x_i = \sum_{i=1}^n \left(\dfrac{i}{n}\right)^2 \cdot \dfrac{1}{n}$$

$$= \dfrac{1}{n^3} \sum_{i=1}^n i^2 = \dfrac{1}{n^3} \cdot \dfrac{1}{6} n(n+1)(2n+1)$$

$$= \dfrac{1}{n^3} \cdot \dfrac{1}{6} n(n+1)(2n+1) = \dfrac{1}{6}\left(1 + \dfrac{1}{n}\right)\left(2 + \dfrac{1}{n}\right).$$

(4) **取极限** 当 $\lambda \to 0$，即 $n \to \infty$ 时，对上式的两端取极限，由定积分的定义，得到

$$\int_0^1 x^2 \mathrm{d}x = \lim_{\lambda \to 0} \sum_{i=1}^n f(\xi_i) \Delta x_i$$

$$= \lim_{n \to \infty} \dfrac{1}{6}\left(1 + \dfrac{1}{n}\right)\left(2 + \dfrac{1}{n}\right)$$

$$= \dfrac{1}{3}.$$

由定积分定义，可以知道定积分有如下几何意义：

(1) 在区间 $[a, b]$ 上，如果 $f(x) \geqslant 0$，那么定积分 $\int_a^b f(x)\mathrm{d}x$ 表示由曲线 $y = f(x)$，直线 $x = a$，$x = b$ 与 x 轴围成的曲边梯形的面积.

(2) 在区间 $[a,b]$ 上,如果 $f(x) \leqslant 0$,那么定积分 $\int_a^b f(x)\mathrm{d}x$ 表示由曲线 $y=f(x)$,直线 $x=a$,$x=b$ 与 x 轴围成的曲边梯形的面积的负值.

(3) 在区间 $[a,b]$ 上,如果 $f(x)$ 在 $[a,b]$ 上某一些区间取正,另一些区间取负,我们可以把所围成的面积按照上述的结论相应地赋予正、负号,那么定积分 $\int_a^b f(x)\mathrm{d}x$ 表示位于 x 轴上方的图形的面积与位于 x 轴下方的图形的面积的代数和. 例如图 5-2 中,A_1,A_2 和 A_3 分别表示所在部分曲边梯形的面积,则

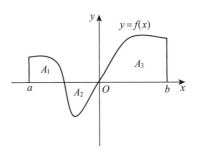

图 5-2

$$\int_a^b f(x)\mathrm{d}x = A_1 - A_2 + A_3.$$

例 5.1.3 利用定积分的几何意义计算定积分 $\int_0^1 \sqrt{1-x^2}\,\mathrm{d}x$.

解 利用定积分的几何意义可知,定积分 $\int_0^1 \sqrt{1-x^2}\,\mathrm{d}x$ 表示圆心在原点的单位圆在第一象限部分的面积,故

$$\int_0^1 \sqrt{1-x^2}\,\mathrm{d}x = \frac{\pi}{4}.$$

5.1.3 定积分的性质

在定积分定义中,从实际背景出发,规定了积分上限必须大于积分下限. 为了今后计算以及应用方便,我们先对定积分的定义作以下两个补充规定:

(1) $\int_a^b f(x)\mathrm{d}x = -\int_b^a f(x)\mathrm{d}x$;

(2) 当 $a=b$ 时,有 $\int_a^a f(x)\mathrm{d}x = 0$.

这样,不论 a,b 的大小如何,定积分 $\int_a^b f(x)\mathrm{d}x$ 总有意义了.

下面讨论定积分的性质.下列各性质中积分上下限的大小关系如不特别说明,均不加限制,并总假定各性质中的定积分均存在.

性质 1 函数的和(差)的定积分等于它们的定积分的和(差),即

$$\int_a^b [f(x) \pm g(x)]\mathrm{d}x = \int_a^b f(x)\mathrm{d}x \pm \int_a^b g(x)\mathrm{d}x.$$

证明
$$\int_a^b [f(x)+g(x)]\mathrm{d}x = \lim_{\lambda \to 0} \sum_{i=1}^n [f(\xi_i)+g(\xi_i)]\Delta x_i$$
$$= \lim_{\lambda \to 0} \sum_{i=1}^n f(\xi_i)\Delta x_i + \lim_{\lambda \to 0} \sum_{i=1}^n g(\xi_i)\Delta x_i$$
$$= \int_a^b f(x)\mathrm{d}x + \int_a^b g(x)\mathrm{d}x.$$

性质 1 可推广到有限多个函数的情形. 例如可以将性质 1 推广到三个函数的和（差）情形, 即

$$\int_a^b [f(x) \pm g(x) \pm h(x)]\mathrm{d}x = \int_a^b f(x)\mathrm{d}x \pm \int_a^b g(x)\mathrm{d}x \pm \int_a^b h(x)\mathrm{d}x.$$

性质 2 被积函数的常数因子可以提到积分号外面, 即对任意常数 k, 有

$$\int_a^b kf(x)\mathrm{d}x = k\int_a^b f(x)\mathrm{d}x.$$

证明
$$\int_a^b kf(x)\mathrm{d}x = \lim_{\lambda \to 0}\sum_{i=1}^n kf(\xi_i)\Delta x_i = \lim_{\lambda \to 0}k\sum_{i=1}^n f(\xi_i)\Delta x_i$$
$$= k\lim_{\lambda \to 0}\sum_{i=1}^n f(\xi_i)\Delta x_i = k\int_a^b f(x)\mathrm{d}x.$$

性质 1 和性质 2 也可以合起来写为一个性质, 即

$$\int_a^b [\alpha f(x) \pm \beta g(x)]\mathrm{d}x = \alpha\int_a^b f(x)\mathrm{d}x \pm \beta\int_a^b g(x)\mathrm{d}x \quad (\alpha, \beta \text{ 是常数}).$$

此时我们可以称这个性质为**线性性质**.

性质 3 如果将积分区间分成两个部分, 则在整个区间上的定积分等于这两部分区间上定积分之和, 即当 $a < c < b$ 时, 有

$$\int_a^b f(x)\mathrm{d}x = \int_a^c f(x)\mathrm{d}x + \int_c^b f(x)\mathrm{d}x.$$

证明 当 $a < c < b$ 时, 因为 $f(x)$ 在 $[a, b]$ 上可积, 故不论如何区间划分, $\sum_{i=1}^n f(\xi_i)\Delta x_i$ 的极限总是不变的. 因此, 在划分区间时, 可以使 c 永远是一个分点. 于是, $f(x)$ 在 $[a, b]$ 上的积分和等于 $[a, c]$ 上的积分和加上 $[c, b]$ 上的积分和. 即

$$\sum_{[a, b]} f(\xi_i)\Delta x_i = \sum_{[a, c]} f(\xi_i)\Delta x_i + \sum_{[c, b]} f(\xi_i)\Delta x_i,$$

令 $\lambda \to 0$（记 $\lambda = \max\limits_{1 \leqslant i \leqslant n}\{\Delta x_i\}$）, 有

$$\int_a^b f(x)\mathrm{d}x = \int_a^c f(x)\mathrm{d}x + \int_c^b f(x)\mathrm{d}x.$$

事实上, 不管 a, b, c 的相对位置如何, 性质 3 的结论仍然成立.

例如, 当 $a < b < c$ 时, 只要 $f(x)$ 在 $[a, c]$ 上可积, 由性质 3 的结论, 有

$$\int_a^c f(x)\mathrm{d}x = \int_a^b f(x)\mathrm{d}x + \int_b^c f(x)\mathrm{d}x$$
$$= \int_a^b f(x)\mathrm{d}x - \int_c^b f(x)\mathrm{d}x,$$

移项后, 得到

$$\int_a^b f(x)\mathrm{d}x = \int_a^c f(x)\mathrm{d}x + \int_c^b f(x)\mathrm{d}x.$$

同理,其他情况也是如此.一般称这一性质为定积分的**积分区间可加性**.性质 3 也可以通过定积分的几何意义证明,读者可自行画图说明.

例 5.1.4　已知函数 $f(x)$ 和 $g(x)$ 都是 $[0,5]$ 上的连续函数,且 $\int_0^5 5f(x)\mathrm{d}x=10$,
$\int_0^5 g(x)\mathrm{d}x=2$,$\int_0^3 f(x)\mathrm{d}x=1$,利用性质计算 $\int_3^5 f(x)\mathrm{d}x$ 和 $\int_0^5 [f(x)-2g(x)]\mathrm{d}x$.

解　由已知 $\int_0^5 5f(x)\mathrm{d}x=10$,可得 $\int_0^5 f(x)\mathrm{d}x=2$.

利用定积分的积分区间可加性,可得

$$\int_0^5 f(x)\mathrm{d}x=\int_0^3 f(x)\mathrm{d}x+\int_3^5 f(x)\mathrm{d}x,$$

移项可得

$$\int_3^5 f(x)\mathrm{d}x=\int_0^5 f(x)\mathrm{d}x-\int_0^3 f(x)\mathrm{d}x=1,$$

又根据定积分的线性性质,有

$$\int_0^5 [f(x)-2g(x)]\mathrm{d}x=\int_0^5 f(x)\mathrm{d}x-2\int_0^5 g(x)\mathrm{d}x=2-2\times2=-2.$$

性质 4　如果在区间 $[a,b]$ 上,$f(x)\equiv1$,则 $\int_a^b 1\mathrm{d}x=b-a$.

证明　这是由于

$$\int_a^b 1\mathrm{d}x=\lim_{\Delta x\to0}\sum_{i=1}^n \Delta x_i=b-a.$$

这里 $\int_a^b 1\mathrm{d}x$ 一般写作 $\int_a^b \mathrm{d}x$.性质 4 的结论我们一般写为 $\int_a^b \mathrm{d}x=b-a$.性质 4 也可以通过定积分的几何意义证明,读者可自行画图说明.

性质 5　如果在 $[a,b]$ 上,$f(x)\geqslant0$,则 $\int_a^b f(x)\mathrm{d}x\geqslant0\ (a<b)$.

证明　因为 $f(x)\geqslant0$,所以 $f(\xi_i)\geqslant0\ (i=1,2,\cdots,n)$,又 $\Delta x_i\geqslant0$,因此,有

$$\sum_{i=1}^n f(\xi_i)\Delta x_i\geqslant0,$$

令 $\lambda\to0$,有 $\int_a^b f(x)\mathrm{d}x\geqslant0$.

推论 1　如果在 $[a,b]$ 上,$f(x)\leqslant g(x)$,则 $\int_a^b f(x)\mathrm{d}x\leqslant\int_a^b g(x)\mathrm{d}x\ (a<b)$.

证明　设 $F(x)=g(x)-f(x)$,则 $F(x)\geqslant0$,$x\in[a,b]$,由性质 5,$\int_a^b F(x)\mathrm{d}x\geqslant0$,即

$$\int_a^b [g(x)-f(x)]\mathrm{d}x\geqslant0,$$

再由性质 1,得

$$\int_a^b [g(x) - f(x)] dx = \int_a^b g(x) dx - \int_a^b f(x) dx,$$

所以

$$\int_a^b g(x) dx - \int_a^b f(x) dx \geqslant 0,$$

即

$$\int_a^b f(x) dx \leqslant \int_a^b g(x) dx.$$

例 5.1.5 比较下面两个定积分的大小:

$$\int_1^e \ln x \, dx \ \text{和} \int_1^e (\ln x)^2 dx.$$

解 当 $1 \leqslant x \leqslant e$ 时,有 $0 \leqslant \ln x \leqslant 1$,所以 $\ln x \geqslant (\ln x)^2$. 利用推论 1,可得

$$\int_1^e \ln x \, dx \geqslant \int_1^e (\ln x)^2 dx.$$

推论 2 $\left| \int_a^b f(x) dx \right| \leqslant \int_a^b | f(x) | dx \ (a < b).$

证明 由于

$$-| f(x) | \leqslant f(x) \leqslant | f(x) |,$$

所以,由推论 1,有

$$-\int_a^b | f(x) | dx \leqslant \int_a^b f(x) dx \leqslant \int_a^b | f(x) | dx,$$

即

$$\left| \int_a^b f(x) dx \right| \leqslant \int_a^b | f(x) | dx.$$

性质 6(估值不等式) 设 M, m 分别是函数 $f(x)$ 在区间 $[a, b]$ 上的最大值和最小值,则

$$m(b - a) \leqslant \int_a^b f(x) dx \leqslant M(b - a) \quad (a < b).$$

证明 因为 $m \leqslant f(x) \leqslant M$,由推论 1,有

$$\int_a^b m \, dx \leqslant \int_a^b f(x) dx \leqslant \int_a^b M \, dx,$$

再由性质 2 和性质 4 得到

$$m(b - a) \leqslant \int_a^b f(x) dx \leqslant M(b - a).$$

它的几何意义是：由曲线 $y=f(x)$，$x=a$，$x=b$ 和 x 轴所围成的曲边梯形面积，介于以区间 $[a,b]$ 为底，以最小纵坐标 m 为高的矩形面积及最大纵坐标 M 为高的矩形面积之间.

例 5.1.6 估计积分 $\displaystyle\int_1^3 (x^2+2)\mathrm{d}x$ 的大小.

解 令 $f(x)=x^2+2$ 在 $[1,3]$ 上单调增加，所以 $f(1) \leqslant f(x) \leqslant f(3)$，即

$$3 \leqslant f(x) \leqslant 11,$$

由性质 6，可得

$$3 \times (3-1) \leqslant \int_1^3 (x^2+2)\mathrm{d}x \leqslant 11 \cdot (3-1),$$

从而

$$6 \leqslant \int_1^3 (x^2+2)\mathrm{d}x \leqslant 22.$$

性质 7(积分中值定理) 如果函数 $f(x)$ 在区间 $[a,b]$ 上连续，则在 $[a,b]$ 上至少存在一点 ξ，使得下式成立：

$$\int_a^b f(x)\mathrm{d}x = f(\xi)(b-a) \quad (a \leqslant \xi \leqslant b),$$

这个公式称为积分中值公式.

证明 因为 $f(x)$ 在区间 $[a,b]$ 上连续，所以 $f(x)$ 在 $[a,b]$ 上有最大值 M 和最小值 m，由性质 6，有

$$m(b-a) \leqslant \int_a^b f(x)\mathrm{d}x \leqslant M(b-a),$$

即

$$m \leqslant \frac{1}{b-a}\int_a^b f(x)\mathrm{d}x \leqslant M.$$

由闭区间上连续函数的介值定理，在 $[a,b]$ 上至少存在一点 ξ，使得

$$f(\xi) = \frac{1}{b-a}\int_a^b f(x)\mathrm{d}x,$$

即

$$\int_a^b f(x)\mathrm{d}x = f(\xi)(b-a) \quad (a \leqslant \xi \leqslant b).$$

显然，当 $a > b$ 时，定积分中值公式

$$\int_a^b f(x)\mathrm{d}x = f(\xi)(b-a) \quad (b \leqslant \xi \leqslant a)$$

仍然成立.

积分中值定理的几何解释是：在区间 $[a,b]$ 上至少存在一点 ξ，使得以区间 $[a,b]$ 为底，以 $y=f(x)$ 为曲边的曲边梯形的面积等于以 $[a,b]$ 为底，以 $f(\xi)$ 为高的矩形的面积

（图 5-3）.

设 $f(x)$ 在 $[a,b]$ 上连续，把数值

$$\frac{1}{b-a}\int_a^b f(x)\mathrm{d}x$$

称为**函数 $f(x)$ 在区间 $[a,b]$ 上的平均值**. 因此，积分中值定理的结论可描述为：在 $[a,b]$ 上至少存在一点 ξ，使得该点处的函数值 $f(\xi)$ 等于 $f(x)$ 在 $[a,b]$ 上的平均值.

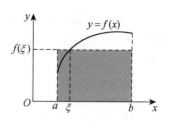

图 5-3

习 题 5-1

1. 利用定积分的几何意义计算下列各定积分.

(1) $\int_0^1 (x+1)\mathrm{d}x$；

(2) $\int_{-3}^3 \sqrt{9-x^2}\,\mathrm{d}x$；

(3) $\int_{-\pi}^{\pi} \sin x\,\mathrm{d}x$；

(4) $\int_{-1}^1 |x|\,\mathrm{d}x$.

2. 设 $f(x)$ 在 $[a,b]$ 上连续，$f(x)\geqslant 0$ 但 $f(x)\not\equiv 0$，证明：$\int_a^b f(x)\mathrm{d}x > 0\ (a<b)$.

3. 设 $f(x)$，$g(x)$ 是 $[a,b]$ 上的连续函数，证明：

(1) 若 $f(x)\geqslant 0$，且 $\int_a^b f(x)\mathrm{d}x = 0$，则 $f(x)\equiv 0$，$x\in[a,b]$；

(2) 若 $f(x)\leqslant g(x)$，且 $f(x)\not\equiv g(x)$，$x\in[a,b]$，则

$$\int_a^b f(x)\mathrm{d}x < \int_a^b g(x)\mathrm{d}x.$$

4. 利用定积分的性质，比较下列各组定积分的大小.

(1) $\int_0^1 x^2\mathrm{d}x$ 和 $\int_0^1 x^3\mathrm{d}x$；

(2) $\int_0^1 \mathrm{e}^x\mathrm{d}x$ 和 $\int_0^1 \mathrm{e}^{x^2}\mathrm{d}x$；

(3) $\int_e^{2e} \ln x\,\mathrm{d}x$ 和 $\int_e^{2e} (\ln x)^2\mathrm{d}x$；

(4) $\int_{-\frac{\pi}{2}}^0 \sin x\,\mathrm{d}x$ 和 $\int_0^{\frac{\pi}{2}} \sin x\,\mathrm{d}x$；

(5) $\int_0^1 x\,\mathrm{d}x$ 和 $\int_0^1 \ln(1+x)\mathrm{d}x$.

5. 利用定积分的性质，估计下列各定积分的大小.

(1) $\int_{\frac{1}{2}}^1 x^4\mathrm{d}x$；

(2) $\int_0^2 \mathrm{e}^{x^2}\mathrm{d}x$；

(3) $\int_{\frac{\pi}{4}}^{\frac{5\pi}{4}} (1+\sin^2 x)\mathrm{d}x$.

6. 设 $f(x)$ 在区间 $[0,1]$ 上可微，且满足条件 $f(1)=2\int_0^{\frac{1}{2}} xf(x)\mathrm{d}x$. 证明：存在 $\xi\in(0,1)$，使 $f(\xi)+\xi f'(\xi)=0$.

7. 设 $f(x)$ 在区间 $[a,b]$ 上连续，在 (a,b) 内可导，且 $\frac{1}{b-a}\int_a^b f(x)\mathrm{d}x = f(b)$. 证明：在 (a,b) 内至少存在一点 ξ，使 $f(\xi)=0$.

8. 设某商品从时刻 0 到时刻 t 的销售量为 $x(t)=kt$，$t\in[0,T]\ (k>0)$，如果想在 T 时将数量为 A 的该商品销售完，求：(1) t 时的商品剩余量，并确定 k 的值；(2) 在时间段 $[0,T]$ 上的平均剩余量.

9. 设函数 $f(x)$，$g(x)$ 在区间 $[a,b]$ 上连续，且 $f(x)$ 单调增加，$0\leqslant g(x)\leqslant 1$，证明：

$$0\leqslant \int_a^x g(t)\mathrm{d}t \leqslant x-a,\quad x\in[a,b].$$

5.2　微积分基本公式

在 5.1 节中,我们应用定积分的定义计算 $\int_0^1 x^2 \mathrm{d}x$ 的值. 从例子中可以看到,直接用定积分的定义来计算定积分的过程不是很容易,如果被积函数 $f(x)$ 是其他复杂的函数,过程就会更加困难. 在本节中我们将讨论定积分与原函数之间的内在联系,从而得到一个有效又简便的定积分计算方法.

我们先从实际问题中寻找解决问题的线索. 一方面,由 5.1 节可知,物体以变速 $v = v(t)(v(t) \geqslant 0)$ 做变速直线运动,从时刻 a 到时刻 b,物体经过的路程 s 等于速度函数 $v(t)$ 在区间 $[a, b]$ 上的定积分,即

$$s = \int_a^b v(t) \mathrm{d}t;$$

另一方面,这段路程 s 又可以表示为位置函数 $s(t)$ 在区间 $[a, b]$ 上的增量

$$s(b) - s(a).$$

所以下列关系式成立

$$\int_a^b v(t) \mathrm{d}t = s(b) - s(a).$$

而我们知道 $s'(t) = v(t)$,即位置函数 $s(t)$ 是速度函数 $v(t)$ 的原函数,所以,上述关系式表示速度函数 $v(t)$ 在区间 $[a, b]$ 上的定积分等于它的原函数 $s(t)$ 在区间 $[a, b]$ 上的增量.

上述从变速直线运动的路程这个实际问题中得到的关系式在一定的条件下是否具备普遍性呢? 也就是说,对于一般函数 $f(x)$,设 $F'(x) = f(x)$,是否也有

$$\int_a^b f(x) \mathrm{d}x = F(b) - F(a)?$$

如果上式成立,我们就可以把定积分的计算转化为原函数的计算问题,从而得到一个更简便的计算定积分的方法. 本节我们将专门来讨论这个问题.

5.2.1　积分上限函数

设函数 $f(x)$ 在区间 $[a, b]$ 上连续,x 为区间 $[a, b]$ 上任意一点. 显然 $f(x)$ 在部分区间 $[a, x]$ 上连续,从而 $f(x)$ 在 $[a, x]$ 上可积. 现在我们就来考察 $f(x)$ 在部分区间 $[a, x]$ 上的定积分

$$\int_a^x f(x) \mathrm{d}x.$$

上式中,x 既表示积分上限,又表示积分变量,为了避免混淆,这里把积分变量 x 改用其他符号,因为定积分只与被积函数和积分区间有关,与所用的积分变量的符号无关. 例如积分变量用 t 表示,于是上面的定积分可以写成

$$\int_a^x f(t)\mathrm{d}t.$$

当积分上限 x 在 $[a,b]$ 上每取一个值，都有一个确定的积分值与之对应. 因此，我们在 $[a,b]$ 上定义了一个以积分上限变量为自变量的函数，记为 $\Phi(x)$，即

$$\Phi(x) = \int_a^x f(t)\mathrm{d}t \quad (a \leqslant x \leqslant b),$$

称这个函数为**积分上限函数**或者称为**变上限积分**.

这个函数具有下面定理描述的重要性质.

定理 5.2.1　如果函数 $f(x)$ 在区间 $[a,b]$ 上连续，则积分上限函数

$$\Phi(x) = \int_a^x f(t)\mathrm{d}t$$

在区间 $[a,b]$ 上可导，其导数为

$$\Phi'(x) = \frac{\mathrm{d}}{\mathrm{d}x}\int_a^x f(t)\mathrm{d}t = f(x) \quad (a \leqslant x \leqslant b). \tag{5.2.1}$$

证明　给 x 以增量 Δx，则

$$\Phi(x + \Delta x) = \int_a^{x+\Delta x} f(t)\mathrm{d}t$$

于是

$$\begin{aligned}
\Delta\Phi &= \Phi(x + \Delta x) - \Phi(x)\\
&= \int_a^{x+\Delta x} f(t)\mathrm{d}t - \int_a^x f(t)\mathrm{d}t\\
&= \int_a^x f(t)\mathrm{d}t + \int_x^{x+\Delta x} f(t)\mathrm{d}t - \int_a^x f(t)\mathrm{d}t\\
&= \int_x^{x+\Delta x} f(t)\mathrm{d}t.
\end{aligned}$$

由积分中值定理，在 x 与 $x + \Delta x$ 之间至少存在一点 ξ，使得

$$\Delta\Phi = \int_x^{x+\Delta x} f(t)\mathrm{d}t = f(\xi)\Delta x.$$

整理得

$$\frac{\Delta\Phi}{\Delta x} = f(\xi) \quad (\xi \text{ 在 } x \text{ 与 } x + \Delta x \text{ 之间})$$

由于 $f(x)$ 在 $[a,b]$ 上连续，当 $\Delta x \to 0$ 时，$\xi \to x$，$f(\xi) \to f(x)$，从而

$$\lim_{\Delta x \to 0} \frac{\Delta\Phi}{\Delta x} = f(x)$$

这就说明，$\Phi(x)$ 在点 x 处可导，且 $\Phi'(x) = f(x)$，即

$$\Phi'(x) = \frac{\mathrm{d}}{\mathrm{d}x}\int_a^x f(t)\mathrm{d}t = f(x) \quad (a \leqslant x \leqslant b).$$

特别地,当 x 为端点 a 或 b 时,上述极限中的 $\Delta x \to 0$ 改为 $\Delta x \to 0^+$ 或 $\Delta x \to 0^-$,从而极限分别等于 $f(a)$ 或 $f(b)$,于是定理同样得证.

容易验证,在 $[a,b]$ 上任意取一点 c 作为积分下限,式(5.2.1)同样成立,即有

$$\frac{\mathrm{d}}{\mathrm{d}x}\int_c^x f(t)\mathrm{d}t = f(x) \quad (a \leqslant x \leqslant b).$$

由定理 5.2.1 可知,对连续函数 $f(x)$,如果先作积分上限函数再求导,其结果就是 $f(x)$ 本身.也就是连续函数 $f(x)$ 的积分上限函数 $\Phi(x)$ 是连续函数 $f(x)$ 在区间 $[a,b]$ 上的一个原函数.联系原函数的定义,我们可以得到下面的重要定理——**原函数存在定理**.

定理 5.2.2　如果函数 $f(x)$ 在区间 $[a,b]$ 上连续,则积分上限函数

$$\Phi(x) = \int_a^x f(t)\mathrm{d}t$$

是 $f(x)$ 在区间 $[a,b]$ 上的一个原函数.

例 5.2.1　计算函数 $\int_0^x \cos t^2 \mathrm{d}t$ 的导数.

解　由定理 5.2.1 可得

$$\frac{\mathrm{d}}{\mathrm{d}x}\int_0^x \cos t^2 \mathrm{d}t = \cos x^2$$

例 5.2.2　计算函数 $\int_x^{-2} t\mathrm{e}^{-t}\mathrm{d}t$ 的导数.

解　由定积分的性质可得

$$\int_x^{-2} t\mathrm{e}^{-t}\mathrm{d}t = -\int_{-2}^x t\mathrm{e}^{-t}\mathrm{d}t;$$

由定理 5.2.1 可得

$$\begin{aligned}
\frac{\mathrm{d}}{\mathrm{d}x}\int_x^{-2} t\mathrm{e}^{-t}\mathrm{d}t &= \frac{\mathrm{d}}{\mathrm{d}x}\left[-\int_{-2}^x t\mathrm{e}^{-t}\mathrm{d}t\right] \\
&= -\frac{\mathrm{d}}{\mathrm{d}x}\int_{-2}^x t\mathrm{e}^{-t}\mathrm{d}t \\
&= -x\mathrm{e}^{-x}.
\end{aligned}$$

一般地,$\dfrac{\mathrm{d}}{\mathrm{d}x}\int_x^b f(t)\mathrm{d}t = -f(x)$.

例 5.2.3　计算函数 $\int_0^{x^2} \ln(1+t)\mathrm{d}t$ 的导数.

解　设 $u = x^2$,则函数 $\int_0^{x^2} \ln(1+t)\mathrm{d}t$ 可以看成由 $\int_0^u \ln(1+t)\mathrm{d}t$ 和 $u = x^2$ 复合而成的复合函数,函数 $\int_0^{x^2} \ln(1+t)\mathrm{d}t$ 的导数可以利用复合函数的求导法则与定理 5.2.1,即

$$\frac{\mathrm{d}}{\mathrm{d}x}\int_0^{x^2}\ln(1+t)\mathrm{d}t = \frac{\mathrm{d}}{\mathrm{d}u}\left[\left[\int_0^u\ln(1+t)\mathrm{d}t\right]\right]\bigg|_{u=x^2}\cdot\frac{\mathrm{d}u}{\mathrm{d}x}$$
$$=\ln(1+u)\big|_{u=x^2}\cdot 2x$$
$$=2x\ln(1+x^2).$$

一般地，$\dfrac{\mathrm{d}}{\mathrm{d}x}\displaystyle\int_a^{\varphi(x)}f(t)\mathrm{d}t = f[\varphi(x)]\cdot\varphi'(x)$，这里要求 $f(t)$ 连续，函数 $\varphi(x)$ 可导. 读者可以自行尝试证明.

例 5.2.4 计算函数 $\displaystyle\int_{x^3}^{x^2}\mathrm{e}^t\mathrm{d}t$ 的导数.

解 利用定积分的积分区间可加性质，可得

$$\int_{x^3}^{x^2}\mathrm{e}^t\mathrm{d}t = \int_{x^3}^{0}\mathrm{e}^t\mathrm{d}t + \int_{0}^{x^2}\mathrm{e}^t\mathrm{d}t;$$

根据例 5.2.2 和例 5.2.3 的结论，可得

$$\frac{\mathrm{d}}{\mathrm{d}x}\int_{x^3}^{x^2}\mathrm{e}^t\mathrm{d}t = \frac{\mathrm{d}}{\mathrm{d}x}\left[\int_{x^3}^{0}\mathrm{e}^t\mathrm{d}t + \int_{0}^{x^2}\mathrm{e}^t\mathrm{d}t\right]$$
$$=-\mathrm{e}^{x^3}\cdot 3x^2 + \mathrm{e}^{x^2}\cdot 2x$$
$$=\mathrm{e}^{x^2}\cdot 2x - \mathrm{e}^{x^3}\cdot 3x^2$$
$$=2x\mathrm{e}^{x^2} - 3x^2\mathrm{e}^{x^3}.$$

一般地，$\dfrac{\mathrm{d}}{\mathrm{d}x}\displaystyle\int_{\phi(x)}^{\varphi(x)}f(t)\mathrm{d}t = f[\varphi(x)]\cdot\varphi'(x) - f[\phi(x)]\cdot\phi'(x)$，这里要求 $f(t)$ 连续，函数 $\varphi(x),\phi(x)$ 可导. 读者可以自行证明.

定理 5.2.1 和定理 5.2.2 一方面肯定了连续函数的原函数必定存在，另一方面还初步揭示了积分学中的定积分与原函数的联系，这样我们就有可能通过原函数来计算定积分.

5.2.2 牛顿-莱布尼茨公式

下面我们利用定理 5.2.2 来证明一个重要的定理，它给出了用原函数计算定积分的公式——牛顿-莱布尼茨公式.

定理 5.2.3 设函数 $f(x)$ 在区间 $[a,b]$ 上连续，$F(x)$ 是 $f(x)$ 的一个原函数，则

$$\int_a^b f(x)\mathrm{d}x = F(b) - F(a). \tag{5.2.2}$$

证明 已知 $F(x)$ 是 $f(x)$ 的一个原函数，又由定理 5.2.2 知 $\varPhi(x) = \displaystyle\int_a^x f(t)\mathrm{d}t$ 也是 $f(x)$ 的一个原函数，根据 4.1 节，可得

$$F(x) - \varPhi(x) = C \quad (C\text{ 为某个常数}).$$

上式中，令 $x=a$，得 $C=F(a)$，可得

$$F(x) - \int_a^x f(t)\mathrm{d}t = F(a).$$

上式中,令 $x = b$,可得

$$F(b) - \int_a^b f(t)\mathrm{d}t = F(a),$$

即

$$\int_a^b f(x)\mathrm{d}x = F(b) - F(a).$$

显然公式(5.2.2)对于 $a > b$ 的情形同样成立.

定理 5.2.3 利用原函数得到一个有效、简便的定积分的计算公式:连续函数 $f(x)$ 在区间 $[a,b]$ 上的定积分等于它的任意一个原函数 $F(x)$ 在区间 $[a,b]$ 上的增量. 公式 (5.2.2)是积分学的一个基本公式,称为**牛顿-莱布尼茨公式**. 由于它揭示了定积分与原函数之间的内在关系,通常也叫做**微积分基本公式**.

为简便起见,我们把 $F(b) - F(a)$ 记为 $[F(x)]_a^b$,于是公式(5.2.2)又可以写作

$$\int_a^b f(x)\mathrm{d}x = [F(x)]_a^b.$$

下面我们利用牛顿-莱布尼茨公式来计算定积分.

例 5.2.5 计算定积分 $\int_0^1 x^2 \mathrm{d}x$.

解 由于 $\dfrac{1}{3}x^3$ 是 x^2 的一个原函数,所以

$$\int_0^1 x^2 \mathrm{d}x = \left[\frac{1}{3}x^3\right]_0^1 = \frac{1}{3} - 0 = \frac{1}{3}.$$

第一节中,例 5.1.2 利用定义计算定积分 $\int_0^1 x^2 \mathrm{d}x$,对比这两种方法,利用牛顿-莱布尼茨公式的方法更加简便有效.

例 5.2.6 计算定积分 $\int_0^\pi \sin x \,\mathrm{d}x$.

解 由于 $-\cos x$ 是 $\sin x$ 的一个原函数,所以

$$\int_0^\pi \sin x \,\mathrm{d}x = [-\cos x]_0^\pi = -(-1) - (-1) = 2.$$

定积分 $\int_0^\pi \sin x \,\mathrm{d}x$ 的几何意义是:正弦曲线 $\sin x$ 在 $[0,\pi]$ 上与 x 轴所围成的平面图形的面积,通过例子的计算结果我们可以知道这个平面图形的面积为 2.

例 5.2.7 计算定积分 $\int_0^2 |x-1| \,\mathrm{d}x$.

解 由于

$$|x-1| = \begin{cases} x-1, & x \geqslant 1, \\ -x+1, & x < 1. \end{cases}$$

所以,由区间可加性,有

$$\int_0^2 |x-1| \, dx = \int_0^1 (-x+1) \, dx + \int_1^2 (x-1) \, dx$$

$$= \left[-\frac{x^2}{2} + x \right]_0^1 + \left[\frac{x^2}{2} - x \right]_1^2$$

$$= 1.$$

注：如果函数在所讨论区间上不满足可积条件，则定理 5.2.3 不能使用. 例如 $\int_{-1}^1 \frac{1}{x^2} \, dx$，这时，函数 $\frac{1}{x^2}$ 在点 $x=0$ 处为无穷间断.

例 5.2.8 计算 $\lim\limits_{x \to 0} \dfrac{\int_0^{x^2} \cos t^2 \, dt}{x^2}$.

解 这是一个 $\dfrac{0}{0}$ 型的未定式，我们可以用洛必达法则计算，可得

$$\frac{d}{dx} \int_0^{x^2} \cos t^2 \, dt = \cos x^4 \cdot 2x.$$

因此，

$$\lim_{x \to 0} \frac{\int_0^{x^2} \cos t^2 \, dt}{x^2} = \lim_{x \to 0} \frac{\cos x^4 \cdot 2x}{2x} = \lim_{x \to 0} \cos x^4 = 1.$$

例 5.2.9 已知函数 $f(x)$ 在 $[0, +\infty)$ 内连续，$f(x) > 0$，证明：函数

$$F(x) = \frac{\int_0^x t f(t) \, dt}{\int_0^x f(t) \, dt}$$

在 $(0, +\infty)$ 内为单调增加函数.

证明 （1）先证：当 $x > 0$ 时，分母 $\int_0^x f(t) \, dt > 0$.

由已知，存在 $x_0 \in [0, x]$，使得 $f(x_0) > 0$. 由于函数 $f(x)$ 在 $[0, +\infty)$ 内连续，故

$$\lim_{x \to x_0} f(x) = f(x_0) > 0.$$

由有极限的函数的局部保号性，存在一个含 x_0 的区间 $[a, b] \subset [0, x]$，使得在 $[a, b]$ 上，$f(x) > 0$. 记 $m = \min\{f(x) \mid x \in [a, b]\}$ 则 $m > 0$. 于是，由定积分的积分区间可加性和性质 5 可得

$$\int_0^x f(t) \, dt = \int_0^a f(t) \, dt + \int_a^b f(t) \, dt + \int_b^x f(t) \, dt$$

$$\geqslant 0 + m(b-a) + 0 > 0.$$

所以，$F(x)$ 在 $(0, +\infty)$ 内有定义.

(2) 由定理 5.2.1,有

$$\frac{d}{dx}\int_0^x tf(t)dt = xf(x),$$

$$\frac{d}{dx}\int_0^x f(t)dt = f(x),$$

故

$$F'(x) = \frac{xf(x)\int_0^x f(t)dt - f(x)\int_0^x tf(t)dt}{\left[\int_0^x f(t)dt\right]^2}$$

$$= \frac{f(x)\int_0^x (x-t)f(t)dt}{\left[\int_0^x f(t)dt\right]^2}.$$

由已知,当 $0 < t < x$ 时,$f(t) > 0$,$(x-t)f(t) > 0$,类似(1)的证明,可得

$$\int_0^x (x-t)f(t)dt > 0.$$

所以,当 $x \in (0, +\infty)$ 时,$F'(x) > 0$,从而,$F(x)$ 在 $(0, +\infty)$ 内为单调增加函数.

习 题 5-2

1. 设 $f(x) = \int_0^x \cos t \, dt$,计算 $f'(0)$,$f'\left(\frac{\pi}{4}\right)$.

2. 计算下列各导数.

(1) $\dfrac{d}{dx}\int_2^x \sqrt{1+t}\,dt$;

(2) $\dfrac{d}{dx}\int_x^{-2} \sin^2 t \, dt$;

(3) $\dfrac{d}{dx}\int_1^{x^3} e^{4t}\,dt$;

(4) $\dfrac{d}{dx}\int_x^{x^2} \dfrac{1}{\sqrt{1+t^2}}\,dt$.

3. 计算下列各积分.

(1) $\displaystyle\int_0^1 e^x \, dx$;

(2) $\displaystyle\int_{-2}^{-1} \frac{1}{x}\,dx$;

(3) $\displaystyle\int_1^2 \left(x^2 + \frac{1}{x^4}\right)dx$;

(4) $\displaystyle\int_0^1 (t + \sin t - e^t)\,dt$;

(5) $\displaystyle\int_{-1}^1 \frac{1}{1+x^2}\,dx$;

(6) $\displaystyle\int_{-\frac{1}{2}}^{\frac{1}{2}} \frac{1}{\sqrt{1-x^2}}\,dx$;

(7) $\displaystyle\int_0^{\frac{\pi}{4}} \tan^2\theta\,d\theta$;

(8) $\displaystyle\int_{-1}^3 |x-2|\,dx$;

(9) $\displaystyle\int_0^{2\pi} |\sin x|\,dx$;

(10) $\displaystyle\int_0^2 f(x)\,dx$,其中 $f(x) = \begin{cases} \dfrac{x^2}{2}, & x > 1, \\ x + 1, & x \leqslant 1. \end{cases}$

4. 计算下列极限.

(1) $\lim\limits_{x \to 0} \dfrac{\displaystyle\int_0^x \sin t \, dt}{x^2}$；

(2) $\lim\limits_{x \to 0} \dfrac{\displaystyle\int_0^{x^2} \arctan t \, dt}{x^4}$；

(3) $\lim\limits_{x \to 1} \dfrac{\displaystyle\int_x^1 e^{-t^2} \, dt}{x - 1}$；

(4) $\lim\limits_{x \to 0} \dfrac{\displaystyle\int_0^{x^2} t^{\frac{3}{2}} \, dt}{\displaystyle\int_0^x t(t - \sin t) \, dt}$

5. 设

$$f(x) = \begin{cases} 2x + 1, & |x| \leqslant 2, \\ 1 + x^2, & 2 < x \leqslant 4. \end{cases}$$

求 k 的值(设 $|k| \leqslant 2$)，使得

$$\int_k^3 f(x) \, dx = \frac{40}{3}.$$

6. 已知函数

$$f(x) = \begin{cases} 1, & x > 0, \\ 0, & x = 0, \\ -1, & x < 0. \end{cases}$$

求积分上限的函数 $\Phi(x) = \displaystyle\int_0^x f(t) \, dt$ 的表达式.

7. 已知函数

$$f(x) = \begin{cases} 2x, & 0 \leqslant x \leqslant 1, \\ 2 + x, & 1 < x \leqslant 2. \end{cases}$$

求积分上限的函数 $\Phi(x) = \displaystyle\int_0^x f(t) \, dt$ 在 $[0, 2]$ 上的表达式.

8. 设函数 $f(x)$ 在 $[0, 1]$ 上连续，在 $(0, 1)$ 内可导且 $f'(x) \leqslant 0$，

$$F(x) = \frac{1}{x} \int_0^x f(t) \, dt.$$

证明：在 $(0, 1)$ 内有 $F'(x) \leqslant 0$.

9. 证明：积分中值定理中的 ξ 可在开区间 (a, b) 取得，即如果函数 $f(x)$ 在闭区间 $[a, b]$ 上连续，则在开区间 (a, b) 内至少存在一点 ξ，使得下式成立

$$\int_a^b f(x) \, dx = f(\xi)(b - a) \quad (a < \xi < b).$$

10. 求 $\lim\limits_{x \to +\infty} \dfrac{\displaystyle\int_1^x \left[t^2 (e^{\frac{1}{t}} - 1) - t \right] dt}{x^2 \ln \left(1 + \dfrac{1}{x} \right)}$.

11. 设函数 $f(x)$，$g(x)$ 在区间 $[a, b]$ 上连续，且 $f(x)$ 单调增加，$0 \leqslant g(x) \leqslant 1$，证明：

$$\int_a^{a + \int_a^b g(t) dt} f(x) \, dx \leqslant \int_a^b f(x) g(x) \, dx.$$

12. 设函数 $f(x) = \displaystyle\int_0^1 |t^2 - x^2| \, dt \ (x > 0)$，求 $f'(x)$ 并求 $f(x)$ 的最小值.

5.3 定积分的换元积分法与分部积分法

由牛顿-莱布尼茨公式可知,计算连续函数 $f(x)$ 的定积分 $\int_a^b f(x)\mathrm{d}x$ 可以转化为求被积函数 $f(x)$ 的原函数在 $[a,b]$ 上的增量. 牛顿-莱布尼茨公式说明了连续函数的定积分计算与不定积分的计算有密切联系. 在第四章中我们介绍了不定积分的换元积分法和分部积分法. 因此,我们也可以在定积分的计算中考虑应用不定积分的这两种积分法.

5.3.1 换元积分法

定理 5.3.1 设函数 $f(x)$ 在区间 $[a,b]$ 上连续,如果函数 $x=\varphi(t)$ 满足下列条件:
(1) $\varphi(\alpha)=a$, $\varphi(\beta)=b$;
(2) $\varphi(t)$ 在 $[\alpha,\beta]$(或$[\beta,\alpha]$)上具有连续导数且值域为 $[a,b]$,则有

$$\int_a^b f(x)\mathrm{d}x = \int_\alpha^\beta f[\varphi(t)]\varphi'(t)\mathrm{d}t. \tag{5.3.1}$$

公式$(5.3.1)$称为定积分的**换元积分公式**.

证明 设 $F(x)$ 是 $f(x)$ 在 $[a,b]$ 上的一个原函数,则

$$\int_a^b f(x)\mathrm{d}x = F(b)-F(a).$$

又有

$$\frac{\mathrm{d}}{\mathrm{d}t}F[\varphi(t)] = F'[\varphi(t)]\varphi'(t) = f[\varphi(t)]\varphi'(t).$$

可知 $F[\varphi(t)]$ 是 $f[\varphi(t)]\varphi'(t)$ 的一个原函数,所以

$$\int_\alpha^\beta f[\varphi(t)]\varphi'(t)\mathrm{d}t = F[\varphi(t)]\Big|_\alpha^\beta = F[\varphi(\beta)]-F[\varphi(\alpha)] = F(b)-F(a).$$

故

$$\int_a^b f(x)\mathrm{d}x = \int_\alpha^\beta f[\varphi(t)]\varphi'(t)\mathrm{d}t.$$

显然,当 $a>b$ 时,公式$(5.3.1)$仍然成立.

例 5.3.1 计算 $\int_0^a \sqrt{a^2-x^2}\,\mathrm{d}x \ (a>0)$.

解 令 $x=a\sin t$,则 $\mathrm{d}x=a\cos t\,\mathrm{d}t$. 且当 $x=0$ 时,$t=0$;当 $x=a$ 时,$t=\dfrac{\pi}{2}$. 于是

$$\int_0^a \sqrt{a^2-x^2}\,\mathrm{d}x = a^2\int_0^{\frac{\pi}{2}}\cos^2 t\,\mathrm{d}t = a^2\int_0^{\frac{\pi}{2}}\frac{1+\cos 2t}{2}\mathrm{d}t$$

$$= \frac{a^2}{2}\left[t+\frac{1}{2}\sin 2t\right]_0^{\frac{\pi}{2}}$$

$$= \frac{1}{4}\pi a^2.$$

注：应用换元公式(5.3.1)计算定积分时,用 $x=\varphi(t)$ 把自变量 x 换为新变量 t 时,积分限也要换为相应于新变量 t 的积分限.积分后并没有将新变量代回到原变量的过程,这是计算过程中定积分的换元公式和不定积分的换元公式的两处不同点.

例 5.3.2　计算 $\displaystyle\int_1^4 \frac{\sqrt{x-1}}{x}\mathrm{d}x$.

解　令 $\sqrt{x-1}=t$,则 $x=t^2+1$, $\mathrm{d}x=2t\,\mathrm{d}t$. 当 $x=1$ 时, $t=0$,当 $x=4$ 时, $t=\sqrt{3}$. 于是

$$
\begin{aligned}
\int_1^4 \frac{\sqrt{x-1}}{x}\mathrm{d}x &= 2\int_0^{\sqrt{3}} \frac{t^2}{t^2+1}\mathrm{d}t \\
&= 2\int_0^{\sqrt{3}} \left(1-\frac{1}{t^2+1}\right)\mathrm{d}t \\
&= 2\left[t-\arctan t\right]_0^{\sqrt{3}} \\
&= 2\left(\sqrt{3}-\frac{\pi}{3}\right).
\end{aligned}
$$

换元积分公式(5.3.1)也可以反过来用.为方便起见,把换元积分公式(5.3.1)的左、右两端对调位置,同时把 t 改写为 x,把 x 改写为 t,我们可以得到

$$
\int_a^b f[\varphi(x)]\varphi'(x)\mathrm{d}x = \int_\alpha^\beta f(t)\mathrm{d}t.
$$

这样,就可以用 $t=\varphi(x)$ 来引入新的变量 t,而 $\alpha=\varphi(a)$, $\beta=\varphi(b)$.

例 5.3.3　计算 $\displaystyle\int_0^{\frac{\pi}{2}} \cos^5 x\sin x\,\mathrm{d}x$.

解　设 $t=\cos x$,则 $\mathrm{d}t=-\sin\mathrm{d}x$. 当 $x=0$ 时, $t=1$;当 $x=\frac{\pi}{2}$ 时, $t=0$. 于是

$$
\begin{aligned}
\int_0^{\frac{\pi}{2}} \cos^5 x\sin x\,\mathrm{d}x &= -\int_1^0 t^5\mathrm{d}t \\
&= \left[-\frac{t^6}{6}\right]_1^0 \\
&= \frac{1}{6}.
\end{aligned}
$$

例 5.3.3 的计算过程还可以类似于不定积分的第一类换元法(凑微分法)直接求得被积函数的原函数,而不必明显地写出新变量 t,这样定积分的上、下限就不用变更.这个简单的计算过程可以记为如下的过程:

$$
\begin{aligned}
\int_0^{\frac{\pi}{2}} \cos^5 x\sin x\,\mathrm{d}x &= -\int_0^{\frac{\pi}{2}} \cos^5 x\,\mathrm{d}(\cos x) \\
&= -\left[\frac{\cos^6 x}{6}\right]_0^{\frac{\pi}{2}} \\
&= \frac{1}{6}.
\end{aligned}
$$

例 5.3.4 计算 $\int_{-\frac{\pi}{2}}^{\frac{\pi}{2}} \sqrt{\cos x \sin^2 x}\, \mathrm{d}x$.

解 由于

$$\sqrt{\cos x \sin^2 x} = \cos^{\frac{1}{2}} x \mid \sin x \mid,$$

而且,在区间 $\left[-\frac{\pi}{2}, 0\right]$ 上,$\mid \sin x \mid = -\sin x$;在区间 $\left[0, \frac{\pi}{2}\right]$ 上,$\mid \sin x \mid = \sin x$,所以

$$
\begin{aligned}
\int_{-\frac{\pi}{2}}^{\frac{\pi}{2}} \sqrt{\cos x \sin^2 x}\, \mathrm{d}x &= \int_{-\frac{\pi}{2}}^{0} \cos^{\frac{1}{2}} x (-\sin x)\, \mathrm{d}x + \int_{0}^{\frac{\pi}{2}} \cos^{\frac{1}{2}} x \sin x\, \mathrm{d}x \\
&= \int_{-\frac{\pi}{2}}^{0} \cos^{\frac{1}{2}} x\, \mathrm{d}(\cos x) - \int_{0}^{\frac{\pi}{2}} \cos^{\frac{1}{2}} x\, \mathrm{d}(\cos x) \\
&= \left[\frac{2}{3} \cos^{\frac{3}{2}} x\right]_{-\frac{\pi}{2}}^{0} - \left[\frac{2}{3} \cos^{\frac{3}{2}} x\right]_{0}^{\frac{\pi}{2}} \\
&= \frac{2}{3} - \left(-\frac{2}{3}\right) \\
&= \frac{4}{3}.
\end{aligned}
$$

例 5.3.4 如果忽略 $\sin x$ 在 $\left[-\frac{\pi}{2}, 0\right]$ 上非正,而按照 $\sqrt{\cos x \sin^2 x} = \cos^{\frac{1}{2}} x \sin x$ 来计算,结果就出错.

例 5.3.5 设函数 $f(x)$ 是区间 $[-a, a]$ 上的连续函数. 证明:

(1) 若 $f(x)$ 是偶函数,则 $\int_{-a}^{a} f(x)\, \mathrm{d}x = 2 \int_{0}^{a} f(x)\, \mathrm{d}x$;

(2) 若 $f(x)$ 是奇函数,$\int_{-a}^{a} f(x)\, \mathrm{d}x = 0$.

证明 由定积分的积分区间可加性,可得

$$\int_{-a}^{a} f(x)\, \mathrm{d}x = \int_{-a}^{0} f(x)\, \mathrm{d}x + \int_{0}^{a} f(x)\, \mathrm{d}x,$$

对积分 $\int_{-a}^{0} f(x)\, \mathrm{d}x$,作替换 $x = -t$,有

$$\int_{-a}^{0} f(x)\, \mathrm{d}x = -\int_{a}^{0} f(-t)\, \mathrm{d}t = \int_{0}^{a} f(-t)\, \mathrm{d}t = \int_{0}^{a} f(-x)\, \mathrm{d}x,$$

所以

$$\int_{-a}^{a} f(x)\, \mathrm{d}x = \int_{0}^{a} \left[f(-x) + f(x)\right] \mathrm{d}x.$$

(1) 若 $f(x)$ 是偶函数,则 $f(-x) = f(x)$,故

$$\int_{-a}^{a} f(x)\, \mathrm{d}x = 2 \int_{0}^{a} f(x)\, \mathrm{d}x;$$

（2）若 $f(x)$ 是奇函数，则 $f(-x) = -f(x)$，故

$$\int_{-a}^{a} f(x)\mathrm{d}x = 0.$$

利用这个例子的结论，可以使得在对称区间上，且被积函数为偶函数或者为奇函数的定积分计算更为简便.

例 5.3.6 计算 $\displaystyle\int_{-1}^{1} \frac{|x| + x^2\sin x}{\sqrt{1-x^2}}\mathrm{d}x$.

解 由于 $\dfrac{|x|}{\sqrt{1-x^2}}$ 和 $\dfrac{x^2\sin x}{\sqrt{1-x^2}}$ 在 $[-1,1]$ 上分别是偶函数和奇函数，因此，由例 5.3.5 可得

$$
\begin{aligned}
\int_{-1}^{1} \frac{|x| + x^2\sin x}{\sqrt{1-x^2}}\mathrm{d}x &= \int_{-1}^{1} \frac{|x|}{\sqrt{1-x^2}}\mathrm{d}x + \int_{-1}^{1} \frac{x^2\sin x}{\sqrt{1-x^2}}\mathrm{d}x \\
&= 2\int_{0}^{1} \frac{x}{\sqrt{1-x^2}}\mathrm{d}x \\
&= -\int_{0}^{1} \frac{1}{\sqrt{1-x^2}}\mathrm{d}(1-x^2) \\
&= \left[-2\sqrt{1-x^2}\right]_{0}^{1} \\
&= 2.
\end{aligned}
$$

例 5.3.7 对任意正整数 n，证明：

$$\int_{0}^{\frac{\pi}{2}} \sin^n x\,\mathrm{d}x = \int_{0}^{\frac{\pi}{2}} \cos^n x\,\mathrm{d}x.$$

证明 设 $x = \dfrac{\pi}{2} - t$，则 $\mathrm{d}x = -\mathrm{d}t$，并且当 $x=0$ 时，$t = \dfrac{\pi}{2}$，当 $x = \dfrac{\pi}{2}$ 时，$t = 0$. 于是

$$\int_{0}^{\frac{\pi}{2}} \sin^n x\,\mathrm{d}x = -\int_{\frac{\pi}{2}}^{0} \sin^n\left(\frac{\pi}{2} - t\right)\mathrm{d}t = \int_{0}^{\frac{\pi}{2}} \cos^n t\,\mathrm{d}t.$$

即

$$\int_{0}^{\frac{\pi}{2}} \sin^n x\,\mathrm{d}x = \int_{0}^{\frac{\pi}{2}} \cos^n x\,\mathrm{d}x.$$

5.3.2 分部积分法

设函数 $u = u(x)$，$v = v(x)$ 在区间 $[a,b]$ 上有连续导数，则有

$$(uv)' = u'v + uv',$$

等式两边在 $[a,b]$ 上求定积分，得

$$[uv]_a^b = \int_a^b u'v\,\mathrm{d}x + \int_a^b uv'\,\mathrm{d}x,$$

移项得

$$\int_a^b uv' \, \mathrm{d}x = [uv]_a^b - \int_a^b u'v \, \mathrm{d}x, \tag{5.3.2}$$

或记为

$$\int_a^b u \, \mathrm{d}v = [uv]_a^b - \int_a^b v \, \mathrm{d}u. \tag{5.3.3}$$

公式(5.3.2)和公式(5.3.3)都称为定积分的**分部积分公式**.

注意：在使用定积分的分部积分公式时，关键点仍然是 $u(x)$ 和 $v(x)$ 的选取，选取的方法与不定积分的分部积分法是一致的.

例 5.3.8　计算 $\int_1^2 \ln x \, \mathrm{d}x$.

解　设 $u = \ln x$，$\mathrm{d}v = \mathrm{d}x$，则 $v = x$，代入公式(5.3.3)，可得

$$\int_1^2 \ln x \, \mathrm{d}x = [x \ln x]_1^2 - \int_1^2 x \, \mathrm{d}(\ln x) = 2\ln 2 - \int_1^2 \mathrm{d}x$$
$$= 2\ln 2 - 1.$$

例 5.3.9　计算 $\int_0^\pi x \cos x \, \mathrm{d}x$.

解　设 $u = x$，$\mathrm{d}v = \cos x \, \mathrm{d}x$，则 $v = \sin x$，代入公式(5.3.3)，可得

$$\int_0^\pi x \cos x \, \mathrm{d}x = \int_0^\pi x \, \mathrm{d}(\sin x)$$
$$= [x \sin x]_0^\pi - \int_0^\pi \sin x \, \mathrm{d}x$$
$$= 0 + [\cos x]_0^\pi = -2.$$

例 5.3.10　计算 $\int_0^1 x \arctan x \, \mathrm{d}x$.

解　设 $u = \arctan x$，$\mathrm{d}v = x \, \mathrm{d}x$，则 $v = \dfrac{1}{2}x^2$，代入公式(5.3.3)，可得

$$\int_0^1 x \arctan x \, \mathrm{d}x = \frac{1}{2} \int_0^1 \arctan x \, \mathrm{d}(x^2)$$
$$= \frac{1}{2}[x^2 \arctan x]_0^1 - \frac{1}{2} \int_0^1 x^2 \, \mathrm{d}(\arctan x)$$
$$= \frac{\pi}{8} - \frac{1}{2} \int_0^1 \frac{x^2}{1+x^2} \, \mathrm{d}x = \frac{\pi}{8} - \frac{1}{2} \int_0^1 \frac{x^2 + 1 - 1}{1 + x^2} \, \mathrm{d}x$$
$$= \frac{\pi}{8} - \left[\frac{1}{2} \int_0^1 \mathrm{d}x - \frac{1}{2} \int_0^1 \frac{1}{1+x^2} \, \mathrm{d}x \right]$$
$$= \frac{\pi}{8} - \frac{1}{2} + \left[\frac{1}{2} \arctan x \right]_0^1$$
$$= \frac{\pi}{4} - \frac{1}{2}.$$

例 5.3.11 计算 $\int_0^1 e^{\sqrt{x}} dx$.

解 先换元，令 $\sqrt{x} = t$，则 $x = t^2$，$dx = 2t\, dt$. 且当 $x = 0$ 时，$t = 0$；当 $x = 1$ 时，$t = 1$. 有

$$\int_0^1 e^{\sqrt{x}} dx = 2\int_0^1 t e^t dt,$$

再用分部积分法计算上面式子的右端的定积分，设 $u = t$，$dv = e^t dt$，则 $v = e^t$，代入公式 (5.3.3)，可得

$$\int_0^1 e^{\sqrt{x}} dx = 2\int_0^1 t e^t dt = 2\int_0^1 t\, d(e^t)$$

$$= 2[t e^t]_0^1 - 2\int_0^1 e^t dt$$

$$= 2e - 2[e^t]_0^1 = 2.$$

例 5.3.12 证明定积分公式

$$I_n = \int_0^{\frac{\pi}{2}} \sin^n x\, dx = \int_0^{\frac{\pi}{2}} \cos^n x\, dx$$

$$= \begin{cases} \dfrac{n-1}{n} \times \dfrac{n-3}{n-2} \times \cdots \times \dfrac{3}{4} \times \dfrac{1}{2} \times \dfrac{\pi}{2}, & n \text{ 为正偶数}, \\[3mm] \dfrac{n-1}{n} \times \dfrac{n-3}{n-2} \times \cdots \times \dfrac{4}{5} \times \dfrac{2}{3} \times 1, & n \text{ 为大于 1 的正奇数}. \end{cases}$$

证明

$$I_n = \int_0^{\frac{\pi}{2}} \cos^n x\, dx = \int_0^{\frac{\pi}{2}} \cos^{n-1} x\, d(\sin x)$$

$$= [\sin x \cos^{n-1} x]_0^{\frac{\pi}{2}} + (n-1)\int_0^{\frac{\pi}{2}} \sin^2 x \cos^{n-2} x\, dx$$

$$= (n-1)\int_0^{\frac{\pi}{2}} (1 - \cos^2 x) \cos^{n-2} x\, dx$$

即

$$I_n = (n-1) I_{n-2} - (n-1) I_n,$$

移项得

$$I_n = \frac{n-1}{n} I_{n-2},$$

这是一个递推公式.

由于 $I_0 = \int_0^{\frac{\pi}{2}} dx = \dfrac{\pi}{2}$，所以当 n 为偶数时，由递推公式得到

$$I_n = \frac{n-1}{n} \times \frac{n-3}{n-2} \times \cdots \times \frac{3}{4} \times \frac{1}{2} \times \frac{\pi}{2}$$

由于 $I_1 = \int_0^{\frac{\pi}{2}} \cos \, \mathrm{d}x = [\sin x]_0^{\frac{\pi}{2}} = 1$，所以，当 n 为奇数时，由递推公式得到

$$I_n = \frac{n-1}{n} \times \frac{n-3}{n-2} \times \cdots \times \frac{4}{5} \times \frac{2}{3} \times 1.$$

根据例 5.3.7 可知 $\int_0^{\frac{\pi}{2}} \sin^n x \, \mathrm{d}x = \int_0^{\frac{\pi}{2}} \cos^n x \, \mathrm{d}x$，于是可得

$$I_n = \int_0^{\frac{\pi}{2}} \sin^n x \, \mathrm{d}x = \int_0^{\frac{\pi}{2}} \cos^n x \, \mathrm{d}x$$

$$= \begin{cases} \dfrac{n-1}{n} \times \dfrac{n-3}{n-2} \times \cdots \times \dfrac{3}{4} \times \dfrac{1}{2} \times \dfrac{\pi}{2}, & n \text{ 为正偶数}, \\[2mm] \dfrac{n-1}{n} \times \dfrac{n-3}{n-2} \times \cdots \times \dfrac{4}{5} \times \dfrac{2}{3} \times 1, & n \text{ 为大于 1 的正奇数}. \end{cases}$$

例 5.3.13　计算 $\int_0^{\frac{\pi}{2}} \sin^6 x \, \mathrm{d}x$ 和 $\int_0^{\frac{\pi}{2}} \cos^7 x \, \mathrm{d}x$.

解　利用例 5.3.12 的结论，可得

$$\int_0^{\frac{\pi}{2}} \sin^6 x \, \mathrm{d}x = \frac{5}{6} \times \frac{3}{4} \times \frac{1}{2} \times \frac{\pi}{2} = \frac{5\pi}{32};$$

$$\int_0^{\frac{\pi}{2}} \cos^7 x \, \mathrm{d}x = \frac{6}{7} \times \frac{4}{5} \times \frac{2}{3} \times 1 = \frac{16}{35}.$$

习　题　5-3

1. 计算下列各定积分.

(1) $\int_{\frac{\pi}{2}}^{\pi} \sin\left(x + \frac{\pi}{2}\right) \mathrm{d}x$；

(2) $\int_0^{\frac{\pi}{2}} \sin x \cos^3 x \, \mathrm{d}x$；

(3) $\int_0^1 \dfrac{\mathrm{e}^x}{1 + \mathrm{e}^x} \mathrm{d}x$；

(4) $\int_0^1 t \mathrm{e}^{-\frac{t^2}{2}} \mathrm{d}x$；

(5) $\int_0^1 x \sqrt{1 - x^2} \, \mathrm{d}x$；

(6) $\int_0^{\sqrt{2}} \sqrt{2 - x^2} \, \mathrm{d}x$；

(7) $\int_0^4 \dfrac{\mathrm{d}x}{1 + \sqrt{x}}$；

(8) $\int_0^4 \dfrac{x + 2}{\sqrt{2x + 1}} \mathrm{d}x$；

(9) $\int_0^{\pi} \sqrt{\sin^3 x - \sin^5 x} \, \mathrm{d}x$；

(10) $\int_0^{\pi} \sqrt{1 + \cos 2x} \, \mathrm{d}x$.

2. 计算下列各定积分.

(1) $\int_0^1 x \mathrm{e}^{-x} \mathrm{d}x$；

(2) $\int_1^{\mathrm{e}} x \ln x \, \mathrm{d}x$；

(3) $\int_0^{\pi} x \sin 2x \, \mathrm{d}x$；

(4) $\int_0^1 \arcsin x \, \mathrm{d}x$；

(5) $\int_0^{\frac{\pi}{2}} \mathrm{e}^{2x} \cos x \, \mathrm{d}x$；

(6) $\int_1^4 \dfrac{\ln x}{\sqrt{x}} \mathrm{d}x$；

(7) $\displaystyle\int_0^1 \sin\sqrt{x}\,\mathrm{d}x$;

(8) $\displaystyle\int_{\frac{1}{e}}^{e} |\ln x|\,\mathrm{d}x$.

3. 利用函数奇偶性计算下列各定积分.

(1) $\displaystyle\int_{-1}^1 \frac{x^2\sin^3 x}{x^4+2x^2}\mathrm{d}x$;

(2) $\displaystyle\int_{-\frac{\pi}{2}}^{\frac{\pi}{2}} x\sqrt{1-\cos^2 x}\,\mathrm{d}x$;

(3) $\displaystyle\int_{-\frac{\pi}{2}}^{\frac{\pi}{2}} 16\cos^6 x\,\mathrm{d}x$;

(4) $\displaystyle\int_{-\frac{1}{2}}^{\frac{1}{2}} \frac{(\arcsin x)^2}{\sqrt{1-x^2}}\mathrm{d}x$;

(5) $\displaystyle\int_{-\pi}^{\pi} \sin^3 x + \sqrt{\pi^2-x^2}\,\mathrm{d}x$.

4. 设

$$f(x)=\begin{cases} x\mathrm{e}^{-x^2}, & \text{当 } x<0,\\ \dfrac{x-1}{\sqrt{x+1}}, & \text{当 } x\geqslant 0. \end{cases}$$

求 $\displaystyle\int_1^5 f(x-2)\mathrm{d}x$.

5. 设 $f(x)$ 是以 l 为周期的连续函数,证明:对任意实数 a ,有

$$\int_a^{a+l} f(x)\mathrm{d}x = \int_0^l f(x)\mathrm{d}x.$$

6. 若 $f(x)$ 在 $[0,1]$ 上连续,证明:

(1) $\displaystyle\int_0^{\frac{\pi}{2}} f(\sin x)\mathrm{d}x = \int_0^{\frac{\pi}{2}} f(\cos x)\mathrm{d}x$;

(2) $\displaystyle\int_0^{\pi} xf(\sin x)\mathrm{d}x = \pi\int_0^{\frac{\pi}{2}} f(\sin x)\mathrm{d}x$,由此求

$$\int_0^{\pi} \frac{x\sin x}{1+\cos^2 x}\mathrm{d}x.$$

7. 求极限 $\displaystyle\lim_{n\to\infty} \frac{1}{n^2}\left(\sin\frac{1}{n}+2\sin\frac{2}{n}+\cdots+n\sin\frac{n}{n}\right)$.

8. 求 $\displaystyle\lim_{x\to 0^+} \frac{\displaystyle\int_0^x \sqrt{x-t}\,\mathrm{e}^t\mathrm{d}t}{\sqrt{x^3}}$.

9. 已知函数 $\displaystyle f(x)=\int_1^x \sqrt{1+t^4}\,\mathrm{d}t$,求: $\displaystyle\int_0^1 x^2 f(x)\mathrm{d}x$.

10. 设 $\displaystyle a_n=\int_0^1 x^n\sqrt{1-x^2}\,\mathrm{d}x$ $(n=0,1,2,\cdots)$.

(1) 证明:数列 $\{a_n\}$ 单调递减,且 $a_n=\dfrac{n-1}{n+2}a_{n-2}(n=2,3,\cdots)$;

(2) 求 $\displaystyle\lim_{n\to\infty}\frac{a_n}{a_{n-1}}$.

5.4 定积分的应用

本节我们将应用定积分来计算一些几何量和经济中的一些问题.凡是能用定积分计算的量,一定分布在某个区间上,并且对于区间具有可加性. 例如 5.1 节所述的曲边梯形的面

积、变速直线运动的路程以及经济上的收益问题. 事实上, 几何上的面积、体积, 物理中的路程、功以及经济上的一些量都具有这种特性, 因此都可考虑用定积分来计算.

我们回顾一下把曲边梯形的面积表示为定积分的过程:

(1) **分割**   在区间 $[a, b]$ 中任意插入 $n-1$ 个分点

$$a = x_0 < x_1 < x_2 < \cdots < x_{n-1} < x_n = b,$$

将区间 $[a, b]$ 分成 n 个小区间:

$$[x_0, x_1], [x_1, x_2], \cdots, [x_{i-1}, x_i], \cdots, [x_{n-1}, x_n],$$

小区间长度分别记为 $\Delta x_i = x_i - x_{i-1}(i = 1, 2, \cdots, n)$.

用直线 $x = x_i(i = 1, 2, \cdots, n-1)$ 把曲边梯形分为 n 个窄曲边梯形.

(2) **近似**   在第 i 个小区间 $[x_{i-1}, x_i]$ $(i = 1, 2, \cdots, n)$ 上任取一点 ξ_i, 用以 $f(\xi_i)$ 为高, Δx_i 为底的窄矩形的面积 $f(\xi_i)\Delta x_i$ 近似代替第 i 个窄曲边梯形的面积 ΔA_i. 即

$$\Delta A_i \approx f(\xi_i)\Delta x_i \quad (i = 1, 2, \cdots, n);$$

(3) **求和**   把窄矩形的面积加起来, 得到的和作为曲边梯形面积的近似值. 即

$$A \approx \sum_{i=1}^{n} f(\xi_i)\Delta x_i;$$

(4) **取极限**   记 $\lambda = \max\limits_{1 \leqslant i \leqslant n}\{\Delta x_i\}$, 当 n 无限增大且 $\lambda \to 0$ 时, 这样就得到了曲边梯形的面积

$$A = \lim_{\lambda \to 0}\sum_{i=1}^{n} f(\xi_i)\Delta x_i;$$

即

$$\int_a^b f(x)\mathrm{d}x = \lim_{\lambda \to 0}\sum_{i=1}^{n} f(\xi_i)\Delta x_i.$$

上述的四个过程中, 我们可以看到第二步是关键的一步, 它确定了 ΔA_i 的近似值与某个函数 $f(x)$ 在区间 $[x_{i-1}, x_i]$ 某一点的值之间的关系, 从而就得到了定积分的被积函数.

现在我们把上述的四个步骤简化书写, 主要突出第二步的关键步骤并简化记号, 这样使用起来比较方便. 这样简写的步骤在物理学和工程学中经常使用, 一般称它为**元素法**. 它的大致步骤如下:

第一步: 设所求量 U 是一个与某变量(设为 x)的变化区间 $[a, b]$ 有关的量, 且关于区间 $[a, b]$ 具有可加性. 设想把 $[a, b]$ 分成 n 个小区间, 并把其中一个代表性的小区间记作 $[x, x+\mathrm{d}x]$.

第二步: 在小区间 $[x, x+\mathrm{d}x]$ 上寻求相应的部分量 ΔU 的近似值(这一步经常可以画图思考). 如果能够找到 ΔU 的形如 $f(x)\mathrm{d}x$ 的近似表达式(其中 $f(x)$ 为 $[a, b]$ 上的一个连续函数在 x 处的值, $\mathrm{d}x$ 为小区间的长度), 就把 $f(x)\mathrm{d}x$ 称为所求量 U 的**元素**, 并记作 $\mathrm{d}U$, 即

$$\mathrm{d}U = f(x)\mathrm{d}x.$$

第三步：以元素 $\mathrm{d}U$ 的表达式 $f(x)\mathrm{d}x$ 在 $[a,b]$ 上进行积分，作为所求量 U 的积分表达式：

$$U = \int_a^b f(x)\mathrm{d}x.$$

本节所述各类问题仅是举例. 定积分的实质是具有可加性的连续变量的求和问题，凡是属于这类问题，即使书中没有提到，也可按同样的思路加以解决.

下面我们将结合具体例子来介绍元素法在几何和一些经济问题中的应用.

5.4.1 在几何上的应用

1. 平面图形的面积

（1）直角坐标情形

设平面图形是由两条曲线 $y=f_1(x)$，$y=f_2(x)$（其中 $f_1(x)$，$f_2(x)$ 是 $[a,b]$ 上的连续函数，且 $f_1(x) \leqslant f_2(x)$，$x \in [a,b]$）及直线 $x=a$，$x=b$ 所围成（图 5-4），我们利用元素法来求它的面积 A.

第一步：取 x 为积分变量，它的变化区间为 $[a,b]$，设想把 $[a,b]$ 分成 n 个小区间，并把其中代表性的小区间记作 $[x,x+\mathrm{d}x]$.

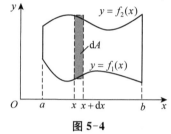

图 5-4

第二步：与这个小区间 $[x,x+\mathrm{d}x]$ 相对应的窄曲边形的面积 ΔA 近似等于高为 $[f_2(x)-f_1(x)]\mathrm{d}x$，底为 $\mathrm{d}x$ 的窄矩形的面积，从而得到面积元素 $\mathrm{d}A$，即

$$\mathrm{d}A = [f_2(x) - f_1(x)]\mathrm{d}x,$$

第三步：以面积元素 $\mathrm{d}A$ 的表达式 $[f_2(x)-f_1(x)]\mathrm{d}x$ 在 $[a,b]$ 上进行积分，就可以得到该平面图形的面积：

$$A = \int_a^b [f_2(x) - f_1(x)]\mathrm{d}x. \tag{5.4.1}$$

如果 $f_1(x)$，$f_2(x)$ 的大小不能确定，式（5.4.1）可改写为

$$A = \int_a^b |f_2(x) - f_1(x)|\mathrm{d}x.$$

同理，设平面图形是由两条曲线 $x=g_1(y)$，$x=g_2(y)$（其中 $g_1(y)$，$g_2(y)$ 是 $[c,d]$ 上的连续函数，且 $g_1(y) \leqslant g_2(y)$，$y \in [c,d]$）及直线 $y=c$，$y=d$ 所围成（图 5-5），我们利用元素法也可以得到该平面图形的面积：

$$A = \int_c^d [g_2(y) - g_1(y)]\mathrm{d}y. \tag{5.4.2}$$

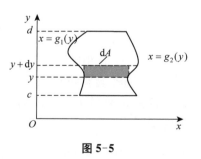

图 5-5

如果 $g_1(y)$，$g_2(y)$ 的大小不能确定,式(5.4.2)可改写为

$$A = \int_c^d \left| g_2(y) - g_1(y) \right| \mathrm{d}y.$$

例 5.4.1 计算抛物线 $y = \sqrt{x}$，直线 $y = x$ 围成的图形面积.

解法 1 抛物线 $y = \sqrt{x}$ 和直线 $y = x$ 围成的图形(图 5-6),先求两线的交点.求解方程组

$$\begin{cases} y = \sqrt{x}, \\ y = x, \end{cases}$$

得到交点为 $(0,0)$ 与 $(1,1)$.

从 x 轴看,图形介于 $x = 0$ 与 $x = 1$ 之间.这时取 x 为积分变量,所以

$$A = \int_0^1 \left[\sqrt{x} - x \right] \mathrm{d}x = \left[\frac{2}{3} x^{\frac{3}{2}} - \frac{x^2}{2} \right]_0^1 = \frac{1}{6}.$$

解法 2 同样求出交点 $(0,0)$ 与 $(1,1)$.从 y 轴看,图形介于 $y = 0$ 与 $y = 1$ 之间(图 5-7).这时取 y 为积分变量,所以

$$A = \int_0^1 (y - y^2) \mathrm{d}y = \left[\frac{1}{2} y^2 - \frac{1}{3} y^3 \right]_0^1 = \frac{1}{6}.$$

本题分别取 x 及 y 为积分变量求解,难易程度相同. 但是,也有的图形取不同的积分变量求解的难易程度是不同的,必须先进行判断,从而得到更为简便的计算方法.

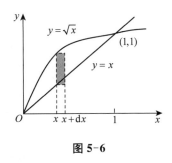

图 5-6

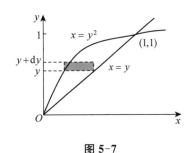

图 5-7

例 5.4.2 计算抛物线 $y^2 = 2x$ 与直线 $y = x - 4$ 所围成的图形的面积.

解 抛物线 $y^2 = 2x$ 与直线 $y = x - 4$ 所围成的图形(图 5-8),先求两线的交点.求解方程组

$$\begin{cases} y = x - 4, \\ y^2 = 2x, \end{cases}$$

得到直线 $y = x - 4$ 与抛物线 $y^2 = 2x$ 交点为 $A(8,4)$，$B(2,-2)$.

取 y 为积分变量,图形介于 $y = -2$ 与 $y = 4$ 之间(图 5-8). 所以

$$A = \int_{-2}^{4} \left(4 + y - \frac{y^2}{2} \right) \mathrm{d}y$$

$$= \left[4y + \frac{y^2}{2} - \frac{y^3}{6} \right]_{-2}^{4}$$

$$= 18.$$

如果取 x 为积分变量，则图形介于 $x = 0$ 与 $x = 8$ 之间.

但是，在 $x = 0$ 与 $x = 8$ 之间图形的下边缘曲线无法用一个函数表达（图 5-9），所以，必须将图形分成两个部分，分别计算面积. 可以列出计算式如下：

$$A = \int_{0}^{2} \left[\sqrt{2x} - (-\sqrt{2x}) \right] \mathrm{d}x + \int_{2}^{8} \left[\sqrt{2x} - (x - 4) \right] \mathrm{d}x$$

可见，这时取 x 为积分变量使得计算式变得复杂了.

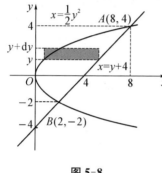

图 5-8

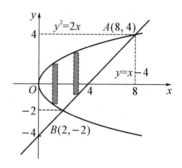

图 5-9

例 5.4.3 计算椭圆 $\dfrac{x^2}{16} + \dfrac{y^2}{9} = 1$ 的面积.

解 如图 5-10，由于椭圆图形关于两个坐标轴对称，因此，椭圆面积等于第一象限部分面积的 4 倍，即

$$A = 4 \int_{0}^{4} y \, \mathrm{d}x.$$

利用椭圆的参数方程

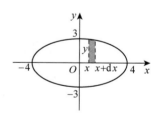

图 5-10

$$\begin{cases} x = 4\cos t, \\ y = 3\sin t \end{cases} \quad (0 \leqslant t \leqslant 2\pi)$$

作变量替换，令 $x = 4\cos t$，则 $y = 3\sin t$，$\mathrm{d}x = -4\sin t \, \mathrm{d}t$，且当 $x = 0$ 时，$t = \dfrac{\pi}{2}$，当 $x = 4$ 时，$t = 0$. 有

$$A = 4 \int_{\frac{\pi}{2}}^{0} 3\sin t (-4\sin t) \mathrm{d}t = 48 \int_{0}^{\frac{\pi}{2}} \sin^2 t \, \mathrm{d}t$$

$$= 48 \times \frac{1}{2} \times \frac{\pi}{2} = 12\pi.$$

（2）极坐标情形

当平面图形的边界曲线以极坐标方程给出时，可以考虑直接用极坐标来计算这些平面图形的面积.

由连续曲线 $\rho=\varphi(\theta)$ 与射线 $\theta=\alpha,\theta=\beta$ 围成图形，我们一般称它为**曲边扇形**（图 5-11）. 现在来求它的面积.

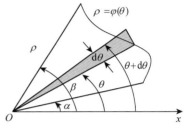

图 5-11

由于当极角 θ 在 $[\alpha,\beta]$ 上变动时，极径 $\rho=\varphi(\theta)$ 也随之变动，因此不能直接利用圆扇形的面积公式 $A=\dfrac{1}{2}R^2\theta$ 来计算曲边扇形的面积. 但是，由于 $\rho=\varphi(\theta)$ 是连续函数，我们可以利用元素法来求它的面积 A.

第一步：取极角 θ 为积分变量，它的变化区间为 $[\alpha,\beta]$，设想把 $[\alpha,\beta]$ 分成 n 个小区间，并把其中代表性的小区间记作 $[\theta,\theta+\mathrm{d}\theta]$.

第二步：极角 θ 在这个小区间 $[\theta,\theta+\mathrm{d}\theta]$ 上变动时，$\rho=\varphi(\theta)$ 的变化很小，于是对应的窄曲边扇形可近似看作是半径为 $\varphi(\theta)$，圆心角为 $\mathrm{d}\theta$ 的扇形，从而利用扇形的面积公式就可以得到曲边扇形的面积元素 $\mathrm{d}A$，即

$$\mathrm{d}A=\frac{1}{2}\left[\varphi(\theta)\right]^2\mathrm{d}\theta,$$

第三步：以面积元素 $\mathrm{d}A$ 的表达式 $\dfrac{1}{2}\left[\varphi(\theta)\right]^2\mathrm{d}\theta$ 在 $[\alpha,\beta]$ 上进行积分，就可以得到该平面图形的面积：

$$A=\int_{\alpha}^{\beta}\frac{1}{2}\left[\varphi(\theta)\right]^2\mathrm{d}\theta. \tag{5.4.3}$$

例 5.4.4　计算阿基米德螺线 $\rho=a\theta$（$a\geqslant0$）的一环（$0\leqslant\theta\leqslant2\pi$）与极轴所围成图形的面积.

解　所围图形如图 5-12 所示，按照极坐标下曲边扇形的面积计算公式，图形的面积为

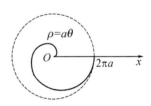

图 5-12

$$A=\int_0^{2\pi}\frac{1}{2}(a\theta)^2\mathrm{d}\theta$$
$$=\left[\frac{1}{6}a^2\theta^3\right]_0^{2\pi}$$
$$=\frac{4}{3}\pi^3a^2.$$

例 5.4.5　计算心脏线 $\rho=a(1+\cos\theta)$（$a\geqslant0$）的一环（$0<\theta<2\pi$）与极轴所围成图形的面积.

解　所围图形如图 5-13 所示，按照极坐标下曲边扇形的面积计算公式和图形是关于极轴对称的，图形的面积为

$$A = \int_0^{2\pi} \frac{1}{2}\left[a(1+\cos\theta)\right]^2 d\theta$$

$$= 2\int_0^{\pi} \frac{1}{2}\left[a(1+\cos\theta)\right]^2 d\theta$$

$$= a^2 \int_0^{\pi} (1+2\cos\theta+\cos^2\theta) d\theta$$

$$= a^2 \int_0^{\pi} \left(\frac{3}{2}+2\cos\theta+\frac{1}{2}\cos 2\theta\right) d\theta$$

$$= a^2 \left[\frac{3}{2}\theta+2\sin\theta+\frac{1}{4}\sin 2\theta\right]_0^{\pi}$$

$$= \frac{3}{2}\pi a^2.$$

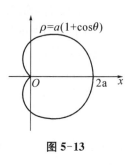

图 5-13

2. 体积

一般立体的体积计算将在下册的重积分中讨论. 在这里我们只讨论两种比较特殊的立体的体积的计算.

（1）旋转体的体积

平面图形绕着它所在平面内的一条直线旋转一周所在的立体称为**旋转体**. 这条直线称为**旋转轴**. 现在我们利用元素法求由连续曲线 $y = f(x)$，直线 $x=a$，$x=b$ $(a < b)$ 及 x 轴所围成的平面图形绕 x 轴旋转一周而成的旋转体（图 5-14）的体积 V_x.

第一步：取 x 为积分变量，它的变化区间为 $[a, b]$，设想把 $[a, b]$ 分成 n 个小区间，并把其中代表性的小区间记作 $[x, x+dx]$.

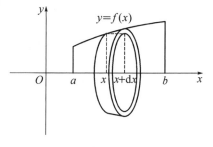

图 5-14

第二步：与这个小区间 $[x, x+dx]$ 相对应的窄曲边梯形绕 x 轴旋转而成的薄片的体积近似于以 $f(x)$ 为底半径，dx 为高的扁圆柱体的体积（图 5-14），从而得到体积元素 dV，即

$$dV = \pi[f(x)]^2 dx,$$

第三步：以面积元素 dV 的表达式 $\pi[f(x)]^2 dx$ 在 $[a, b]$ 上进行积分，就可以得到该旋转体的体积 V_x

$$V_x = \pi\int_a^b [f(x)]^2 dx. \tag{5.4.4}$$

同理，由连续曲线 $x = \varphi(y)$，直线 $y=c$，$y=d$ $(c < d)$ 及 y 轴围成平面图形绕 y 轴旋转而成的旋转体的体积 V_y 为

$$V_y = \pi\int_c^d [\varphi(y)]^2 dy. \tag{5.4.5}$$

例 5.4.6 计算由抛物线 $y = x^2$，直线 $x=2$ 和 x 轴所围成的平面图形绕 x 轴及 y 轴旋转而成的旋转体的体积（图 5-15）.

解　按照旋转体的体积公式,可得

$$V_x = \pi \int_0^2 (x^2)^2 \,\mathrm{d}x = \pi \int_0^2 x^4 \,\mathrm{d}x$$

$$= \pi \left[\frac{x^5}{5} \right]_0^2 = \frac{32}{5}\pi.$$

$$V_y = \pi \times 2^2 \times 4 - \pi \int_0^4 (\sqrt{y})^2 \,\mathrm{d}y$$

$$= 16\pi - \pi \cdot \left[\frac{y^2}{2} \right]_0^4 = 8\pi.$$

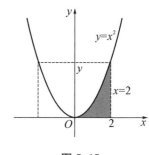

图 5-15

例 5.4.7　计算椭圆

$$\frac{x^2}{16} + \frac{y^2}{9} = 1$$

所围成的图形绕 x 轴旋转所生成的旋转体(旋转椭球体)的体积 V_x(图 5-16).

解　这个旋转体可以看作是由上半椭圆

$$y = \frac{3}{4}\sqrt{16 - x^2}$$

以及 x 轴围成的图形绕 x 轴旋转一周所生成的立体. 由旋转体的体积公式,有

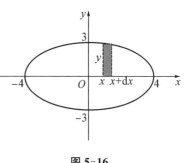

图 5-16

$$V_x = \int_{-4}^4 \pi \left[\frac{3}{4}\sqrt{16 - x^2} \right]^2 \mathrm{d}x$$

$$= \frac{9\pi}{16} \int_{-4}^4 (16 - x^2) \,\mathrm{d}x$$

$$= \frac{9\pi}{16} \left[16x - \frac{1}{3}x^3 \right]_{-4}^4$$

$$= 48\pi.$$

一般地,椭圆 $\dfrac{x^2}{16} + \dfrac{y^2}{9} = 1$ 修改为 $\dfrac{x^2}{a^2} + \dfrac{y^2}{b^2} = 1$,此时旋转椭球体的体积 V_x 为 $\dfrac{4}{3}\pi ab^2$. 特别地,当 $a = b$ 时,该旋转体就成为半径为 a 的球体,体积为 $\dfrac{4}{3}\pi a^3$.

同理,我们也可以算出此图形绕着 y 轴旋转一周而成的旋转椭球体的体积 V_y. 请读者自行写出过程.

(2)平行截面面积为已知的立体的体积

类似旋转体的讨论结果,如果一个立体夹在 $x = a$,$x = b$ 两个平面之间,立体的平行截面面积为 $A(x)$(假定 $A(x)$ 为 x 的已知的连续函数)(图 5-17),可以得到该立体的体积公式:

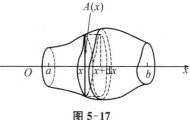

图 5-17

$$V = \int_a^b A(x) \mathrm{d}x. \tag{5.4.6}$$

例 5.4.8 一个平面经过半径为 R 的圆柱体的底面圆的中心，并与底面交角为 α. 计算这个平面截圆柱体所得立体的体积(图 5-18).

解 取这个平面与圆柱体的底面的交线为 x 轴，底面上过圆心，且垂直于 x 轴的直线为 y 轴，则底圆的方程为

$$x^2 + y^2 = R^2,$$

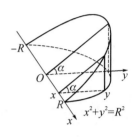

图 5-18

过点 $(x, 0)$ 且垂直 x 轴的平面截得一个直角三角形，它的两条直角边的长度分别为 y 及 $y \tan \alpha$，即 $\sqrt{R^2 - x^2}$ 及 $\sqrt{R^2 - x^2} \tan \alpha$，因此，截面面积为

$$A(x) = \frac{1}{2}(R^2 - x^2) \tan \alpha,$$

故所求体积为

$$\begin{aligned}
V &= \int_{-R}^{R} \frac{1}{2}(R^2 - x^2) \tan \alpha \, \mathrm{d}x \\
&= \frac{\tan \alpha}{2} \int_{-R}^{R} (R^2 - x^2) \, \mathrm{d}x \\
&= \frac{\tan \alpha}{2} \left[R^2 x - \frac{1}{3} x^3 \right]_{-R}^{R} \\
&= \frac{2}{3} R^3 \tan \alpha.
\end{aligned}$$

5.4.2　在经济上的应用

设经济应用函数 $u(x)$ 的边际函数为 $u'(x)$，则有

$$\int_0^x u'(x) \mathrm{d}x = u(x) - u(0),$$

于是

$$u(x) = u(0) + \int_0^x u'(x) \mathrm{d}x.$$

例 5.4.9 设生产某产品的边际成本函数为

$$C'(x) = 2x + 100,$$

固定成本 $C(0) = 5\,000$，求生产 x 个产品的总成本函数.

解 生产 x 个产品的总成本函数为

$$\begin{aligned}
C(x) &= C(0) + \int_0^x C'(x) \mathrm{d}x = 5\,000 + \int_0^x (2x + 100) \mathrm{d}x \\
&= 5\,000 + \left[x^2 + 100x \right]_0^x = 5\,000 + x^2 + 100x.
\end{aligned}$$

例 5.4.10　设某产品在时刻 t 的总产量的变化率为 $f(t)=200+6t$，求从 $t=2$ 到 $t=4$ 这两个小时的总产量.

解　由于总产量是它的变化率的原函数，所以，总产量为

$$\int_2^4 f(t)\mathrm{d}t=\int_2^4 (200+6t)\mathrm{d}t$$
$$=\left[200t+3t^2\right]_2^4=436.$$

例 5.4.11　某产品生产 x 个单位时，边际收益函数为 $R'(x)=500-\dfrac{x}{50}$（元/单位），

（1）求生产 20 个单位时的总收益；

（2）如果已经生产了 50 单位，求再生产 50 单位的总收益.

解　（1）生产 50 单位的总收益为

$$R_1=\int_0^{20}\left(500-\frac{x}{50}\right)\mathrm{d}x=\left[500x-\frac{x^2}{100}\right]_0^{20}$$
$$=9\,996（元）.$$

（2）已经生产 50 单位，再生产 50 单位的总收益为

$$R_2=\int_{50}^{100}\left(500-\frac{x}{50}\right)\mathrm{d}x=\left[500x-\frac{x^2}{100}\right]_{50}^{100}$$
$$=24\,925（元）.$$

习　题　5-4

1. 求下列各曲线所围图形的面积.

（1）$y=\sin x\ \left(0\leqslant x\leqslant\dfrac{\pi}{2}\right)$，$x=0$，$y=1$；　　（2）$y=\dfrac{1}{x}$，$y=x$，$x=2$；

（3）$y=x^2$，$y=x$；　　　　　　　　　　　　（4）$y=2x$，$y=3-x^2$；

（5）$y=x^2$，$4y=x^2$，$y=1$；

（6）$y=\sin x$，$y=\cos x$，$x=0$，$x=\pi$；

（7）$y=\ln x$，y 轴，$y=\ln a$，$y=\ln b\ (b>a>0)$；　　（8）$y=\dfrac{x^2}{2}$，$y=\dfrac{1}{1+x^2}$.

2. 求下列各曲线所围图形的面积.

（1）$r=2\cos\theta$；　　　　　　　　　　　　（2）对数螺线 $r=a\mathrm{e}^\theta$，$\theta=-\pi$，$\theta=\pi$；

（3）$r=2a(2+\cos\theta)$，$0\leqslant\theta\leqslant 2\pi$；　　　（4）$\begin{cases}x=t^2,\\ y=2t^2-t^3\end{cases}(0\leqslant t\leqslant 2)$；

（5）$\begin{cases}x=a\cos^3 t,\\ y=a\sin^3 t.\end{cases}$

3. 求下列各曲线所围成的图形，按照指定的轴旋转所生成的旋转体的体积.

（1）$y=\sin x\ \left(0\leqslant x\leqslant\dfrac{\pi}{2}\right)$，$x=0$，$y=1$ 绕 x 轴；

（2）$y=\cos x\ \left(0\leqslant x\leqslant\dfrac{\pi}{2}\right)$，$x=0$，$y=0$ 绕 y 轴；

（3）曲线 $y = x^2$，$4y = x^2$，直线 $y = 1$ 绕 y 轴；

（4）$y = x^3$，$x = 2$，$y = 0$ 绕 x 轴及 y 轴.

4. 设某产品在时刻 t 的总产量的变化率为 $f(t) = 100 + 12t - 3t^2$，求从 $t = 2$ 到 $t = 4$ 这两个小时的总产量.

5. 设一种商品每天生产 x 单位时固定成本为 20 元，边际成本函数 $C'(x) = 0.4x + 2$，求总成本函数 $C(x)$. 如果该商品的单价为 18 元，且产品可以全部售出，求总利润函数 $L(x)$，并问每天生产多少商品才能获得最大利润.

6. 某产品生产 x 个单位时，边际收益函数为 $R'(x) = 200 - \dfrac{x}{100}$（元/单位），

（1）求生产 50 个单位时的总收益；

（2）如果已经生产了 100 单位，求再生产 100 单位的总收益.

7. 设 D 是由曲线 $y = x^{\frac{1}{3}}$，直线 $y = a$（$a > 0$）及 x 轴所围成的平面图形，V_x，V_y 分别是 D 绕 x 轴，y 轴旋转一周所得旋转体的体积，若 $V_y = 10V_x$，求 a 的值.

5.5 反常积分与 Γ 函数

我们在前面所学的定积分，其积分区间是有限区间，被积函数是有界函数. 不过，在一些实际问题中，我们常会遇到积分区间是无穷区间，或者被积函数是无界函数（有无穷间断点）的积分. 它们已经不属于定积分，因此，我们在积分区间和被积函数对定积分作如下两种推广.

5.5.1 无穷限的反常积分

定义 5.5.1 （1）设函数 $f(x)$ 在区间 $[a, +\infty)$ 上连续，任取 $b > a$，如果极限

$$\lim_{b \to +\infty} \int_a^b f(x)\mathrm{d}x,$$

存在，则称该极限为**函数 $f(x)$ 在无穷区间 $[a, +\infty)$ 上的反常积分**，记作 $\displaystyle\int_a^{+\infty} f(x)\mathrm{d}x$，即

$$\int_a^{+\infty} f(x)\mathrm{d}x = \lim_{b \to +\infty} \int_a^b f(x)\mathrm{d}x. \tag{5.5.1}$$

这时也称**反常积分** $\displaystyle\int_a^{+\infty} f(x)\mathrm{d}x$ **收敛**. 如果上述极限不存在，则称**反常积分** $\displaystyle\int_a^{+\infty} f(x)\mathrm{d}x$ **发散**.

（2）设函数 $f(x)$ 在区间 $(-\infty, b]$ 上连续，任取 $a < b$，如果极限

$$\lim_{a \to -\infty} \int_a^b f(x)\mathrm{d}x,$$

存在，则称该极限为**函数 $f(x)$ 在无穷区间 $(-\infty, b]$ 上的反常积分**，记作 $\displaystyle\int_{-\infty}^b f(x)\mathrm{d}x$，即

$$\int_{-\infty}^b f(x)\mathrm{d}x = \lim_{a \to -\infty} \int_a^b f(x)\mathrm{d}x. \tag{5.5.2}$$

这时也称**反常积分** $\int_{-\infty}^{b} f(x)\mathrm{d}x$ **收敛**. 如果上述极限不存在,则称**反常积分** $\int_{-\infty}^{b} f(x)\mathrm{d}x$ **发散**.

（3）设函数 $f(x)$ 在区间 $(-\infty, +\infty)$ 上连续,如果反常积分

$$\int_{-\infty}^{0} f(x)\mathrm{d}x \text{ 和 } \int_{0}^{+\infty} f(x)\mathrm{d}x$$

都收敛,则称**反常积分** $\int_{-\infty}^{+\infty} f(x)\mathrm{d}x$ **收敛**. 上述两个反常积分之和称为 $f(x)$ 在 $(-\infty, +\infty)$ 上的反常积分,即

$$\int_{-\infty}^{+\infty} f(x)\mathrm{d}x = \int_{-\infty}^{0} f(x)\mathrm{d}x + \int_{0}^{+\infty} f(x)\mathrm{d}x \tag{5.5.3}$$
$$= \lim_{a \to -\infty} \int_{a}^{0} f(x)\mathrm{d}x + \lim_{b \to +\infty} \int_{0}^{b} f(x)\mathrm{d}x.$$

否则称**反常积分** $\int_{-\infty}^{+\infty} f(x)\mathrm{d}x$ **发散**.

定义 5.5.1 的反常积分统称为**无穷限的反常积分**. 反常积分通常也称为**广义积分**. 所以无穷限的反常积分也可以称为**无穷限的广义积分**.

例 5.5.1 计算 $\int_{0}^{+\infty} \dfrac{1}{1+x^2}\mathrm{d}x$ 和 $\int_{-\infty}^{0} \dfrac{1}{1+x^2}\mathrm{d}x$.

解 由定义可得

$$\int_{0}^{+\infty} \frac{1}{1+x^2}\mathrm{d}x = \lim_{b \to +\infty} \int_{0}^{b} \frac{1}{1+x^2}\mathrm{d}x$$
$$= \lim_{b \to +\infty} \left[\arctan x\right]_{0}^{b}$$
$$= \lim_{b \to +\infty} \arctan b$$
$$= \frac{\pi}{2}.$$

类似地,可得 $\int_{-\infty}^{0} \dfrac{1}{1+x^2}\mathrm{d}x = \dfrac{\pi}{2}$. 请读者自行写出过程.

例 5.5.2 计算 $\int_{-\infty}^{+\infty} \dfrac{1}{1+x^2}\mathrm{d}x$.

解 由例 5.5.1 得 $\int_{0}^{+\infty} \dfrac{1}{1+x^2}\mathrm{d}x$ 和 $\int_{-\infty}^{0} \dfrac{1}{1+x^2}\mathrm{d}x$ 都收敛,则

$$\int_{-\infty}^{+\infty} \frac{1}{1+x^2}\mathrm{d}x = \int_{-\infty}^{0} \frac{1}{1+x^2}\mathrm{d}x + \int_{0}^{+\infty} \frac{1}{1+x^2}\mathrm{d}x$$
$$= \frac{\pi}{2} + \frac{\pi}{2} = \pi.$$

反常积分 $\int_{-\infty}^{+\infty} \dfrac{1}{1+x^2}\mathrm{d}x$ 值的几何意义是:虽然曲线 $\dfrac{1}{1+x^2}$ 向左和向右都是无限延伸,但是它与 x 轴所"围成"的面积却是有限值.

例 5.5.3 计算 $\int_0^{+\infty} x\,\mathrm{e}^{-x^2}\mathrm{d}x$.

解 由定义可得

$$
\begin{aligned}
\int_0^{+\infty} x\,\mathrm{e}^{-x^2}\mathrm{d}x &= \lim_{b\to+\infty}\int_0^b x\,\mathrm{e}^{-x^2}\mathrm{d}x \\
&= \lim_{b\to+\infty}\left[-\frac{1}{2}\int_0^b \mathrm{e}^{-x^2}\mathrm{d}(-x^2)\right] \\
&= -\frac{1}{2}\lim_{b\to+\infty}\left[\mathrm{e}^{-x^2}\right]_0^b \\
&= -\frac{1}{2}\lim_{b\to+\infty}\left[\mathrm{e}^{-b^2}-\mathrm{e}^0\right] \\
&= \frac{1}{2}.
\end{aligned}
$$

有时,我们也会用如下的记号简化过程.

$$
F(+\infty)=\lim_{x\to+\infty}F(x),\ \left[F(x)\right]_a^{+\infty}=F(+\infty)-F(a),\ (F'(x)=f(x)),
$$

则当 $F(+\infty)$ 存在时,

$$
\int_a^{+\infty}f(x)\mathrm{d}x=\left[F(x)\right]_a^{+\infty}=F(+\infty)-F(a);
$$

当 $F(+\infty)$ 不存在时,反常积分 $\int_a^{+\infty}f(x)\mathrm{d}x$ 发散,其他情形类似.

例 5.5.4 证明:反常积分 $\int_1^{+\infty}\frac{1}{x^p}\mathrm{d}x$ 当 $p>1$ 时收敛,$p\leqslant 1$ 时发散.

证明 当 $p=1$ 时,

$$
\int_1^{+\infty}\frac{1}{x^p}\mathrm{d}x=\int_1^{+\infty}\frac{1}{x}\mathrm{d}x=\left[\ln x\right]_1^{+\infty}=+\infty;
$$

当 $p\neq 1$ 时,

$$
\int_1^{+\infty}\frac{1}{x^p}\mathrm{d}x=\left[\frac{1}{1-p}x^{1-p}\right]_1^{+\infty}=\begin{cases}+\infty, & p<1,\\[2mm]\dfrac{1}{p-1}, & p>1.\end{cases}
$$

因此,反常积分 $\int_1^{+\infty}\frac{1}{x^p}\mathrm{d}x$ 当 $p>1$ 时收敛,其值为 $\dfrac{1}{p-1}$;当 $p\leqslant 1$ 时发散.

5.5.2 无界函数的反常积分

定义 5.5.2 (1)设函数 $f(x)$ 在区间 $(a,b]$ 上连续,且 $\lim\limits_{x\to a^+}f(x)=\infty$(此时 $x=a$ 为函数 $f(x)$ 的无穷间断点),如果极限

$$
\lim_{\varepsilon\to 0^+}\int_{a+\varepsilon}^b f(x)\mathrm{d}x \quad (\varepsilon>0)
$$

存在,则称此极限为**无界函数 $f(x)$ 在区间 $(a,b]$ 上的反常积分**,记为 $\int_a^b f(x)\mathrm{d}x$,即

$$\int_a^b f(x)\mathrm{d}x = \lim_{\varepsilon \to 0^+}\int_{a+\varepsilon}^b f(x)\mathrm{d}x. \tag{5.5.4}$$

这时也称反常积分 $\int_a^b f(x)\mathrm{d}x$ **收敛**,如果上述极限不存在,则称**反常积分** $\int_a^b f(x)\mathrm{d}x$ **发散**.

(2) 设函数 $f(x)$ 在区间 $[a,b)$ 上连续,且 $\lim\limits_{x \to b^-} f(x) = \infty$,(此时 $x = b$ 为函数 $f(x)$ 的无穷间断点),如果极限

$$\lim_{\varepsilon \to 0^+}\int_a^{b-\varepsilon} f(x)\mathrm{d}x \quad (\varepsilon > 0)$$

存在,则称此极限为**无界函数 $f(x)$ 在区间 $[a,b)$ 上的反常积分**,记为 $\int_a^b f(x)\mathrm{d}x$,即

$$\int_a^b f(x)\mathrm{d}x = \lim_{\varepsilon \to 0^+}\int_a^{b-\varepsilon} f(x)\mathrm{d}x \quad (\varepsilon > 0). \tag{5.5.5}$$

这时也称反常积分 $\int_a^b f(x)\mathrm{d}x$ **收敛**,如果上述极限不存在,则称**反常积分** $\int_a^b f(x)\mathrm{d}x$ **发散**.

(3) 设函数 $f(x)$ 在区间 $[a,b]$ 上除点 $c\ (a < c < b)$ 外连续,而 $\lim\limits_{x \to c} f(x) = \infty$,(此时 $x = c$ 为函数 $f(x)$ 的无穷间断点),如果两个反常积分 $\int_a^c f(x)\mathrm{d}x$ 与 $\int_c^b f(x)\mathrm{d}x$ 都收敛,则称**反常积分 $\int_a^b f(x)\mathrm{d}x$ 收敛**. 上述两个反常积分之和称为 $f(x)$ **在 $[a,b]$ 上的反常积分**

$$\begin{aligned}\int_a^b f(x)\mathrm{d}x &= \int_a^c f(x)\mathrm{d}x + \int_c^b f(x)\mathrm{d}x \\ &= \lim_{\varepsilon \to 0^+}\int_a^{c-\varepsilon} f(x)\mathrm{d}x + \lim_{\varepsilon \to 0^+}\int_{c+\varepsilon}^b f(x)\mathrm{d}x.\end{aligned} \tag{5.5.6}$$

否则称**反常积分** $\int_a^b f(x)\mathrm{d}x$ **发散**.

上述定义的反常积分统称为**无界函数的反常积分**,也可以称为**无界函数的广义积分**.

注:无界函数的反常积分和前面所学的定积分用了相同的记号 $\int_a^b f(x)\mathrm{d}x$,但二者的定义是不同的,在计算时要注意判别.

例 5.5.5 计算反常积分 $\int_0^1 \dfrac{1}{\sqrt{1-x^2}}\mathrm{d}x$.

解 $x = 1$ 是被积函数 $\dfrac{1}{\sqrt{1-x^2}}$ 的无穷间断点. 由定义可得

$$\int_0^1 \frac{1}{\sqrt{1-x^2}}\mathrm{d}x = \lim_{\varepsilon \to 0^+}\int_0^{1-\varepsilon} \frac{1}{\sqrt{1-x^2}}\mathrm{d}x = \lim_{\varepsilon \to 0^+}\left[\arcsin x\right]_0^{1-\varepsilon}$$

$$= \lim_{\varepsilon \to 0^+}\arcsin(1-\varepsilon) = \frac{\pi}{2}.$$

例 5.5.6 讨论反常积分 $\int_{-1}^{1} \dfrac{\mathrm{d}x}{x^2}$ 的收敛性.

解 $x=0$ 是被积函数 $\dfrac{1}{x^2}$ 的无穷间断点. 由于

$$\lim_{\varepsilon \to 0^+} \int_{0+\varepsilon}^{1} \frac{\mathrm{d}x}{x^2} = \lim_{\varepsilon \to 0^+} \left[-\frac{1}{x} \right]_{\varepsilon}^{1} = \lim_{\varepsilon \to 0^+} \left(-1 + \frac{1}{\varepsilon} \right) = +\infty;$$

所以反常积分 $\int_{0}^{1} \dfrac{\mathrm{d}x}{x^2}$ 发散. 从而根据定义可得反常积分 $\int_{-1}^{1} \dfrac{\mathrm{d}x}{x^2}$ 发散.

注: 这里如果忽略了 $x=0$ 是被积函数 $\dfrac{1}{x^2}$ 的无穷间断点的事实, 直接计算

$$\int_{-1}^{1} \frac{\mathrm{d}x}{x^2} = \left[-\frac{1}{x} \right]_{-1}^{1} = -2,$$

就会出错.

例 5.5.7 证明: 反常积分 $\int_{0}^{1} \dfrac{1}{x^q} \mathrm{d}x$ 当 $q < 1$ 时收敛, 当 $q \geqslant 1$ 时发散.

证明 $x=0$ 是被积函数 $\dfrac{1}{x^q}$ 的无穷间断点.

当 $q = 1$ 时,

$$\int_{0}^{1} \frac{1}{x^q} \mathrm{d}x = \int_{0}^{1} \frac{1}{x} \mathrm{d}x = \left[\ln x \right]_{0}^{1} = +\infty;$$

当 $q \neq 1$ 时,

$$\int_{0}^{1} \frac{1}{x^q} \mathrm{d}x = \left[\frac{1}{1-q} x^{1-q} \right]_{0}^{1} = \begin{cases} \dfrac{1}{1-q}, & q < 1, \\ +\infty, & q > 1. \end{cases}$$

因此, 反常积分 $\int_{0}^{1} \dfrac{1}{x^q} \mathrm{d}x$ 当 $q < 1$ 时收敛, 其值为 $\dfrac{1}{1-q}$; 当 $q \geqslant 1$ 时发散.

5.5.3 Γ 函数

定义 5.5.3 反常积分 $\Gamma(r) = \int_{0}^{+\infty} x^{r-1} \mathrm{e}^{-x} \mathrm{d}x \ (r > 0)$ 是参变量 r 的函数, 这里称它为 Γ 函数.

Γ 函数是一个重要的反常积分, 可以证明此反常积分是收敛的. 下面我们证明 Γ 函数的一个递推公式. 它是 Γ 函数的一个重要性质

$$\Gamma(r+1) = r\Gamma(r) \quad (r > 0). \tag{5.5.7}$$

证明 $\Gamma(r+1) = \int_{0}^{+\infty} x^r \mathrm{e}^{-x} \mathrm{d}x = -\int_{0}^{+\infty} x^r \mathrm{d}(\mathrm{e}^{-x}) = -\left[x^r \mathrm{e}^{-x} \right]_{0}^{+\infty} + r \int_{0}^{+\infty} x^{r-1} \mathrm{e}^{-x} \mathrm{d}x$

$\qquad = r \int_{0}^{+\infty} x^{r-1} \mathrm{e}^{-x} \mathrm{d}x = r\Gamma(r).$

特别地,当 r 为整数时,有

$$\Gamma(1) = \int_0^{+\infty} e^{-x} dx = [-e^{-x}]_0^{+\infty} = 1,$$

$$\Gamma(n+1) = n\Gamma(n) = n(n-1)\Gamma(n-1) = \cdots = n! \ \Gamma(1) = n!.$$

例 5.5.8　计算 $\dfrac{\Gamma\left(\dfrac{3}{2}\right)\Gamma(3)}{\Gamma\left(\dfrac{5}{2}\right)}$.

解
$$\frac{\Gamma\left(\dfrac{3}{2}\right)\Gamma(3)}{\Gamma\left(\dfrac{5}{2}\right)} = \frac{\Gamma\left(\dfrac{3}{2}\right)\Gamma(3)}{\dfrac{3}{2}\Gamma\left(\dfrac{3}{2}\right)} = \frac{2}{3} \times 2! \ = \frac{4}{3}.$$

例 5.5.9　计算 $\displaystyle\int_0^\infty x^4 e^{-x} dx$.

解　$\displaystyle\int_0^\infty x^4 e^{-x} dx = \Gamma(5) = 4! \ = 24.$

例 5.5.10　计算 $\displaystyle\int_0^{+\infty} x^{r-1} e^{-5x} dx$.

解　令 $5x = y$, 则 $5dx = dy$. 于是

$$\int_0^{+\infty} x^{r-1} e^{-5x} dx = \frac{1}{5}\int_0^{+\infty} \left(\frac{y}{5}\right)^{r-1} e^{-y} dy$$

$$= \frac{1}{5^r}\int_0^{+\infty} y^{r-1} e^{-y} dy$$

$$= \frac{\Gamma(r)}{5^r}.$$

习　题　5-5

1. 判断下列各反常积分的收敛性. 如果收敛,计算反常积分的值.

(1) $\displaystyle\int_0^{+\infty} e^{-x} dx$；

(2) $\displaystyle\int_0^{+\infty} x e^{-x} dx$；

(3) $\displaystyle\int_0^{+\infty} 2x e^{-x}(1-e^{-x}) dx$；

(4) $\displaystyle\int_1^{+\infty} \frac{\ln x}{(1+x)^2} dx$；

(5) $\displaystyle\int_{-\infty}^{-1} \frac{1}{x^4} dx$；

(6) $\displaystyle\int_{-\infty}^{+\infty} \frac{1}{x^2+2x+2} dx$；

(7) $\displaystyle\int_0^1 \frac{x}{\sqrt{1-x^2}} dx$；

(8) $\displaystyle\int_1^2 \frac{x}{\sqrt{x-1}} dx$；

(9) $\displaystyle\int_0^3 \frac{1}{(1-x)^2} dx$.

2. 计算下列各式.

(1) $\dfrac{\Gamma\left(\dfrac{5}{2}\right)}{\Gamma\left(\dfrac{1}{2}\right)}$；

(2) $\dfrac{\Gamma(6)}{2\Gamma(3)}$；

$(3) \int_0^{+\infty} x^{r-1} e^{-\lambda x} dx, (\lambda \neq 0);$ $\qquad$ $(4) \int_0^{\infty} x^3 e^{-x} dx.$

5.6 用 Python 求定积分

例 5.6.1 求 $\int_{-3}^3 \sqrt{9-x^2} dx.$

代码：

```
from sympy import *
x = symbols('x')
f = sqrt(9-x**2)
print(integrate(f,(x,-3,3)))
```

输出结果：

$9 * pi/2$ $\qquad$ $\sharp$ 结果为 $\dfrac{9\pi}{2}$.

例 5.6.2 求 $\int_1^2 \left(x^2 + \dfrac{1}{x^4}\right) dx.$

代码：

```
from sympy import *
x = symbols('x')
f = x**2+1/x**4
print(integrate(f,(x,1,2)))
```

输出结果：

$21/8$ $\qquad$ $\sharp$ 结果为 $\dfrac{21}{8}$.

例 5.6.3 求 $\int_0^{\frac{\pi}{2}} \cos^5 x \sin x dx.$

代码：

```
from sympy import *
x = symbols('x')
f = cos(x)**5*sin(x)
print(integrate(f,(x, 0,pi/2)))
```

输出结果：

1/6 ♯ 结果为 $\dfrac{1}{6}$.

综合练习 5

一、选择题

1. 定积分 $\displaystyle\int_a^b f(x)\mathrm{d}x$ 存在是函数 $f(x)$ 在闭区间 $[a,b]$ 上连续的（　　）条件.

A. 充分非必要　　　　　　B. 必要非充分　　　　　　C. 充要　　　　　　D. 无关

2. 根据定积分的几何意义,下列各式中正确的是（　　）.

A. $\displaystyle\int_{-\frac{\pi}{2}}^0 \cos x\,\mathrm{d}x < \int_0^{\frac{\pi}{2}} \cos x\,\mathrm{d}x$　　　　　　B. $\displaystyle\int_{-\frac{\pi}{2}}^{\frac{\pi}{2}} \cos x\,\mathrm{d}x = \int_{\frac{\pi}{2}}^{\frac{3\pi}{2}} \cos x\,\mathrm{d}x$

C. $\displaystyle\int_0^{\pi} \sin x\,\mathrm{d}x = 0$　　　　　　D. $\displaystyle\int_0^{2\pi} \sin x\,\mathrm{d}x = 0$

3. 已知 $f(2)=3$, $\displaystyle\int_0^2 f(x)\mathrm{d}x = 2$,则 $\displaystyle\int_0^2 xf'(x)\mathrm{d}x = (\quad)$.

A. 10　　　　　　B. 4　　　　　　C. 6　　　　　　D. 1

4. 积分 $I=\displaystyle\int_{-\frac{\pi}{2}}^{\frac{\pi}{2}} \sin^2 x\,\mathrm{d}x$ 等于（　　）.

A. $\dfrac{\pi}{2}$　　　　　　B. $\dfrac{\pi}{4}$　　　　　　C. $\dfrac{\pi}{8}$　　　　　　D. $\dfrac{\pi}{16}$

5. 下列积分可以直接用牛顿-莱布尼茨公式的是（　　）.

A. $\displaystyle\int_0^5 \dfrac{x^3}{1+x^2}\mathrm{d}x$　　　　　　B. $\displaystyle\int_{-1}^1 \dfrac{1}{\sqrt{1-x^2}}\mathrm{d}x$

C. $\displaystyle\int_0^4 \dfrac{\sin x}{(x^{\frac{3}{2}}-5)^2}\mathrm{d}x$　　　　　　D. $\displaystyle\int_{\frac{1}{e}}^1 \dfrac{1}{x\ln x}\mathrm{d}x$.

6. 设 $f(x)$ 为连续函数,则下列命题中正确的有（　　）.

A. $\dfrac{\mathrm{d}}{\mathrm{d}x}\left[\displaystyle\int_x^a f(t)\mathrm{d}t\right] = f(x)$　　　　　　B. $\dfrac{\mathrm{d}}{\mathrm{d}x}\left[\displaystyle\int_a^x f(t)\mathrm{d}t\right] = f'(x)$

C. $\mathrm{d}\left[\displaystyle\int_x^a f(t)\mathrm{d}t\right] = f(x)\mathrm{d}x$　　　　　　D. $\dfrac{\mathrm{d}}{\mathrm{d}x}\left[\displaystyle\int_x^a f(t)\mathrm{d}t\right] = -f(x)$

7. 设 $k<0$,则广义积分 $\displaystyle\int_0^{+\infty} \mathrm{e}^{kx}\mathrm{d}x = (\quad)$.

A. $\dfrac{1}{k}$　　　　　　B. $-\dfrac{1}{k}$　　　　　　C. 1　　　　　　D. 发散

8. 设函数 $\varphi''(x)$ 在 $[a,b]$ 上连续,且 $\varphi'(b)=a$, $\varphi'(a)=b$,则 $\displaystyle\int_a^b \varphi'(x)\cdot\varphi''(x)\mathrm{d}x = (\quad)$.

A. $a-b$　　　　　　B. $\dfrac{1}{2}(a-b)$　　　　　　C. a^2-b^2　　　　　　D. $\dfrac{1}{2}(a^2-b^2)$

9. 设 $f(x)$ 在 $[0,1]$ 上连续且满足 $f(x)=x\displaystyle\int_0^1 f(t)\mathrm{d}t+1$,则 $\displaystyle\int_0^1 f(x)\mathrm{d}x = (\quad)$.

A. 1　　　　　　B. 2　　　　　　C. -1　　　　　　D. -2

10. 设 $f(x)$ 在 $[-a,a]$ 上连续,则 $\displaystyle\int_{-a}^a f(x)\mathrm{d}x = (\quad)$.

A. $2\displaystyle\int_0^a f(x)\mathrm{d}x$　　　　　　B. 0

C. $\int_0^a \left[f(x) + f(-x) \right] dx$ D. $\int_0^a \left[f(x) - f(-x) \right] dx.$

11. 函数 $f(x)$ 在闭区间 $[a, b]$ 只有有限个第一类间断点是定积分 $\int_a^b f(x) dx$ 存在的(   )条件.

A. 充分非必要 B. 必要非充分 C. 充要 D. 无关

二、填空题

1. $f(x) = \int_0^x (t+1)(t-2) dt$, 则 $f'(0) = $ _____.

2. 定积分 $\int_{-\frac{1}{2}}^{\frac{1}{2}} \dfrac{\arcsin^2 x + x \cos^2 x}{\sqrt{1-x^2}} dx = $ _____.

3. $\int_{-2}^2 (x-3) \sqrt{4-x^2} \, dx = $ _____.

4. 设 $f(x)$ 连续,且 $\int_0^{x^3} f(t) dt = x$, 则 $f(8) = $ _____.

5. $\int_1^{+\infty} \dfrac{1}{x\sqrt{x}} dx = $ _____.

6. 设曲线 $y = x^k (k > 0, x > 0)$ 与直线 $y = 1$ 及 y 轴围成的图形面积为 $\dfrac{1}{3}$, 则 $k = $ _____.

7. 函数 $f(x) = \int_0^x \dfrac{2}{3} t^{-\frac{1}{3}} dt$ 的极小值为 _____.

8. $\int_{-\infty}^{+\infty} e^{-|x|} dx = $ _____.

9. 设 $x \int_1^x f(t) dt = e^{-x^2} - \dfrac{1}{e}$, 则 $f(1) = $ _____.

三、计算题

1. 计算定积分 $\int_1^4 \dfrac{\sqrt{x-1}}{x} dx$.

2. 设 $f(x) = \begin{cases} e^x, & -2 \leqslant x \leqslant 0. \\ -2 + x, & 0 < x \leqslant 6, \end{cases}$ 求 $\int_0^6 f(x-2) \, dx$.

3. 求极限 $\lim\limits_{x \to 0^+} \dfrac{\int_0^{x^2} t^{\frac{3}{2}} dt}{\int_0^x t \left[t - \sin t \right] dt}$.

4. $\lim\limits_{x \to 0} \dfrac{\int_0^x t^5 dt}{\int_0^{x^2} (1 - \cos t) dt}$.

5. $\int_{-1}^1 \dfrac{x^4}{\sqrt{1-x^2}} dx$.

6. $\int_{\frac{\sqrt{2}}{2}}^1 \dfrac{\sqrt{1-x^2}}{x^2} dx$.

7. $\int_0^{\frac{\sqrt{3}}{2}} \arccos x \, dx$.

8. $\int_0^{\pi} \sqrt{\sin x \cos^2 x} \, dx$.

9. $\int_0^{\ln 2} \sqrt{e^x - 1} \, dx$.

10. $\int_0^{\frac{\pi}{3}} \dfrac{x}{\cos^2 x} \mathrm{d}x$.

11. 试求曲线 $y = x^2$ 与 $y = 2 - x^2$ 所围成的平面图形的面积 S，并求此平面图形绕 x 轴旋转所形成的立体的体积 V_x.

12. 求由曲线 $y = x^2 + 3$ 与直线 $x = 0$，$x = 1$ 及 x 轴所围成的平面图形的面积 S，并求此平面图形绕 x 轴旋转所形成的立体的体积 V_x.

四、证明题

1. 设 $f(x)$ 在 $[0, \pi]$ 上连续，试证：$\int_0^{\pi} f(\sin x)\mathrm{d}x = 2\int_0^{\frac{\pi}{2}} f(\sin x)\mathrm{d}x$.

2. 试证明：$\int_{-a}^{a} f(x)\mathrm{d}x = \int_0^{a} \left[f(x) + f(-x)\right] \mathrm{d}x$.

参 考 答 案

第 1 章　函数、极限与连续

习题 1-1

1. 错,对,对,错

2. (1) $(3, +\infty)$;　(2) $\{(x, y) \mid x > 0, y > 0\}$;　(3) $\{3, 4\}$.

3. $A \cup B = \{1, 2, 3, 5\}$; $A \cap B = \{1, 3\}$; $A \backslash B = \{2\}$; $B \backslash A = \{5\}$

4. (1) $[1, +\infty)$; (2) $(-\infty, +\infty)$; (3) $[-2, 4]$; (4) $(-\infty, -2) \cup (2, +\infty)$;　(5) $(-\infty, +\infty)$;
   (6) $[-3, -2) \cup (3, 4]$.

5. (1) $f(x) = \dfrac{1}{x^2 - 2}$;　(2) $f(x) = x^2 + 4x + 8$;　(3) $f(x) = \dfrac{3}{4}x + \dfrac{x+1}{4(x-1)}$.

6. $M = \begin{cases} kx, & 0 < x \leqslant a \\ ka + \dfrac{4}{5}k(x-a), & x > a \end{cases}$

7. $S = 2\left(x + \dfrac{A}{x}\right)$, 其定义域为 $(0, +\infty)$.

8. (1) 相等;(2) 不相等;(3) 相等;(4) 不相等.

9. (1) $(f \circ g)(x) = \sqrt{\dfrac{x-1}{x+1}}$, $x \in (-\infty, -1) \cup [1, +\infty)$;

   (2) $(f \circ g)(x) = \arcsin 3^x$, $x \in (-\infty, 0]$.

10. (1) 非奇非偶;(2) 奇函数;(3) 偶函数;(4) 奇函数.

11. (1) $y = \dfrac{1}{2}\arcsin 3x$, $-\dfrac{1}{3} \leqslant x \leqslant \dfrac{1}{3}$; (2) $y = x^3 - 1$;

   (3) $y = \log_2 \dfrac{x}{1-x}$;　　　　　　(4) $y = \begin{cases} -x + 2, & x \geqslant 1, \\ e^{-(x+1)}, & x < -1. \end{cases}$

12. $(f \circ g)(x) = \begin{cases} x^2, & x \geqslant 0, \\ 4x^2, & x < 0; \end{cases}$　$(g \circ f)(x) = \begin{cases} x^2, & x \geqslant 0, \\ -4x, & x < 0. \end{cases}$

14. 成本函数 $C(x) = 100 + 5x$, $x \in [0, +\infty)$.

15. (1) 利润函数 $L(x) = R(x) - C(x) = 10x - (7 + 2x + x^2) = -x^2 + 8x - 7$.
    (2) 当销售量为 8 时亏损.

16. $p_e = 30$, $Q_e = 25$.

17. (1) 线性供给函数 $Q_s = -4\,000 + 500p$.
    (2) 需求函数 $Q_d = 5\,300 - 400p$.
    (3) 均衡价格 $p_e = \dfrac{93}{9} \approx 10.33$(元/千克);均衡数量为 $Q_e = \dfrac{10\,500}{9} \approx 1\,167$(千克).

习题 1-2

1. (1) 0;　　　　　　　　　　　(2) 1;

(3) 1; (4) 不存在;

(5) 不存在; (6) 0;

(7) 1; (8) 不存在.

2. 提示：(1) $N = \left[\dfrac{1}{\varepsilon}\right]$; (2) $N = \left[\dfrac{1}{\sqrt{\varepsilon}}\right]$;

(3) $N = \left[\dfrac{1}{\varepsilon}\right]$; (4) $N = \left[\dfrac{a^2}{\varepsilon}\right]$

5. (1) 3; (2) $\dfrac{3}{2}$; (3) $\dfrac{1}{3}$; (4) $\dfrac{1}{2}$; (5) 1; (6) 1; (7) 7; (8) 1.

习题 1-3

3. (1) $\lim\limits_{x \to 3^-} f(x) = 3$, $\lim\limits_{x \to 3^+} f(x) = 8$; (2) $\lim\limits_{x \to 0^-} f(x) = -1$, $\lim\limits_{x \to 0^+} f(x) = 1$.

4. $a = 3$, $\lim\limits_{x \to 2} f(x) = 5$.

5. $a = 1$, $b = -1$.

6. (1) 左、右极限存在;

(2) 函数 $f(x)$ 在点 $x = 0$ 处没有极限;

(3) 函数 $f(x)$ 在点 $x = 2$ 处极限等于 1.

8. (1) 1; (2) $\dfrac{1}{8}$; (3) 0; (4) 2; (5) $\dfrac{4}{3}$; (6) -1; (7) $\dfrac{1}{2}$; (8) 0; (9) 2; (10) 1.

习题 1-4

1. (1) $\dfrac{1}{2}$; (2) 5; (3) 3; (4) 8; (5) 1; (6) 4; (7) e^{-3}; (8) e^3; (9) 1; (10) $e^{\frac{7}{3}}$; (11) e;

(12) e^2.

2. (1) 1; (2) $\dfrac{1}{3}$; (3) 0; (4) 1.

4. $\lim\limits_{n \to \infty} x_n = 2$

5. $\lim\limits_{n \to \infty} x_n = \dfrac{1 + \sqrt{5}}{2}$.

6. $k = \dfrac{1}{2} \ln 2$

习题 1-5

2. (1) 0; (2) 0; (3) ∞; (4) ∞.

3. (1) 高阶; (2) 同阶; (3) 高阶; (4) 同阶; (5) 等价; (6) 高阶.

4. (1) $\dfrac{2}{5}$; (2) $\dfrac{1}{3}$; (3) $\dfrac{1}{2}$; (4) 6; (5) 2; (6) $\dfrac{1}{2}$.

习题 1-6

2. $f(x)$ 在点 $x = 1$ 处不连续.

3. $a = e^{-\frac{1}{2}}$.

4. (1) $x = 1$, 可去间断点; $x = -2$, 第二类间断点;

(2) $x = 0$, 可去间断点;

(3) $x = 0$，第二类间断点；

(4) $x = 0$，可去间断点；$x = 1$，第二类间断点；

(5) $x = 0$，跳跃间断点；

(6) $x = -1$，第二类间断点；$x = 1$，可去间断点；$x = 0$，跳跃间断点.

5. (1) $\sqrt{\dfrac{2}{3}}$；(2) 1；(3) 0；(4) 6；(5) $\dfrac{1}{3}$；(6) 1；(7) 1；(8) $\cos e$.

综合练习 1

一、1. B.　2. C.　3. C.　4. D.　5. D.　6. D.

二、1. $x^2 + 6$　2. 1　3. $\dfrac{1}{2}$　4. 50　5. 0　6. $-3, -4$

三、1. $-\dfrac{1}{4}$　2. e^{-3}　3. $\dfrac{\sqrt{2}}{4}$　4. $\dfrac{5}{3}$

四、函数在点 $x = 1$ 处连续.

五、$x = 1$ 为函数的无穷间断点，$x = 2$ 为函数的可去间断点.

第 2 章　导数与微分

习题 2-1

1. $y' = \dfrac{1}{2\sqrt{x}}$；$y'|_{x=4} = \dfrac{1}{4}$.

2. (1) $\dfrac{9}{2}$；(2) 9；(3) 6.

3. (1) 切线方程：$2x + y + 1 = 0$；法线方程：$x - 2y - 1 = 0$.

(2) $(3, 9)$.

4. (1) $y' = \dfrac{1}{3}x^{-\frac{2}{3}}$；(2) $y' = -\dfrac{1}{2}x^{-\frac{3}{2}}$；(3) $y' = \dfrac{7}{8}x^{-\frac{1}{8}}$；(4) $y' = \dfrac{7}{6}x^{\frac{1}{6}}$；

(5) $y' = 2^x \ln 2$；(6) $y' = \dfrac{1}{x \ln 2}$.

5. (1) $y = |\sin x|$ 在点 $x = 0$ 处连续，不可导.

(3) $f(x)$ 在点 $x = 0$ 处连续，可导.

6. $a = 2, b = -1$.

7. 2.

习题 2-2

1. (1) $y' = 9x^2 - 8x + 1$；(2) $y' = \dfrac{1}{2}x^{-\frac{3}{2}}(x - 1)$；(3) $y' = \dfrac{3}{2}x^{\frac{1}{2}} + \sin x + e^x$；

(4) $y' = 2x \tan x + x^2 \sec^2 x$；(5) $y' = \cos x \ln x + \dfrac{\sin x}{x}$；(6) $y' = e^x(x \ln x + \ln x + 1)$；

(7) $y' = \dfrac{e^x}{(1 - e^x)^2}$；(8) $y' = \dfrac{\sin x - \cos x - 1}{(1 + \cos x)^2}$；(9) $y' = \arcsin x + \dfrac{x}{\sqrt{1 - x^2}} + \dfrac{1}{1 + x^2}$；

(10) $y' = -\dfrac{2}{(1 + x)^2} - \dfrac{1}{x}$；(11) $y' = \dfrac{x \cos x - \sin x - 1}{(x - \cos x)^2}$；

(12) $y' = \dfrac{(\ln x + 1)\cos x + (x \ln x - 1)\sin x}{\cos^2 x}$.

2. (1) $y'|_{x=0} = 3$; $y'|_{x=\frac{\pi}{4}} = \dfrac{5\pi^4}{256} + \dfrac{3\sqrt{2}}{2}$.

(2) $y'|_{x=0} = 1$; $y'|_{x=1} = \dfrac{\pi}{2} + 1$.

(3) $y'|_{x=1} = na_n + (n-1)a_{n-1} + \cdots + 2a_2 + a_1$.

(4) $y'|_{x=1} = \dfrac{1}{2}$.

3. 切线方程：$y = 2x$；法线方程：$y = -\dfrac{1}{2}x$.

4. (1) $y' = 10(2x-1)^4$; (2) $y' = -2x\mathrm{e}^{-x^2+1}$; (3) $y' = \dfrac{1}{3}(\tan x)^{-\frac{2}{3}}\sec^2 x$; (4) $y' = \dfrac{x}{\sqrt{1+x^2}}$;

(5) $y' = \dfrac{1}{|x|\sqrt{x^2-1}}$; (6) $y' = -2x\tan x^2$; (7) $y' = -\dfrac{3\mathrm{e}^{-2\sin\sqrt{x}}\cos\sqrt{x}}{\sqrt{x}}$;

(8) $y' = \dfrac{4x}{x^4-1}$; (9) $y' = 2^{2x+1}\ln^2 2$; (10) $y' = \sec x$; (11) $y' = -\mathrm{e}^x(x^2-4x+3)$;

(12) $y' = \sin 4x - \sin 2x$; (13) $y' = 2\sin\ln x$; (14) $y' = \dfrac{1+\cos^2 x + x\cos x\sin x}{(1+\cos^2 x)^{\frac{3}{2}}}$;

(15) $y' = \dfrac{\ln x(2-\ln x)}{x^{n+1}}$; (16) $y' = 1 - \dfrac{x}{\sqrt{x^2-1}}$.

5. (1) $y' = 2xf'(x^2)$; (2) $y' = 4f(2x)f'(2x)$; (3) $y' = f'(x\ln x)(\ln x + 1)$;

(4) $y' = \mathrm{e}^{f(x)}\left[\mathrm{e}^x f'(\mathrm{e}^x) + f(\mathrm{e}^x)f'(x)\right]$.

习题 2-3

1. (1) $y'' = -\mathrm{e}^{-x}(2-x)$; (2) $y'' = -\dfrac{a^2}{(a^2-x^2)^{\frac{3}{2}}}$; (3) $y'' = 2\ln x + 3$; (4) $y'' = \dfrac{2(1-x^2)}{(1+x^2)^2}$;

(5) $y'' = 2\arctan x + \dfrac{2x}{1+x^2}$; (6) $y'' = -\cot x\csc x$; (7) $y'' = \dfrac{2}{(x-1)^3}$.

2. (1) $f''(1) = -5$; (2) $f''\left(\dfrac{\pi}{4}\right) = \dfrac{1}{2}\mathrm{e}^{\frac{\sqrt{2}}{2}}(1-\sqrt{2})$; (3) $f''(1) = 120$, $f''(0) = -25\,920$.

4. (1) $y'' = 2f'(x^2) + 4x^2 f''(x^2)$; (2) $y'' = \mathrm{e}^{f(x)}[f'(x)]^2 + \mathrm{e}^{f(x)}f''(x)$;

(3) $y'' = f''(\sin x)\cos^2 x - f'(\sin x)\sin x$; (4) $y'' = \dfrac{f'(\ln x) + f''(\ln x)}{x}$.

5. (1) $y^{(n)} = (-1)^n\mathrm{e}^{-x}$; (2) $y^{(n)} = 2^{n-1}\sin\left[2x + \dfrac{(n-1)\pi}{2}\right]$; (3) $y^{(n)} = \dfrac{(-1)^n n!}{(1+x)^{n+1}}$;

(4) $y^{(n)} = \dfrac{1}{2}\left[\dfrac{(-1)^n n!}{(x-1)^{n+1}} - \dfrac{(-1)^n n!}{(x+1)^{n+1}}\right]$.

6. (1) $y^{(n)} = \mathrm{e}^x(x^3 + 90x^2 + 2\,610x + 24\,360)$;

(2) $y^{(n)} = 2^{19}(x^2\sin 2x - 40x\cos 2x - 190\sin 2x)$.

习题 2-4

1. (1) $y' = \dfrac{2-2xy}{x^2+y^2}$; (2) $y' = \dfrac{2(1+y^2)}{y^2}$; (3) $y' = \dfrac{y-\mathrm{e}^{x+y}}{\mathrm{e}^{x+y}-x}$; (4) $y' = -\dfrac{x}{y}$.

2. 切线方程：$x + y - 4\sqrt{2} = 0$；法线方程：$x - y = 0$.

3. (1) $y'' = \dfrac{y^2 - x^2}{y^3} = -\dfrac{1}{y^3}$；　(2) $y'' = -\dfrac{4\sin y}{(2-\cos y)^3}$；　(3) $y'' = -\dfrac{e^y}{(e^y-1)^3}$；

(4) $y'' = \dfrac{y^2}{y-1}\Big(1 - \dfrac{1}{(y-1)^2}\Big)$.

4. (1) $y' = \dfrac{(x-1)\sqrt[4]{3-x}}{(x+1)^3}\Big[\dfrac{1}{x-1} + \dfrac{1}{4(x-3)} - \dfrac{3}{x+1}\Big]$；

(2) $y' = \dfrac{1}{2}\sqrt{\dfrac{e^{-x}(3-x)}{(2x-5)(x+4)}}\Big[\dfrac{1}{x-3} - \dfrac{2}{2x-5} - \dfrac{1}{x+4} - 1\Big]$；

(3) $y' = x^{\tan x}\Big[\sec^2 x \ln x + \dfrac{\tan x}{x}\Big]$；

(4) $y' = \Big(\dfrac{x}{1+x}\Big)^x\Big[\ln\dfrac{x}{1+x} + \dfrac{1}{1+x}\Big]$.

5. 切线方程：$x + y - e^{\frac{\pi}{2}} = 0$；法线方程：$x - y - e^{\frac{\pi}{2}} = 0$.

6. (1) $\dfrac{dy}{dx} = -2t,\ \dfrac{d^2 y}{dx^2} = 2$；　(2) $\dfrac{dy}{dx} = 1 - t\tan t,\ \dfrac{d^2 y}{dx^2} = -\sec t(\tan t + t\sec^2 t)$；

(3) $\dfrac{dy}{dx} = -2e^{2t},\ \dfrac{d^2 y}{dx^2} = 4e^{3t}$；　(4) $\dfrac{dy}{dx} = \cos t,\ \dfrac{d^2 y}{dx^2} = -\sin^2 t\cos t$.

习题 2-5

1. $\Delta y\Big|_{\substack{x=2\\\Delta x=0.1}} = 0.41,\ dy\Big|_{\substack{x=2\\\Delta x=0.1}} = 0.4;\ \Delta y\Big|_{\substack{x=2\\\Delta x=-0.01}} = 0.0399,\ dy\Big|_{\substack{x=2\\\Delta x=-0.01}} = 0.04$.

2. (1) $e^x + C$；　(2) $\dfrac{1}{2}x^2 + C$；　(3) $\ln|x| + C$；　(4) $\dfrac{2}{\sqrt{x}} + C$；

(5) $-\cos x + C$；　(6) $\arctan x + C$.

3. (1) $dy = \Big(1 + \dfrac{1}{\sqrt{x}}\Big)dx$；　(2) $dy = \ln x\, dx$；　(3) $dy = -\dfrac{x}{|x|\sqrt{1-x^2}}dx$；

(4) $dy = e^x\cot x\, dx$；　(5) $dy = \dfrac{1}{4\sqrt{x}\sqrt{x+\sqrt{x}}}dx$；　(6) $dy = x^{\sin x}\Big(\cos x\ln x + \dfrac{\sin x}{x}\Big)dx$.

4. $dy = -\dfrac{e^{x+y} + y}{e^{x+y} + x}dx;\ \dfrac{dy}{dx} = -\dfrac{e^{x+y} + y}{e^{x+y} + x}$.

5. 0.4π.

6. (1) 0.983；　(2) 1.998；　(3) $dy = -\dfrac{x}{|x|\sqrt{1-x^2}}dx$；

(4) $dy = e^x\cot x\, dx$；　(3) 0.526；　(4) 0.01.

习题 2-6

1. (1) $C'(Q) = 10Q + 2,\ \bar{C}(Q) = 5Q + 2 + \dfrac{36}{Q}$；

(2) $C'(Q) = 7 + \dfrac{25}{\sqrt{Q}},\ \bar{C}(Q) = \dfrac{100}{Q} + 7 + \dfrac{50}{\sqrt{Q}}$；

(3) $R'(Q) = 18 - 2Q,\ \bar{R}(Q) = 18 - Q$；

(4) $L'(Q) = 2Q - 13,\ \bar{L}(Q) = 2Q - 13 + \dfrac{78}{Q}$.

2. (1) $C'(Q) = 3Q + 4$；　(2) $R'(Q) = 104 - 0.8Q$.

3. $Q'(6) = -24$, 经济意义为：当价格增加 1 个单位, 需求量减少 24 个单位.

4. (1) $L'(Q) = 70 - \dfrac{Q}{500}$;

    (2) 当 $P = 40$ 时, 边际利润是 50 元.

5. $R'(Q) = 150\sqrt{Q}$；$L'(Q) = 150\sqrt{Q} - 3 - Q$.

6. (1) $\dfrac{\mathrm{E}y}{\mathrm{E}x} = 2 - x$；(2) $\dfrac{\mathrm{E}y}{\mathrm{E}x} = x - 1$.

8. $Q'(P) = -10\,000\mathrm{e}^{-2P}$；$\eta = 2P$.

9. $\eta = \dfrac{bP}{a - bP}$；$P = 2b$.

10. $\eta(20) \approx 0.667 < 1$, 当 $P = 20$, 且价格上涨 1% 时, 销售收益增加 0.333%.

综合练习 2

一、1. B　2. D　3. B　4. A　5. A　6. D　7. B　8. A　9. C　10. D

二、1. 4；　2. $b\cos a$；　3. $(-1)^n n!$；　4. $y = x - 1$；　5. $(1 + 3x)\mathrm{e}^{3x}$；　6. 1；　7. $2\mathrm{e}^3$；

    8. $2\sqrt{x}$；　9. $\dfrac{f'(\ln x)}{x}\mathrm{d}x$；　10. 0.

三、1. $f'(x) = \begin{cases} 3x^2, & x < 0, \\ 2x, & x \geqslant 0; \end{cases}$　2. $y' = -\dfrac{3}{2}x^{-\frac{5}{2}} - \mathrm{e}^x - \dfrac{3}{x^2}$；

    3. $y' = \dfrac{-2}{(\sin x - \cos x)^2}$；　4. $y' = \tan x \ln x + x\sec^2 x \ln x + \tan x$；

    5. $\dfrac{1}{2\mathrm{e}}\sin\dfrac{1}{\mathrm{e}}$；　6. $\mathrm{d}y = \dfrac{1}{x(1 + \ln y)}\mathrm{d}x$；　7. $\dfrac{\mathrm{e} - 2}{\mathrm{e}^2}\mathrm{d}x$.

四、1. $\dfrac{1}{x^3}f''(x)$；　2. 1；　3. $\dfrac{6t^2 - 7t + 1}{t}$.

五、切线方程：$x - y + 1 = 0$；法线方程：$x + y - 1 = 0$.

六、$C'(Q) = \dfrac{3}{2\sqrt{Q}}$；$R'(Q) = \dfrac{3(4 - Q)}{2\sqrt{Q}}$；$L'(Q) = \dfrac{3(3 - Q)}{2\sqrt{Q}}$.

七、(1) $Q'(5) = -20$, 经济意义：当 $P = 5$ 时, 价格上涨 1 个单位, 需求量下降 20 个单位；

    (2) $\eta(5) = 1$, 当 $P = 5$ 时, 若价格下降 2%, 总收益将不变.

第 3 章　导数的应用

习题 3-1

1. $\xi = 1$.

3. 两个实根, 分别位于 $(1, 2)$, $(2, 3)$ 内.

习题 3-2

1. (1) $\ln 3 - \ln 2$；(2) $\dfrac{3}{5}$；(3) $\dfrac{3}{2}$；(4) -4；(5) 2；(6) $\dfrac{1}{3}$；(7) $-\dfrac{1}{6}$；(8) -1；(9) 1；(10) $\dfrac{1}{5}$.

2. (1) $\dfrac{2}{\pi}$；(2) 0；(3) $\dfrac{1}{2}$；(4) 0；(5) 0；(6) e^{-1}；(7) e^2；(8) 1.

4. $a = 0$.

习题 3-3

1. $-6+12(x+1)-7(x+1)^2+2(x+1)^3$.

2. $f(x)=-[1+(x+1)+(x+1)^2+\cdots+(x+1)^n]+\dfrac{(-1)^{n+1}}{[-1+\theta(x+1)]^{n+2}}(x+1)^{n+1}$ $(0<\theta<1)$.

3. $f(x)=x+x^2+\dfrac{x^3}{2!}+\cdots+\dfrac{x^n}{(n-1)!}+\dfrac{e^{\theta x}}{n!}x^{n+1}\ (0<\theta<1)$.

4. $P(x)=1+(x-1)+13(x-1)^2+20(x-1)^3+15(x-1)^4+6(x-1)^5+(x-1)^6$;
$P(x)=3-3(x+1)+13(x+1)^2-20(x+1)^3+15(x+1)^4-6(x+1)^5+(x+1)^6$.

5. (1) $\sqrt[3]{30}\approx3.10724$, $|R_3|<1.88\times10^{-5}$;
(2) $\sin18°\approx0.3090$, $|R_3|<1.3\times10^{-4}$.

6. (1) $\dfrac{1}{12}$;　(2) $\dfrac{1}{2}$.

习题 3-4

1. (1) 在 $(1,+\infty)$ 上单调增加,在 $(-\infty,1]$ 上单调减少;
(2) 在 $\left(-\infty,\dfrac{1}{2}\right]$ 单调减少,在 $\left[\dfrac{1}{2},+\infty\right)$ 单调增加;
(3) 在 $(0,1]$ 单调减少,在 $(1,+\infty)$ 单调增加;
(4) 在 $(-\infty,-1)$ 和 $(1,+\infty)$ 上单调减少,在 $[-1,1]$ 上单调增加.

4. (1) 极大值 $f(0)=0$, 极小值 $f(\pm1)=-1$;
(2) 极大值 $f(-1)=17$, 极小值 $f(3)=-47$;
(3) 极大值 $f(-1)=-2$, 极小值 $f(1)=2$;
(4) 极小值 $f(0)=f(2)=0$, 极大值 $f(1)=1$;
(5) 极大值 $f(1)=2$;
(6) 极大值 $f(1)=10$, 极小值 $f(5)=-22$.

5. $a=-\dfrac{2}{3}$, $b=-\dfrac{1}{6}$, 在点 $x=1$ 处取得极小值,在点 $x=2$ 处取得极大值.

6. $a=2$, 在 $x=\dfrac{\pi}{3}$ 处,有极大值 $\sqrt3$.

习题 3-5

1. (1) 最大值 $f(-1)=f(2)=5$, 最小值 $f(-3)=-15$;
(2) 最小值为 $y(-5)=-5+\sqrt6$, 最大值为 $y\left(\dfrac{3}{4}\right)=\dfrac{5}{4}$;
(3) 最大值 $f\left(-\dfrac{\pi}{2}\right)=\dfrac{\pi}{2}$, 最小值 $f\left(\dfrac{\pi}{2}\right)=-\dfrac{\pi}{2}$;
(4) 最大值为 $f(3)=39$, 最小值为 $f(0)=12$.
(5) 最大值为 $f(3)=11$, 最小值为 $f(2)=-14$.

2. 当宽为 5 米,长为 10 米时这间小屋面积最大.

3. 当轮船速度为每小时 20 千米时,每航行 1 千米所消耗的费用为最少.

4. 当底边为 10 米, 高为 5 米时,造价最省.

5. 销售利润最大的商品单价为 101 元,最大利润为 167 080 元.

6. 每年生产 3 百台时总利润最大.

7. 产量为 20 单位时, 该产品的平均成本最小.

8. (1) 当生产 $Q = \dfrac{18-t}{8}$ 商品时, 所获得的利润最大.

 (2) 在企业获得最大利润的情况下, $t = 9$ 时才能使总税收最大.

习题 3-6

1. (1) 凸区间 $\left(0, \dfrac{2}{3}\right)$, 凹区间 $(-\infty, 0]$ 和 $\left[\dfrac{2}{3}, +\infty\right)$, 拐点 $(0, 1)$ 和 $\left(\dfrac{2}{3}, \dfrac{11}{27}\right)$;

 (2) 凸区间 $(0, +\infty)$, 无拐点;

 (3) 凸区间 $(-\infty, 1)$, 凹区间 $(1, +\infty)$, 无拐点.

 (4) 凸区间 $(-\infty, -2)$, 凹区间 $[-2, +\infty)$, 拐点 $(-2, -2\mathrm{e}^{-2})$;

 (5) 凸区间 $\left(-\infty, -\dfrac{1}{5}\right)$, 凹区间 $\left(-\dfrac{1}{5}, 0\right)$ 和 $(0, +\infty)$, 拐点 $\left(-\dfrac{1}{5}, -\dfrac{6}{5}\sqrt[3]{\dfrac{1}{25}}\right)$;

2. $a = b = 1$.

3. $k = \pm\dfrac{\sqrt{2}}{8}$.

4. $a = 1, b = -3, c = -24, d = 16$.

习题 3-7

1. (1) 水平渐近线 $y = 0$; 铅直渐近线 $x = 1$ 和 $x = 0$.

 (2) 斜渐近线 $y = x + \dfrac{1}{e}$;

 (3) 铅直渐近线 $x = 1$, 斜渐近线 $y = 5x + 10$;

 (4) 铅直渐近线 $x = -1$ 和 $x = 5$.

综合练习 3

一、1. B   2. C   3. C   4. A   5. D   6. B   7. D   8. D   9. B   10. A

二、1. $-\dfrac{5}{3}$;   2. 1;   3. $\left[-\dfrac{1}{2}, 0\right), \left[\dfrac{1}{2}, +\infty\right); (-\infty, -\dfrac{1}{2}), \left(0, \dfrac{1}{2}\right)$;

 4. $a = \dfrac{3}{2}, b = \dfrac{9}{2}; (-\infty, 1]; [1, +\infty)$;   5. -1;   6. 1;   7. 2;   8. ± 2;   9. $\dfrac{\sqrt[3]{30}}{2}$.

三、1. $\dfrac{m}{n}a^{m-n}$;   2. $(\ln 2)^2$;   3. $-\dfrac{1}{2}$;   4. $\dfrac{1}{6}$;   5. $\dfrac{1}{2}$;   6. 1;   7. $3\ln 2$;   8. 1;   9. $-\dfrac{1}{2}$;

 10. 1.

四、1. 函数 $f(x)$ 在区间 $(-\infty, -1]$ 和 $[1, +\infty)$ 上单调减少, 在区间 $[-1, 1]$ 上单调增加; 极大值 $f(1) = \dfrac{1}{2}$, 有极小值 $f(-1) = -\dfrac{1}{2}$. 曲线在 $(-\infty, -\sqrt{3}]$ 和 $[0, \sqrt{3}]$ 是凸的, 在区间 $[-\sqrt{3}, 0]$ 和 $[\sqrt{3}, +\infty)$ 内是凹的. $y = 0$ 是函数的一条水平渐近线.

 2. 当产量为 3 时, 利润最大, 最大利润为 21.

第4章 不定积分

习题 4-1

1. (1) $x - x^3 + C$；(2) $-\dfrac{1}{x} + C$；(3) $\dfrac{2}{5} x^{\frac{5}{2}} + C$；(4) $\dfrac{m}{m+n} x^{\frac{m+n}{m}} + C$；(5) $\dfrac{2^x}{\ln 2} + \dfrac{1}{3} x^3 + C$

(6) $\dfrac{x^3}{3} - \dfrac{3}{2} x^2 + 2x + C$；(7) $\dfrac{x^5}{5} + \dfrac{2}{3} x^3 + x + C$；(8) $\dfrac{1}{2} x^2 + 9x + 27\ln|x| - \dfrac{27}{x} + C$；

(9) $\dfrac{2}{5} x^{\frac{5}{2}} + \dfrac{x^2}{2} + 6x^{\frac{1}{2}} + C$；(10) $\dfrac{1}{3} x^3 - x + \arctan x + C$；(11) $\dfrac{2}{5} t^{\frac{5}{2}} + \dfrac{4}{3} t^{\frac{3}{2}} + 2t^{\frac{1}{2}} + C$；

(12) $\dfrac{8}{15} x^{\frac{15}{8}} + C$；(13) $\sqrt{\dfrac{2h}{g}} + C$；(14) $\dfrac{5^{x+1} e^x}{1 + \ln 5} + C$；(15) $e^{x-4} + C$；(16) $e^t - t + C$；

(17) $2x - \dfrac{5}{(\ln 2 - \ln 3)} \left(\dfrac{2}{3}\right)^x + C$；(18) $\arctan x - \dfrac{1}{x} + C$；(19) $-\dfrac{1}{x} - \arctan x + C$；

(20) $\dfrac{x^3}{3} + 2x - \arctan x + C$；(21) $e^x - 2\sqrt{x} + C$；(22) $\sin x + \cos x + C$；

(23) $\dfrac{u}{2} - \dfrac{\sin u}{2} + C$；(24) $-\cot x - x + C$；(25) $\tan x - \dfrac{1}{2} x + C$；

(26) $\dfrac{1}{2} \tan x + C$；(27) $\tan x - \cot x + C$；(28) $\cot x - 2\cos x + C$；

(29) $\tan x - \sec x + C$；(30) $x - \cos x + C$.

2. $y = \ln|x| - 2$.

习题 4-2

1. (1) $\dfrac{1}{a} e^{ax+b} + C$；(2) $\dfrac{2}{3} (2-x)^{-\frac{3}{2}} + C$；(3) $\dfrac{1}{2} \ln|2y-3| + C$；(4) $\dfrac{1}{24} (2x^2-5)^6 + C$；

(5) $\dfrac{2}{3} (2x+1)^{\frac{3}{2}} + C$；(6) $-\dfrac{3}{4} \ln(1-x^4) + C$；(7) $\cos \dfrac{1}{x} + C$；(8) $\dfrac{1}{3} \sin\left(3x - \dfrac{\pi}{4}\right) + C$；

(9) $e^{x+\frac{1}{x}} + C$；(10) $2\sin\sqrt{x} + c$；(11) $\dfrac{1}{3} (\ln x)^3 + C$；(12) $e^{e^x} + C$；

(13) $\ln(e^x+1) + C$；(14) $\arctan e^x + C$；(15) $\ln|\ln\ln x| + C$；(16) $x - \dfrac{1}{2} \ln(1 + e^{2x}) + C$；

(17) $-\dfrac{1}{x\ln x} + C$；(18) $-e^{\cos x} + C$；(19) $-\dfrac{1}{3} \sqrt{2 - 3x^2} + C$；(20) $\dfrac{1}{3} \tan^3 x - \tan x + x + C$；

(21) $\dfrac{3}{2} (\sin x - \cos x)^{\frac{2}{3}} + C$；(22) $-\cos x + \dfrac{1}{3} \cos^3 x + C$；

(23) $\dfrac{1}{3} \sin^3 x - \dfrac{2}{5} \sin^5 x + \dfrac{1}{7} \sin^7 x + C$；(24) $\dfrac{1}{7} \sec^7 x - \dfrac{2}{5} \sec^5 x + \dfrac{1}{3} \sec^3 x + C$；

(25) $\dfrac{1}{2} \arctan(\sin^2 x) + C$；(26) $-\dfrac{1}{10} \cos 5x - \dfrac{1}{2} \cos x + C$；(27) $\dfrac{1}{11} \tan^{11} x + C$；

(28) $-\dfrac{1}{\arcsin x} + C$；(29) $\dfrac{1}{6} \arctan \dfrac{3}{2} x + C$；(30) $\dfrac{1}{12} \ln\left|\dfrac{2+3x}{2-3x}\right| + C$；

(31) $\dfrac{1}{3} \arcsin \dfrac{3x}{2} + C$；(32) $\dfrac{1}{2\sqrt{2}} \ln\left|\dfrac{\sqrt{2}x-1}{\sqrt{2}x+1}\right| + C$；(33) $\arcsin \dfrac{x+1}{\sqrt{6}} + C$；

(34) $\dfrac{2}{\sqrt{3}} \arctan \dfrac{2x+1}{\sqrt{3}} + C$；(35) $(\arctan\sqrt{x})^2 + C$；(36) $\dfrac{1}{2} \arccos \dfrac{2}{x} + C$；

(37) $\dfrac{x}{2\sqrt{2-x^2}}+C$；(38) $\sqrt{x^2-9}-3\arccos\dfrac{3}{x}+C$；

(39) $\dfrac{2}{3}(e^x+1)^{\frac{3}{2}}-2(e^x+1)^{\frac{1}{2}}+C$；(40) $-\dfrac{\sqrt{x^2+3}}{3x}+C$.

2. $2\sqrt{x}+C$.

习题 4-3

1. (1) $xf'(x)-f(x)+C$；(2) $\sec^2 x-\dfrac{2\tan x}{x}+C$；

(3) $\dfrac{1}{2}x^2\arcsin x-\dfrac{1}{4}(\arcsin x-x\sqrt{1-x^2})+C$；(4) $x\tan x+\ln|\cos x|-\dfrac{x^2}{2}+C$；

2. (1) $-e^{-x}(x+1)+C$；(2) $x\arcsin x+\sqrt{1-x^2}+C$；(3) $-x\cos x+\sin x+C$；

(4) $x\ln(x^2+1)-2x+2\arctan x+C$；(5) $x\arctan x-\dfrac{1}{2}\ln(1+x^2)+C$；

(6) $x\ln^2 x-2x\ln x+2x+C$；(7) $\dfrac{1}{2}e^x(\sin x+\cos x)+C$；

(8) $\dfrac{1}{6}x^3-\dfrac{1}{4}x^2\sin 2x-\dfrac{1}{4}x\cos 2x+\dfrac{1}{8}\sin 2x+C$；(9) $-e^{-x}(x^2+5)+C$；

(10) $-\dfrac{2}{17}e^{-2x}\left(\cos\dfrac{x}{2}+4\sin\dfrac{x}{2}\right)+C$；(11) $\dfrac{x}{2}(\sin\ln x-\cos\ln x)+C$；

(12) $\dfrac{1}{8}x^4\left(2\ln^2 x-\ln x+\dfrac{1}{4}\right)+C$；(13) $-e^{-x}(x^2+2x+2)+C$；(14) $2e^{\sqrt{x}}(\sqrt{x}-1)+C$；

(15) $x\ln(x+\sqrt{1+x^2})-\sqrt{1+x^2}+C$.

习题 4-4

1. $-\dfrac{x}{(x-1)^2}+C$；   2. $5\ln|x-3|-3\ln|x-2|+C$；

3. $\dfrac{1}{3}x^3-\dfrac{3}{2}x^2+9x-27\ln|x+3|+C$；

4. $\dfrac{1}{x+1}+\dfrac{1}{2}\ln|x^2-1|+C$；   5. $\ln\left(\dfrac{x}{x+1}\right)^2+\dfrac{4x+3}{2(x+1)^2}+C$；

6. $\dfrac{1}{2}\ln|x-1|-\dfrac{1}{4}\ln(x^2+1)+\dfrac{1}{2}\arctan x+C$；   7. $\dfrac{1}{4}\ln\left|\dfrac{2+\tan\dfrac{x}{2}}{2-\tan\dfrac{x}{2}}\right|+C$；

8. $\dfrac{1}{2}\ln\left|\tan\dfrac{x}{2}\right|+\dfrac{1}{4}\cot^2\dfrac{x}{2}+C$；   9. $2\sqrt{1-x}+\ln\left|\dfrac{\sqrt{1-x}-1}{\sqrt{1-x}+1}\right|+C$；

10. $\dfrac{4}{3}\sqrt[4]{x^3}-\dfrac{4}{3}\ln(1+\sqrt[4]{x^3})+C$.

综合练习 4

一、1. $-2xe^{-x^2}-e^{-x^2}+C$.   2. $-\dfrac{x}{(x^2-a^2)^{\frac{3}{2}}}$.   3. $\dfrac{\sin x}{x}dx,\dfrac{\sin x}{x}+C$.

4. $x-\dfrac{x^3}{3}+C$.   5. $-\cot x\ln\sin x-\cot x-x+C$.   6. $\ln|x+\sin x|+C$.

7. $\frac{1}{2}e^{x^2}+C.$ 8. $x^2+\frac{1}{2}x^4-\frac{1}{3}x^6+C.$ 9. $xf(x)+C.$ 10. $\frac{1}{4}f^2(x^2)+C.$

二、1. C. 2. D. 3. C. 4. A. 5. D. 6. B. 7. C. 8. A. 9. A. 10. A. 11. B.
12. D.

三、1. $\frac{8}{11}x^{\frac{11}{8}}+C.$ 2. $-\cot x-x+C.$ 3. $\frac{1}{\ln\frac{3}{2}}\arctan\left(\frac{3}{2}\right)^x+C.$ 4. $2e^t-2\sqrt{t}+C.$

5. $\frac{2}{3}x^3+\arctan x+C.$ 6. $4x^{\frac{1}{4}}+\frac{8}{5}x^{\frac{5}{4}}+\frac{4}{9}x^{\frac{9}{4}}+C.$ 7. $\frac{1}{32}\sin 4x+\frac{1}{4}\sin 2x+\frac{3}{8}x+C.$

8. $3\tan x-x+C.$ 9. $-\frac{1}{2}\cos 2x-3e^{\frac{x}{3}}+C.$ 10. $\frac{1}{200}(2x+3)^{100}+C.$

11. $\arcsin\frac{x}{3}+\sqrt{9-x^2}+C.$ 12. $-\sin e^{-x}+C.$ 13. $\frac{3}{8}(2x^2+1)^{\frac{2}{3}}+C.$

14. $-\frac{1}{9}e^{-3x^3+5}+C.$ 15. $-2\ln|\cos\sqrt{x}|+C.$ 16. $-4\sqrt{1-\sqrt{x}}+C.$

17. $\frac{1}{2}\ln|\ln^2 x-1|+C.$ 18. $-\frac{1}{2}\cot(x^2+1)+C.$ 19. $\ln(e^x+1)+C.$

20. $\frac{1}{2}\ln\left|\frac{e^x-1}{e^x+1}\right|+C.$ 21. $\tan x-\sec x+C.$ 22. $\frac{1}{\sqrt{2}}\arctan\frac{x+1}{\sqrt{2}}+C.$

23. $\arcsin\frac{2x-1}{\sqrt{5}}+C.$ 24. $\sqrt{2x+1}-\ln(1+\sqrt{2x+1})+C.$

25. $2\sqrt{x}-4\sqrt[4]{x}+4\ln(\sqrt[4]{x}+1)+C.$ 26. $\arcsin x+\sqrt{1-x^2}+C.$

27. $\frac{a^2}{2}(\arcsin\frac{x}{a}-\frac{x}{a^2}\sqrt{a^2-x^2})+C.$ 28. $\frac{1}{408}(2x+1)^{102}-\frac{1}{404}(2x+1)^{101}+C.$

29. $-x^2\cos x+2x\sin x+2\cos x+C.$ 30. $\frac{1}{2}(x\ln x)^2-\frac{1}{2}x^2\ln x+\frac{1}{4}x^2+C.$

31. $-\frac{1}{4}x\cos 2x+\frac{1}{8}\sin 2x+C.$ 32. $x\tan x+\ln|\cos x|-\frac{1}{2}x^2+C.$

33. $2\sqrt{x}\arctan\sqrt{x}-\ln(1+\sqrt{x})+C.$

四、1. $y=-\ln|x|+5.$ 2. $y=x^3+\frac{2}{3}x-2.$ 3. 1.

五、1. $\frac{-2x^2}{(1+x^2)^2}-\frac{1}{1+x^2}+C.$ 2. $-x^2-\ln|1-x|+C.$ 3. $2\ln|x-1|+x+C.$

4. $f(x)=\frac{\sin^2 2x}{\sqrt{x-\frac{1}{4}\sin 4x+1}}.$

第5章　定积分及其应用

习题 5-1

1. (1) $\frac{3}{2}$；　(2) $\frac{9}{2}\pi$；　(3)0；　(4) 1.

2. 提示：利用极限的局部保号性.

3. 提示：利用反证法.

4. (1) $>$；　(2) $>$；　(3) $<$；　(4) $<$；　(5) $>$.

5. (1) $\dfrac{1}{32} \leqslant \int_{\frac{1}{2}}^{1} x^4 \mathrm{d}x \leqslant \dfrac{1}{2}$; (2) $2 \leqslant \int_{0}^{2} \mathrm{e}^{x^2} \mathrm{d}x \leqslant 2\mathrm{e}^4$; (3) $\pi \leqslant \int_{\frac{\pi}{4}}^{\frac{5\pi}{4}} (1+\sin^2) \mathrm{d}x \leqslant 2\pi$.

6. 提示：构造函数 $F(x) = xf(x)$，然后利用积分中值定理和罗尔定理.

7. 提示：利用积分中值定理和罗尔定理.

8. (1) $k = \dfrac{A}{T}, y(t) = A - \dfrac{A}{T}t, t \in [0, T]$; (2) $\dfrac{A}{2}$.

9. 提示：利用积分中值定理.

习题 5-2

1. $1, \dfrac{\sqrt{2}}{2}$.

2. (1) $\sqrt{1+x}$; (2) $-\sin^2 x$; (3) $3x^2 \mathrm{e}^{4x^3}$; (4) $\dfrac{2x}{\sqrt{1+x^4}} - \dfrac{1}{\sqrt{1+x^2}}$.

3. (1) $\mathrm{e}-1$; (2) $-\ln 2$; (3) $\dfrac{21}{8}$; (4) $\dfrac{5}{2} - \cos 1 - \mathrm{e}$; (5) $\dfrac{\pi}{2}$; (6) $\dfrac{\pi}{3}$;

(7) $1 - \dfrac{\pi}{4}$; (8) 5; (9) 4; (10) $\dfrac{8}{3}$.

4. (1) $\dfrac{1}{2}$; (2) $\dfrac{1}{2}$; (3) $-\dfrac{1}{\mathrm{e}}$; (4) 12.

5. $k = 0, k = -1$.

6. $\Phi(x) = |x|$.

7. $\Phi(x) = \begin{cases} x^2, & 0 \leqslant x \leqslant 1, \\ \dfrac{1}{2} x^2 + 2x - \dfrac{3}{2}, & 1 < x \leqslant 2. \end{cases}$

8. 提示：利用积分上限函数的求导公式.

9. 提示：利用拉格朗日中值定理.

10. $\dfrac{1}{2}$.

11. 提示：构造函数 $F(u) = \int_a^u f(x)g(x)\mathrm{d}x - \int_a^{a+\int_a^u g(t)\mathrm{d}t} f(x)\mathrm{d}x$，利用习题 5.1 第 8 题的结论.

12. $f'(x) = \begin{cases} 4x^2 - 2x, & 0 < x \leqslant 1, \\ 2x, & x > 1. \end{cases}$ $f\left(\dfrac{1}{2}\right) = \dfrac{1}{4}$. 提示：按照 $0 < x \leqslant 1$ 和 $x > 1$ 两种情形讨论求出 $f(x)$.

习题 5-3

1. (1) -1; (2) $\dfrac{1}{4}$; (3) $\ln(1+\mathrm{e}) - \ln 2$; (4) $1 - \mathrm{e}^{-\frac{1}{2}}$; (5) $\dfrac{1}{3}$;

(6) $\dfrac{\pi}{2}$; (7) $2(2-\ln 3)$; (8) $\dfrac{22}{3}$; (9) $\dfrac{4}{5}$; (10) $2\sqrt{2}$.

2. (1) $1 - \dfrac{2}{\mathrm{e}}$; (2) $\dfrac{\mathrm{e}^2+1}{4}$; (3) $-\dfrac{\pi}{2}$; (4) $\dfrac{\pi}{2} - 1$; (5) $\dfrac{1}{5}(\mathrm{e}^\pi - 2)$; (6) $4(2\ln 2 - 1)$;

(7) $2(\sin 1 - \cos 1)$; (8) $2 - \dfrac{2}{\mathrm{e}}$.

3. (1) 0; (2) 0; (3) 5π; (4) $\dfrac{\pi^3}{324}$; (5) $\dfrac{\pi^3}{2}$.

4. $\dfrac{1}{2e}+\dfrac{1}{6}$.

5. 提示：利用定积分的换元公式.

6. $\dfrac{\pi^2}{4}$. 提示：利用定积分的换元公式.

7. $\sin 1-\cos 1$. 提示：利用定积分的定义.

8. $\dfrac{2}{3}$. 提示：分子先进行变量代换.

9. $\dfrac{1-2\sqrt{2}}{18}$. 提示：利用分部积分法.

10. 提示：(1)第二个结论利用分部积分法；(2)1,利用夹逼准则.

习题 5-4

1. (1) $\dfrac{\pi}{2}-1$； (2) $\dfrac{3}{2}-\ln 2$； (3) $\dfrac{1}{6}$； (4) $\dfrac{22}{3}$；

   (5) $\dfrac{2}{3}$；   (6) $2\sqrt{2}$； (7) $b-a$； (8) $\dfrac{\pi}{2}-\dfrac{1}{3}$.

2. (1) π； (2) $\dfrac{a^2}{4}(e^{2\pi}-e^{-2\pi})$； (3) $18\pi a^2$； (4) $\dfrac{16}{5}$； (5) $\dfrac{3}{8}\pi a^2$.

3. (1) $\dfrac{\pi^2}{4}$； (2) $\pi^2-2\pi$； (3) $V_y=\dfrac{3}{2}\pi$； (4) $V_x=\dfrac{128}{7}\pi,V_y=\dfrac{64}{5}\pi$.

4. 216.   5. 40.   6. (1) 9 987.5；(2) 19 850.   7. $V_x=\dfrac{3}{5}\pi a^{\frac{5}{3}}$，$V_y=\dfrac{6}{7}\pi a^{\frac{7}{3}}$，$a=7\sqrt{7}$.

习题 5-5

1. (1) 1； (2)1； (3) $\dfrac{3}{2}$； (4) $\ln 2$； (5) $\dfrac{1}{3}$； (6) π； (7)1； (8) $\dfrac{8}{3}$； (9) 发散.

2. 计算下列式子：

   (1) $\dfrac{3}{4}$； (2)30； (3) $\dfrac{\Gamma(r)}{\lambda^r}$； (4) 6.

综合练习 5

一、1. B 2. D 3. B 4. A 5. A 6. D 7. B 8. D 9. B 10. C 11. A

二、1. -2.   2. $\dfrac{\pi^3}{324}$.   3. -6π.   4. $\dfrac{1}{12}$.   5. 2.   6. $\dfrac{1}{2}$.   7. 0.   8. 2.   9. $-2e^{-1}$.

三、1. $2\left(\sqrt{3}-\dfrac{\pi}{3}\right)$.   2. $1-e^{-2}$.   3. 12.   4. 1.   5. $\dfrac{3\pi}{8}$.   6. $1-\dfrac{\pi}{4}$.   7. $\dfrac{\sqrt{3}}{12}\pi+\dfrac{1}{2}$.

   8. $\dfrac{4}{3}$.   9. $2\left(1-\dfrac{\pi}{4}\right)$.   10. $\dfrac{\sqrt{3}\pi}{3}-\ln 2$ 11. $S=\dfrac{8}{3}$，$V_x=\dfrac{16}{3}\pi$.   12. $S=\dfrac{10}{3}$，$V_x=\dfrac{56}{5}\pi$.

四、1. 提示：令 $x=\pi-t$.

2. 提示：$\displaystyle\int_{-a}^{a}f(x)\mathrm{d}x=\int_{-a}^{0}f(x)\mathrm{d}x+\int_{0}^{a}f(x)\mathrm{d}x$. 对 $\displaystyle\int_{-a}^{0}f(x)\mathrm{d}x$，令 $x=-t$.

参考文献

［1］苏德矿,吴明华,童雯雯. 微积分(第三版)[M]. 北京:高等教育出版社,2021.

［2］吴传生. 经济数学微积分(第四版)[M]. 北京:高等教育出版社,2021.

［3］同济大学应用数学系. 高等数学(第六版)[M]. 北京:高等教育出版社,2002.

［4］同济大学数学科学学院. 微积分(第四版上册)[M]. 北京:高等教育出版社,2021.

［5］电子科技大学数学科学学院. 微积分上册(第三版)[M]. 北京:高等教育出版社,2018.

［6］李源. 微积分学上册[M]. 北京:高等教育出版社,2020.

［7］李辉来,王彩玲,孙鹏. 大学数学——微积分(第四版上册)[M]. 北京:高等教育出版社,2020.

［8］赵利彬. 高等数学(第2版)[M]. 上海:同济大学出版社,2010.

［9］吴炳烨. 高等数学(上册)[M]. 北京:高等教育出版社,2016.

［10］赵树嫄. 微积分(第五版)(经济数学应用基础)[M]. 北京:中国人民大学出版社,2021.

［11］赵树嫄,等. 微积分(第五版)学习参考(经济数学应用基础)[M]. 北京:中国人民大学出版社,2022.

［12］吴赣昌. 微积分(经管类第五版)上册[M]. 北京:中国人民大学出版社,2017.

［13］金义明,李剑秋. 微积分教程(上)[M]. 杭州:浙江工商大学出版社,2011.